Tobias Rettstadt

Nolting

Grundkurs: Theoretische Physik

2. Analytische Mechanik

Wolfgang Nolting

GRUNDKURS: THEORETISCHE PHYSIK

2. ANALYTISCHE MECHANIK

66 Abbildungen

30 Aufgaben mit vollständigen Lösungen

3., durchgesehene Auflage

Verlag Zimmermann-Neufang, Antoniusstraße 9, D-56766 Ulmen

Prof. Dr. rer. nat. W. Nolting
Universität Valladolid, Spanien

Die Deutsche Bibliothek - CIP-Einheitsaufnahme

Nolting, Wolfgang

Grundkurs: Theoretische Physik / Wolfgang Nolting. – Ulmen: Zimmermann-Neufang

2. Analytische Mechanik. – 1990
ISBN 3-922410-21-9

Gesetzt in TEX unter Verwendung von AMS@-TEX.

Gedruckt auf säurefreiem Papier

1. Auflage 1990
2. Auflage 1991
3. Auflage 1993

Vorwort

Das eigentliche Anliegen der Klassischen Mechanik besteht in dem Aufstellen und Lösen von Bewegungsgleichungen für

Massenpunkte, Systeme von Massenpunkten, Starre Körper

und möglichst wenigen

Axiomen und Prinzipien.

Letztere sind mathematisch nicht streng beweisbar, sondern stellen bislang widerspruchsfreie Erfahrungstatsachen dar. Man könnte sich natürlich fragen, warum man sich heute noch mit Klassischer Mechanik beschäftigt. Ganz sicher hat sie keinen direkten Bezug mehr zur aktuellen Forschung. Sie bildet aber

die unerläßliche Basis für die modernen
Richtungen der Theoretischen Physik.

Ferner gestattet sie im Zusammenhang mit relativ vertrauten Fragestellungen eine gewisse "*Gewöhnung*" an mathematische Lösungsverfahren. So hatte der erste Band dieses **Grundkurs: Theoretische Physik** der Einführung in die *Vektoralgebra* einen sehr breiten Raum eingeräumt.

Warum befassen wir uns in diesem zweiten Band noch einmal mit Klassischer Mechanik? Man unterscheidet bisweilen zwischen "*Elementarer*" und "*Formaler Analytischer*" Mechanik und meint damit auf der einen Seite die Newtonsche Formulierung und auf der anderen die Formulierungen nach Lagrange, Hamilton und Hamilton-Jacobi. Die "*Elementare*" Mechanik war Gegenstand des ersten Bandes des **Grundkurs: Theoretische Physik**. Die "*Analytische*" Mechanik des vorliegenden zweiten Bandes entwickelt alternative Darstellungen, die gegenüber der "*Newton-Mechanik*" zwar keine "*neue Physik*" beinhalten, methodisch jedoch wesentlich eleganter sind und, was viel entscheidender ist, eine direkten Bezug zu weiterführenden Disziplinen der *Theoretischen Physik*, wie zum Beispiel der Quantenmechanik, erkennen lassen.

Die Absicht dieses **Grundkurs: Theoretische Physik** ist bereits im Vorwort zu Band 1 erläutert worden. Es soll sich um einen direkten Begleiter des Grundstudiums *Physik* handeln, der es ermöglicht, Techniken und Prinzipien der Theoretischen Physik zunächst ohne aufwendige Sekundärliteratur verstehen zu lernen. Aus diesem Grund sind jedem Abschnitt eine Reihe von Kontrollfragen angehängt, an denen der Studierende das Erarbeitete testen kann. Denselben Zweck sollen die zahlreichen Übungsaufgaben erfüllen, deren ausführliche Lösungsanleitungen im Anhang erst nach ernsthaften Eigenversuchen in Anspruch genommen werden sollten. Zum Verständnis des Textes wird lediglich das in Band 1 Erarbeitete vorausgesetzt.

Das Manuskript zu diesem Buch ist aus diversen Vorlesungen entstanden, die ich zu diesem Thema an der Universität Münster gehalten habe. Ich möchte den Studenten für ihre konstruktive Kritik danken. Die Fertigstellung dieses Buches erfolgte während meiner Zeit als Mitglied des Sonderforschungsbereiches 225 an der Universität Osnabrück. Ich bin Herrn Prof. Dr. G. Borstel nicht nur für die gewährte Gastfreundschaft außerordentlich dankbar. Die Zusammenarbeit mit dem Verlag Zimmermann-Neufang, insbesondere mit Herrn Prof. Dr. O. Neufang, war erneut sehr erfreulich.

Osnabrück, im Februar 1990 W. Nolting

INHALTSVERZEICHNIS

1 LAGRANGE-MECHANIK

1.1 Zwangsbedingungen, generalisierte Koordinaten

Die Newton-Mechanik, die Gegenstand der Überlegungen des ersten Bandes der Reihe **Grundkurs: Theoretische Physik** war, befaßt sich mit Systemen von Teilchen (*Massenpunkten)*, von denen jedes durch eine Bewegungsgleichung der Form

$$m_i \, \ddot{\mathbf{r}}_i = \mathbf{F}_i^{(ex)} + \sum_{j \neq i} \mathbf{F}_{ij} \tag{1.1}$$

beschrieben wird. $\mathbf{F}_i^{(ex)}$ ist die auf Teilchen i wirkende äußere Kraft, $\mathbf{F}_{ij}$ die von Teilchen j auf Teilchen i ausgeübte *(innere)* Kraft. Bei N Teilchen ergibt sich aus (1.1) ein gekoppeltes System von $3N$ Differentialgleichungen 2. Ordnung, dessen Lösung die Kenntnis hinreichend vieler Anfangsbedingungen erfordert. Die typischen physikalischen Systeme unserer Umgebung sind jedoch häufig keine typischen Teilchensysteme. Betrachten wir einmal als Beispiel das Modell einer Kolbenmaschine. Die Maschine selbst besteht aus praktisch unendlich vielen Teilchen. Der Zustand der Maschine ist aber

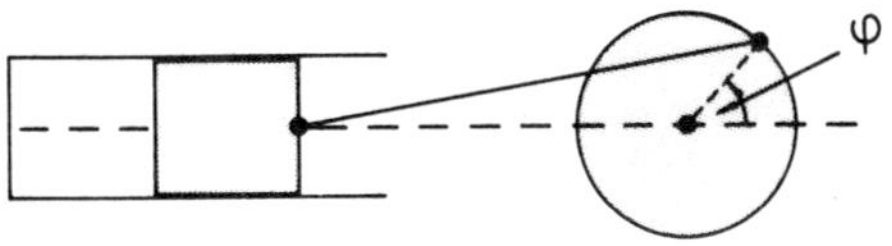

im allgemeinen bereits durch Angabe des Winkels φ vollständig charakterisiert. Kräfte und Spannungen, zum Beispiel in der Pleuelstange, interessieren in der Regel nicht. Sie sorgen für gewisse *geometrische Bindungen* der Teilchen miteinander. Durch diese sind die Bewegungen der Teilchen eines makroskopischen mechanischen Systems im allgemeinen nicht völlig frei. Man sagt, sie seien eingeschränkt durch gewisse

Zwangskräfte.

Diese über die Kräfte $\mathbf{F}_{ij}$ in (1.1) zu berücksichtigen, stellt praktisch immer ein hoffnungsloses Unterfangen dar.

Wir führen zwei für das Folgende wichtige Begriffe ein:

Definitionen:

1) **Zwangsbedingungen** sind Bedingungen, die die freie Bewegung der Systemteilchen einschränken (*geometrische Bindungen)*.

2) **Zwangskräfte** sind Kräfte, die die Zwangsbedingungen bewirken, also die freie Teilchenbewegung behindern (z.B. Auflagekräfte, Fadenspannungen).

Bei der Beschreibung eines mechanischen Systems ergeben sich zwei schwerwiegende Probleme:

a) Zwangskräfte sind im allgemeinen unbekannt. Bekannt sind nur ihre Auswirkungen. Das System (1.1) der gekoppelten Bewegungsgleichungen läßt sich also erst gar nicht formulieren, geschweige denn lösen. Wir versuchen deshalb, die Mechanik so umzuformulieren, daß die Zwangskräfte herausfallen. Genau dies führt zur Lagrange-Formulierung der Klassischen Mechanik.

b) Die Teilchenkoordinaten

$$\mathbf{r}_i = (x_i, y_i, z_i), \qquad i = 1, 2, \ldots, N$$

sind wegen der Zwangsbedingungen nicht unabhängig voneinander. Wir werden sie deshalb später durch linear unabhängige, verallgemeinerte Koordinaten zu ersetzen versuchen. Diese werden dann in der Regel unanschaulicher, dafür aber mathematisch einfacher zu handhaben sein.

Es leuchtet unmittelbar ein, daß Zwangsbedingungen für die konkrete Lösung eines mechanischen Problems eine wichtige Rolle spielen. Eine Klassifikation der mechnischen Systeme nach Art und Typ ihrer Zwangsbedingungen ist deshalb sicher sinnvoll.

A) Holonome Zwangsbedingungen

Darunter versteht man Verknüpfungen der Teilchenkoordinaten und eventuell der Zeit in der folgenden Form:

$$f_\nu(\mathbf{r}_1, \mathbf{r}_2, \ldots, \mathbf{r}_N, t) = 0, \qquad \nu = 1, 2, \ldots, p. \tag{1.2}$$

A,1) Holonom-skleronome Zwangsbedingungen

Das sind holonome Zwangsbedingungen, die **nicht** explizit zeitabhängig sind, also Bedingungen der Form (1.2), für die zusätzlich

$$\frac{\partial f_\nu}{\partial t} = 0, \qquad \nu = 1, \ldots, p \tag{1.3}$$

gilt.

Beispiele:

1) Hantel

Die Zwangsbedingung betrifft den konstanten Abstand der beiden Massenpunkte m_1 und m_2:

$$(x_1 - x_2)^2 + (y_1 - y_2)^2 + (z_1 - z_2)^2 = l^2. \tag{1.4}$$

2) Starrer Körper

Dieser ist durch konstante Teilchenabstände ((4.1), Bd. 1) ausgezeichnet. Das entspricht den Zwangsbedingungen:

$$(\mathbf{r}_i - \mathbf{r}_j)^2 - c_{ij}^2 = 0, \qquad i, j = 1, 2, \ldots, N, \quad c_{ij} = const. \tag{1.5}$$

3) Teilchen auf Kugeloberfläche

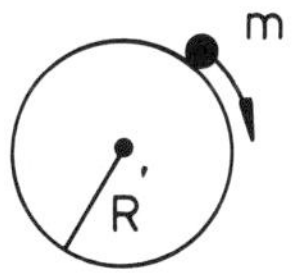

Die Masse m ist an die Kugeloberfläche durch die Zwangsbedingung

$$x^2 + y^2 + z^2 - R^2 = 0 \tag{1.6}$$

gebunden.

A,2) Holonom-rheonome Zwangsbedingungen

Dies sind holonome Zwangsbedingungen mit expliziter Zeitabhängigkeit:

$$\frac{\partial f_\nu}{\partial t} \neq 0. \tag{1.7}$$

Wir wollen auch diesen Begriff durch Beispiele erläutern:

1) Teilchen im Aufzug

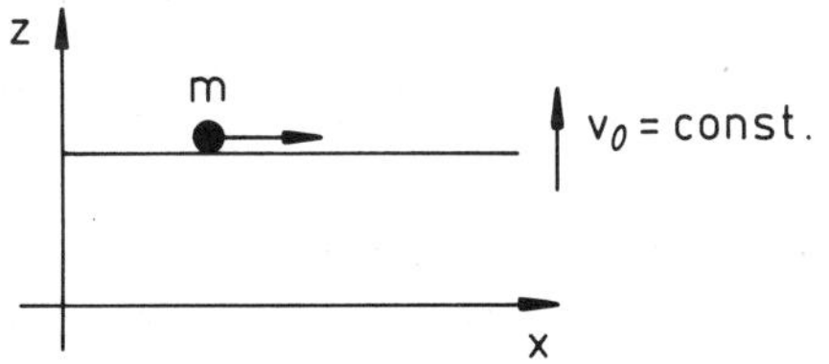

Das Teilchen kann sich nur in der xy-Ebene frei bewegen. Für die z-Koordinate gilt die Zwangsbedingung,

$$z(t) = v_0(t - t_0) + z_0, \tag{1.8}$$

hervorgerufen durch den mit konstanter Geschwindigkeit v_0 sich nach oben bewegenden Aufzug.

2) Masse auf schiefer Ebene mit veränderlicher Neigung

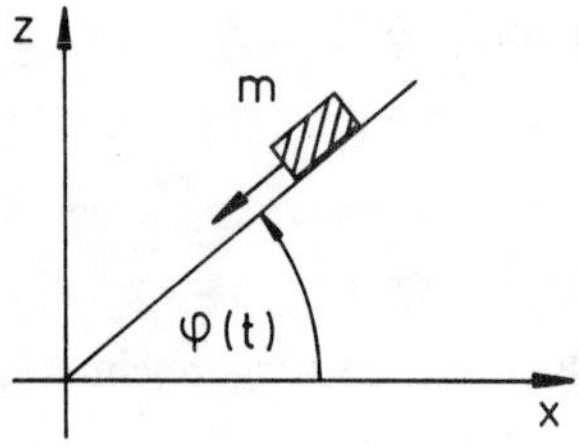

Die zeitlich veränderliche Neigung der Ebene sorgt für eine holonom- rheonome Zwangsbedingung

$$\frac{z}{x} - \tan\varphi(t) = 0. \tag{1.9}$$

Holonome Zwangsbedingungen reduzieren die Zahl der Freiheitsgrade. Ein N-Teilchensystem hat ohne Zwang $3N$ Freiheitsgrade, bei p holonomen Zwangsbedingungen dann nur noch

$$S = 3N - p. \tag{1.10}$$

Ein mögliches Lösungsverfahren kann nun darin bestehen, mit Hilfe der Zwangsbedingungen (1.2) p der $3N$ kartesischen Koordinaten zu eliminieren und für den Rest die Newtonschen Bewegungssgleichungen zu integrieren. Eleganter und wirkungsvoller ist jedoch die Einführung von

generalisierten Koordinaten $q_1, q_2, \dots, q_S$,

die zwei Bedingungen erfüllen müssen:

1) Die momentane Konfiguration des physikalischen Systems ist **eindeutig** durch $q_1, \dots, q_S$ festgelegt. Insbesondere gelten Transformationsformeln

$$\mathbf{r}_i = \mathbf{r}_i(q_i, \dots, q_S, t), \qquad i = 1, 2, \dots, N, \tag{1.11}$$

die die Zwangsbedingungen implizit enthalten.

2) Die q_j sind unabhängig voneinander, d.h., es gibt **keine** Beziehung der Form $F(q_1, \dots, q_S, t) = 0$.

Das Konzept der generalisierten Koordinaten wird im folgenden noch eine wichtige Rolle spielen. Wir schließen an die obige Definition noch einige Bemerkungen an:

a) Unter dem

Konfigurationsraum

versteht man den S-dimensionalen Raum, der durch die generalisierten Koordinaten $q_1, \ldots, q_S$ aufgespannt wird. Jeder Punkt des Konfigurationsraums (*Konfigurationsvektor*)

$$\mathbf{q} = (q_1, q_2, \ldots, q_S) \tag{1.12}$$

entspricht einem möglichen Zustand des Systems.

b) Man nennt

$$\dot{q}_1, \dot{q}_2, \ldots, \dot{q}_S \quad \textit{generalisierte Geschwindigkeiten.}$$

c) Bei bekannten Anfangsbedingungen

$$\mathbf{q}_0 = \mathbf{q}(t_0) \equiv (q_1(t_0), \ldots, q_S(t_0)),$$

$$\dot{\mathbf{q}}_0 = \dot{\mathbf{q}}(t_0) \equiv (\dot{q}_1(t_0), \ldots, \dot{q}_S(t_0))$$

ist der Zustand des Systems im Konfigurationsraum für alle Zeiten über noch festzulegende Bewegungsgleichungen berechenbar.

d) Die Wahl der Größen $q_1, \ldots, q_S$ ist nicht eindeutig, wohl aber ihre Zahl S. Man legt sie nach Zweckmäßigkeit fest, die in der Regel durch die physikalische Problemstellung eindeutig vorgegeben ist.

e) Die Größen q_j sind beliebig. Es handelt sich dabei nicht notwendig um *Längen*. Sie charakterisieren in ihrer **Gesamtheit** das System und beschreiben nicht mehr unbedingt Einzelteilchen. Als Nachteil kann die Tatsache gewertet werden, daß das Problem dadurch unanschaulicher werden kann.

Beispiele:

1) Teilchen auf Kugeloberfläche

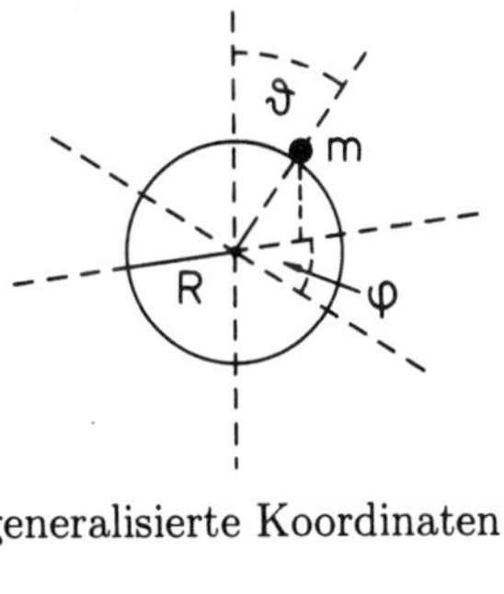

Es gibt eine holonom-skleronome Zwangsbedingung:

$$x^2 + y^2 + z^2 - R^2 = 0.$$

Dies bedeutet für die Zahl der Freiheitsgrade:

$$S = 3 - 1 = 2.$$

Als generalisierte Koordinaten bieten sich zwei Winkel an:

$$q_1 = \vartheta; \quad q_2 = \varphi.$$

Die Transformationsformeln

$$x = R \sin q_1 \cos q_2,$$
$$y = R \sin q_1 \sin q_2,$$
$$z = R \cos q_1$$

enthalten implizit die Zwangsbedingungen. q_1, q_2 legen den *Zustand* des Systems eindeutig fest.

2) Ebenes Doppelpendel

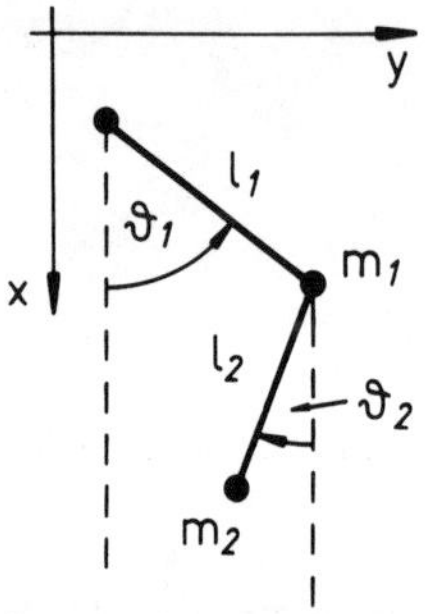

Es gibt insgesamt vier holonom-skleronome Zwangsbedingungen:

$$z_1 = z_2 = \text{const.},$$
$$x_1^2 + y_2^2 - l_1^2 = 0,$$
$$(x_2 - x_1)^2 + (y_2 - y_1)^2 - l_2^2 = 0.$$

Die Zahl der Freiheitsgrade beträgt deshalb:

$$S = 6 - 4 = 2.$$

"Günstige" generalisierte Koordinaten sind in diesem Fall offenbar:

$$q_1 = \vartheta_1; \quad q_2 = \vartheta_2.$$

Die Transformationsformeln

$$x_1 = l_1 \cos q_1; \quad y_1 = l + 1 \sin q_1; \quad z_1 = 0,$$
$$x_2 = l_1 \cos q_1 + l_2 \cos q_2; \quad y_2 = l_1 \sin q_1 - l_2 \sin q_2; \quad z_2 = 0$$

enthalten wiederum implizit die Zwangsbedingungen.

3) Teilchen im Zentralfeld

In diesem Fall gibt es keine Zwangsbedingungen. Trotzdem ist die Einführung von generalisierten Koordinaten sinnvoll:

$$S = 3 - 0 = 3.$$

"Günstige" generalisierte Koordinaten sind in diesem Fall die Winkel

$$q_1 = r; \quad q_2 = \vartheta; \quad q_3 = \varphi.$$

Die Transformationsformeln ((1.261), Bd. 1)

$$x = q_1 \sin q_2 \cos q_3,$$
$$y = q_1 \sin q_2 \sin q_3,$$
$$z = q_1 \cos q_2$$

sind uns aus vielen Anwendungen (s. Bd. 1) bereits bekannt und dokumentieren, daß die Verwendung von generalisierten Koordinaten auch in Systemen **ohne** Zwang sinnvoll sein kann, nämlich dann, wenn infolge gewisser Symmetrien durch eine *Punkttransformation* auf krummlinige Koordinaten die Integration der Bewegungsgleichungen vereinfacht wird.

B) Nicht-holonome Zwangsbedingungen

Darunter versteht man Verknüpfungen der Teilchenkoordinaten und eventuell der Zeit, die sich **nicht** wie in (1.2) darstellen lassen, so daß durch sie kein Eliminieren von überflüssigen Koordinaten möglich ist. Für Systeme mit nicht-holonomen Zwangsbedingungen gibt es kein allgemeines Lösungsverfahren. Spezielle Methoden werden später diskutiert.

B,1) Zwangsbedingungen als Ungleichungen

Liegen die Zwangsbedingungen in Form von Ungleichungen vor, so kann man offenbar durch diese die Zahl der Variablen nicht reduzieren.

Beispiele:

1) Perlen eines Rechenbretts

Die Perlen (Massenpunkte) können nur eindimensionale Bewegungen zwischen zwei festen Grenzen ausführen. Die Zwangsbedingungen sind dann zum Teil holonom,

$$z_i = \text{const.}; \quad y_i = \text{const.}, \quad i = 1, 2, \ldots, N,$$

zum Teil aber auch nicht-holonom:

$$a \leq x_i \leq b, \qquad i = 1, 2, \ldots, N.$$

2) Teilchen auf Kugel im Schwerefeld

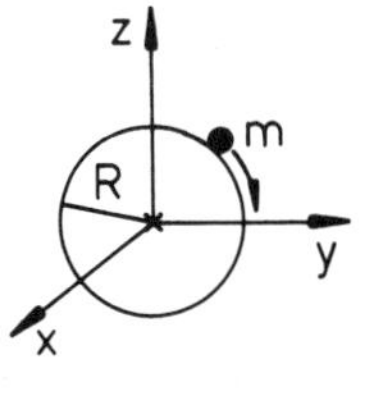

Die Zwangsbedingung

$$\left(x^2 + y^2 + z^2\right) - R^2 \geq 0$$

schränkt die freie Bewegung der Masse m ein, kann aber nicht dazu benutzt werden, "überflüssige" Koordinaten zu eliminieren.

B,2) Zwangsbedingungen in differentieller, nicht integrierbarer Form

Dies sind insbesondere Zwangsbedingungen, die Teilchengeschwindigkeiten enthalten. Sie haben die allgemeine Form:

$$\sum_{m=1}^{3N} f_{im}\, dx_m + f_{it}\, dt = 0, \qquad i = 1, \ldots, p, \tag{1.13}$$

wobei sich die linke Seite **nicht** integrieren läßt. Sie stellt kein totales Differential dar. Es gibt also keine Funktion F_i mit

$$f_{im} = \frac{\partial F_i}{\partial x_m} \quad \forall\, m; \qquad \frac{\partial F_i}{\partial t} = f_{it}.$$

Gäbe es eine solche Funktion F_i, dann würde aus (1.13)

$$F_i\,(x_i, \ldots, x_{3N}, t) = \text{const.}$$

folgen und die entsprechende Zwangsbedingung wäre doch holonom.

Beispiel: "Rollen" eines Rades auf rauher Unterfläche

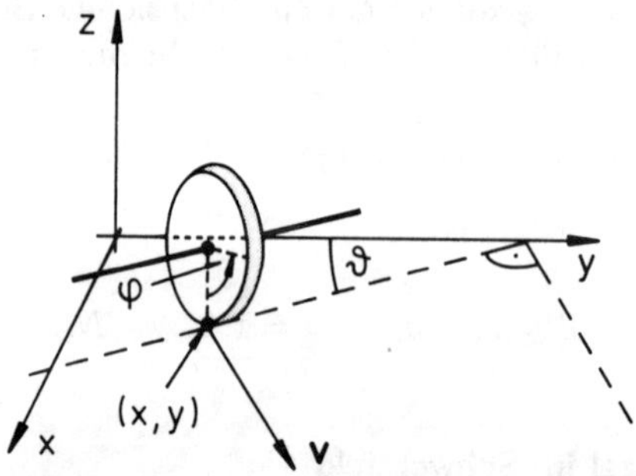

Die Bewegung der Radscheibe erfolge so, daß die Scheibenebene stets vertikal steht. Die Bewegung ist vollständig beschrieben durch

1) den momentanen Auflagepunkt (x, y),

2) die Winkel φ, ϑ.

Das Problem ist also gelöst, falls diese Größen als Funktionen der Zeit bekannt sind.

Die Zwangsbedingung "Rollen" betrifft Richtung und Betrag der Geschwindigkeit des Auflagepunktes:

$$\begin{aligned}
\text{Betrag:}\quad & |\mathbf{v}| = R\,\dot{\varphi}, \\
\text{Richtung:}\quad & \mathbf{v} \text{ senkrecht zur Radachse}, \\
& \dot{x} = v_x = v \sin\left(\frac{\pi}{2} - \vartheta\right) = v\cos\vartheta, \\
& \dot{y} = v_y = v \cos\left(\frac{\pi}{2} - \vartheta\right) = v\sin\vartheta.
\end{aligned}$$

Die Kombination der Zwangsbedingungen ergibt

$$\dot{x} - R\,\dot{\varphi}\,\cos\vartheta = 0; \quad \dot{y} - R\,\dot{\varphi}\,\sin\vartheta = 0$$

oder

$$dx - R\cos\vartheta\,d\varphi = 0; \quad dy - R\sin\vartheta\,d\varphi = 0. \tag{1.14}$$

Diese Bedingungen sind nicht integrabel, da dazu die Kenntnis von $\vartheta = \vartheta(t)$ notwendig wäre, die aber erst nach vollständiger Lösung des Problems vorliegt. Die Zwangsbedingung "Rollen" führt also nicht zu einer Verringerung der Koordinatenzahl. Sie schränkt gewissermaßen die Freiheitsgrade des Rades *mikroskopisch* ein, *makroskopisch* bleibt ihre Anzahl jedoch erhalten. Erfahrungsgemäß läßt sich ja durch geeignete Wendemanöver des Rades jeder Punkt der Ebene erreichen.

1.2 Das d'Alembertsche Prinzip

1.2.1 Lagrange-Gleichungen

Nach den Überlegungen des letzten Abschnittes muß unsere vordringlichste Aufgabe darin bestehen, die im allgemeinen nicht explizit bekannten Zwangskräfte aus den Bewegungsgleichungen zu elimieren. Genau das ist der neue Aspekt der *Lagrange-Mechanik.* Wir beginnen mit der Einführung eines wichtigen Begriffes.

Definition:

Virtuelle Verrückung $\delta\mathbf{r}_i$.

Dies ist die willkürliche (virtuelle), infinitesimale Koordinatenänderung, die mit den Zwangsbedingungen verträglich ist und momentan durchgeführt wird. Letzteres bedeutet:

$$\delta t = 0. \tag{1.15}$$

Die Größen $\delta \mathbf{r}_i$ müssen nichts mit dem tatsächlichen Ablauf der Bewegung zu tun haben. Sie sind deshalb von den tatsächlichen Verschiebungen $d\mathbf{r}_i$ im Zeitraum dt, in dem sich Kräfte und Zwangsbedingungen ändern können, zu unterscheiden:

$$\delta \leftrightarrow \textit{virtuell}; \quad d \leftrightarrow \textit{tatsächlich}.$$

Mathematisch gehen wir mit dem Symbol δ wie mit dem Differential d um. Wir erläutern den Sachverhalt an einem **Beispiel**:

Teilchen im Aufzug

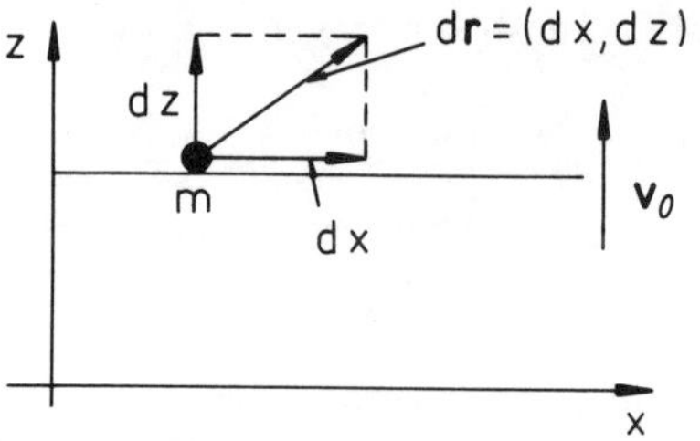

Die Zwangsbedingung (holonom - rheonom) haben wir bereits in (1.8) formuliert. Eine passende generalisierte Koordinate ist $q = x$. Dann gilt aber wegen $\delta t = 0$:

tatsächliche Verrückung: $d\mathbf{r} = (dx,\, dz) = (dq, v_0\, dt)$,

virtuelle Verrückung: $\delta\mathbf{r} = (\delta x, \delta z) = (\delta q, 0)$.

Definition:

Virtuelle Arbeit

$$\delta W_i = \mathbf{F}_i \cdot \delta \mathbf{r}_i. \tag{1.16}$$

$\mathbf{F}_i$ ist die auf Teilchen i wirkende Kraft:

$$\mathbf{F}_i = \mathbf{K}_i + \mathbf{Z}_i = m_i\, \ddot{\mathbf{r}}_i\,. \tag{1.17}$$

$\mathbf{K}_i$ ist die auf den in seiner Bewegungsfreiheit durch Zwangsbedingungen eingeschränkten Massenpunkt wirkende *treibende Kraft.*
$\mathbf{Z}_i$ ist die Zwangskraft.

Offensichtlich gilt:

$$\sum_i (\mathbf{K}_i - m_i\, \ddot{\mathbf{r}}_i) \cdot \delta\mathbf{r}_i + \sum_i \mathbf{Z}_i \cdot \delta\mathbf{r}_i = 0. \tag{1.18}$$

Das fundamentale

Prinzip der virtuellen Arbeit

$$\sum_i \mathbf{Z}_i \cdot \delta \mathbf{r}_i = 0 \tag{1.19}$$

wird nicht mathematisch abgeleitet, sondern durch Übereinstimmung mit der Erfahrung als *bewiesen* angesehen. Es besagt, daß bei jeder gedachten Bewegung, die mit den Zwangsbedingungen verträglich ist, die Zwangskräfte keine Arbeit leisten. Man beachte, daß in (1.19) nur die Summe, nicht notwendig jeder Summand, gleich Null sein muß.

Beispiele:

1) Teilchen auf "glatter" Kurve:

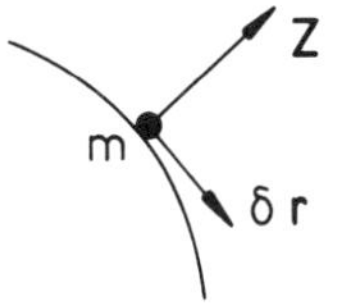

"Glatt" bedeutet, daß es keine Komponente der Zwansgkraft $\mathbf{Z}$ längs der Bahn gibt. Ohne $\mathbf{Z}$ explizit zu kennen, wissen wir damit, daß $\mathbf{Z}$ senkrecht zur Bahn gerichtet sein wird und damit auch senkrecht zur virtuellen Verrückung $\delta\mathbf{r}$:

$$\mathbf{Z} \cdot \delta \mathbf{r} = 0.$$

2) Hantel

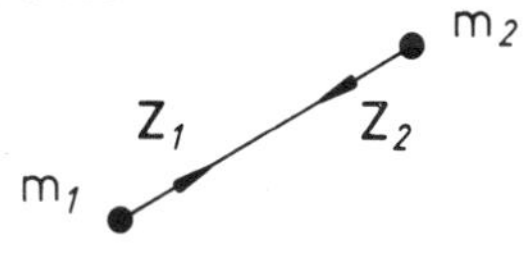

Es gilt:

$$\mathbf{Z}_1 = -\mathbf{Z}_2.$$

Die virtuellen Verrückungen der beiden Massen lassen sich als Translation $\delta\mathbf{s}$ der Masse m_1 plus zusätzliche Rotation $\delta\mathbf{x}_R$ der Masse m_2 um die bereits verschobene Masse m_1 formulieren:

$$\delta \mathbf{r}_1 = \delta \mathbf{s}; \quad \delta \mathbf{r}_2 = \delta \mathbf{s} + \delta \mathbf{x}_R.$$

Eingesetzt in (1.19) ergibt sich:

$$\delta W = \mathbf{Z}_1 \cdot \delta \mathbf{r}_1 + \mathbf{Z}_2 \cdot \delta \mathbf{r}_2 = (\mathbf{Z}_1 + \mathbf{Z}_2) \cdot \delta \mathbf{s} + \mathbf{Z}_2 \cdot \delta \mathbf{x}_R = 0.$$

da $\delta\mathbf{x}_R$ senkrecht zu $\mathbf{Z}_2$ gerichtet und $(\mathbf{Z}_1 + \mathbf{Z}_2)$ gleich Null sind. Wir erkennen an diesem Beispiel, das sich unmittelbar auf den gesamten starren Körper übertragen läßt, daß nur die Summe der Beiträge in (1.19) Null sein muß, nicht schon jeder einzelne Summand.

3) Atwoodsche Fallmaschine

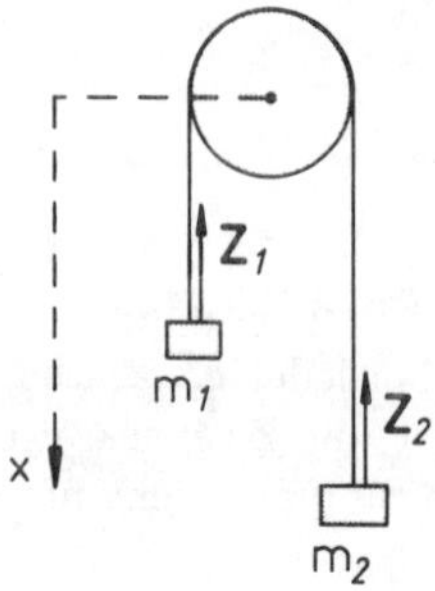

Für die *Fadenspannungen* $\mathbf{Z}_1, \mathbf{Z}_2$ wird

$$\mathbf{Z}_1 = \mathbf{Z}_2$$

gelten. Für die virtuelle Arbeit δW folgt dann:

$$\begin{aligned}\delta W &= \mathbf{Z}_1 \cdot \delta\mathbf{x}_1 + \mathbf{Z}_2 \cdot \delta\mathbf{x}_2 = \\ &= -Z_1(\delta x_1 + \delta x_2) = \\ &= -Z_1\,\delta\underbrace{(x_1 + x_2)}_{\text{const.}} = 0.\end{aligned}$$

4) Reibungskräfte

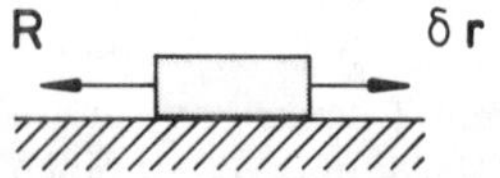

Diese zählen **nicht** zu den Zwangskräften, da sie das *Prinzip der virtuellen Arbeit* verletzen:

$$\delta W = \mathbf{R} \cdot \delta\mathbf{r} = -R\,\delta r \neq 0.$$

Reibungskräfte werden deshalb später eine Sonderbehandlung erfahren müssen.

Das Prinzip der virtuellen Arbeit (1.19) läßt sich mit (1.18) umschreiben und heißt dann:

d'Alembertsches Prinzip

$$\sum_{i=1}^{N} (\mathbf{K}_i - \dot{\mathbf{p}}_i) \cdot \delta\mathbf{r}_i = 0. \tag{1.20}$$

Die virtuelle Arbeit der *verlorenen Kräfte* ist also Null. Damit ist ein erstes, vorläufiges Ziel erreicht. Die Zwangskräfte tauchen nicht mehr auf. In der Tat lassen sich mit (1.20) bereits einfache mechanische Probleme lösen. Es bleibt jedoch noch ein Nachteil. Die virtuellen Verrückungen $\delta\mathbf{r}_i$ sind wegen der Zwangsbedingungen nicht unabhängig voneinander. Gleichung (1.20) ist deshalb so noch nicht geeignet, um daraus verwertbare Bewegungsgleichungen abzuleiten. Wir werden deshalb die Größen $\delta\mathbf{r}_i$ auf generalisierte Koordinaten transformieren. Aus

$$\mathbf{r}_i = \mathbf{r}_i(q_1, q_2, \ldots, q_S, t), \qquad i = 1, 2, \ldots, N \tag{1.21}$$

folgt:

$$\dot{\mathbf{r}}_i = \sum_{j=1}^{S} \frac{\partial \mathbf{r}_i}{\partial q_j}\, \dot{q}_j + \frac{\partial \mathbf{r}_i}{\partial t} = \dot{\mathbf{r}}_i\,(q_1, \dots, q_S, \dot{q}_1, \dots, \dot{q}_S, t). \tag{1.22}$$

Dies bedeutet insbesondere:

$$\frac{\partial\, \dot{\mathbf{r}}_i}{\partial\, \dot{q}_j} = \frac{\partial \mathbf{r}_i}{\partial q_j}. \tag{1.23}$$

Für die virtuellen Verrückungen lesen wir wegen $\delta t = 0$ an (1.22) ab:

$$\delta \mathbf{r}_i = \sum_{j=1}^{S} \frac{\partial \mathbf{r}_i}{\partial q_j}\, \delta q_j. \tag{1.24}$$

Damit ergibt sich für den ersten Summanden in (1.20):

$$\delta W_K = \sum_i \mathbf{K}_i \cdot \delta \mathbf{r}_i = \sum_{i=1}^{N} \sum_{j=1}^{S} \mathbf{K}_i \frac{\partial \mathbf{r}_i}{\partial q_j} \delta q_j \equiv \sum_{j=1}^{S} Q_j\, \delta q_j. \tag{1.25}$$

Definition:

Generalisierte Kraftkomponenten

$$Q_j = \sum_{i=1}^{N} \mathbf{K}_i \cdot \frac{\partial \mathbf{r}_i}{\partial q_j}. \tag{1.26}$$

Da die Größen q_j nicht notwendig *Längen* sind, müssen auch die Größen Q_j nicht unbedingt die Dimension *Kraft* besitzen. Es gilt aber stets:

$$[Q_j\, q_j] = \textit{Energie}.$$

Einen wichtigen Spezialfall stellen **konservative Systeme** dar, für die ein Potential existiert ((2.234), Bd. 1),

$$V = V\big(\mathbf{r}_1, \dots, \mathbf{r}_N\big), \tag{1.27}$$

das insbesondere nicht von den Geschwindigkeiten $\dot{\mathbf{r}}_i$ abhängt und über

$$\mathbf{K}_i = -\nabla_i V \tag{1.28}$$

die Kräfte festlegt. In einem solchen Fall gilt für die generalisierten Kraftkomponenten:

$$Q_j = -\frac{\partial V}{\partial q_j}, \qquad j = 1, 2, \dots, S. \tag{1.29}$$

Wir werten nun den zweiten Summanden in (1.20) aus. Dabei benutzen wir:

$$\frac{d}{dt}\frac{\partial \mathbf{r}_i}{\partial q_j} = \sum_{l=1}^{S} \frac{\partial^2 \mathbf{r}_i}{\partial q_l\,\partial q_j}\,\dot{q}_l + \frac{\partial^2 \mathbf{r}_i}{\partial t\,\partial q_j} =$$

$$= \frac{\partial}{\partial q_j}\left\{\sum_{l=1}^{S} \frac{\partial \mathbf{r}_i}{\partial q_l}\,\dot{q}_l + \frac{\partial \mathbf{r}_i}{\partial t}\right\} = \frac{\partial\,\dot{\mathbf{r}}_i}{\partial q_j}. \tag{1.30}$$

Vorausgesetzt wurde hier, daß die Transformationsformeln (1.21) stetige partielle Ableitungen bis mindestens zur zweiten Ordnung besitzen ((1.129), Bd. 1):

$$\sum_i \dot{\mathbf{p}}_i \cdot \delta\mathbf{r}_i = \sum_i m_i\,\ddot{\mathbf{r}}_i \cdot \delta\mathbf{r}_i = \sum_{i=1}^{N}\sum_{j=1}^{S} m_i\,\ddot{\mathbf{r}}_i\,\frac{\partial \mathbf{r}_i}{\partial q_j}\delta q_j =$$

$$= \sum_{i=1}^{N}\sum_{j=1}^{S} m_i \left\{\frac{d}{dt}\left(\dot{\mathbf{r}}_i \cdot \frac{\partial \mathbf{r}_i}{\partial q_j}\right) - \dot{\mathbf{r}}_i\,\frac{d}{dt}\frac{\partial \mathbf{r}_i}{\partial q_j}\right\}\delta q_j =$$

$$= \sum_{i=1}^{N}\sum_{j=1}^{S} m_i \left\{\frac{d}{dt}\left(\dot{\mathbf{r}}_i \cdot \frac{\partial \dot{\mathbf{r}}_i}{\partial \dot{q}_j}\right) - \dot{\mathbf{r}}_i \cdot \frac{\partial \dot{\mathbf{r}}_i}{\partial q_j}\right\}\delta q_j =$$

$$= \sum_{i=1}^{N}\sum_{j=1}^{S} m_i \left\{\frac{d}{dt}\left[\frac{\partial}{\partial \dot{q}_j}\left(\frac{1}{2}\,\dot{\mathbf{r}}_i^2\right)\right] - \frac{\partial}{\partial q_j}\left(\frac{1}{2}\,\dot{\mathbf{r}}_i^2\right)\right\}\delta q_j =$$

$$= \sum_{j=1}^{S}\left\{\frac{d}{dt}\left(\frac{\partial T}{\partial \dot{q}_j}\right) - \frac{\partial T}{\partial q_j}\right\}\delta q_j. \tag{1.31}$$

Wir setzen (1.31) und (1.25) in (1.20) ein:

d'Alembertsches Prinzip

$$\sum_{j=1}^{S}\left\{\left[\frac{d}{dt}\left(\frac{\partial T}{\partial \dot{q}_j}\right) - \frac{\partial T}{\partial q_j}\right] - Q_j\right\}\delta q_j = 0. \tag{1.32}$$

Dies gilt in dieser Form noch ganz allgemein. Wichtig sind die folgenden Spezialisierungen:

1) Holonome Zwangsbedingungen

In diesem Fall sind die Koordinaten q_j unabhängig voneinander, die Größen δq_j also frei wählbar. Wir können z.B. alle δq_j bis auf eine gleich Null setzen. Dies bedeutet aber, daß in (1.32) nicht nur die Summe, sondern bereits jeder Summand verschwindet:

$$\frac{d}{dt}\left(\frac{\partial T}{\partial \dot{q}_j}\right) - \frac{\partial T}{\partial q_j} = Q_j, \qquad j = 1, 2, \ldots, S. \tag{1.33}$$

2) Konservatives System

In diesem Fall ist (1.29) gültig. Da außerdem V nicht von den generalisierten Geschwindigkeiten $\dot{q}_j$ abhängt, können wir anstelle von (1.32) schreiben:

$$\sum_{j=1} \left[\frac{d}{dt}\frac{\partial}{\partial \dot{q}_j}(T-V) - \frac{\partial}{\partial q_j}(T-V) \right] \delta q_j = 0.$$

Mit der für die weiteren Überlegungen wichtigen **Definition:**

Lagrange-Funktion

$$L(q_1,\dots,q_S,\dot{q}_1,\dots,\dot{q}_S,t) = T(q_1,\dots,q_S,\dot{q}_1,\dots,\dot{q}_S,t) - V(q_1,\dots,q_S) \tag{1.34}$$

folgt dann:

$$\sum_{j=1}^{S} \left[\frac{d}{dt}\frac{\partial L}{\partial \dot{q}_j} - \frac{\partial L}{\partial q_j} \right] \delta q_j = 0. \tag{1.35}$$

3) Konservatives System mit holonomen Zwangsbedingungen

Das ist der Fall, den wir später in der Regel diskutieren werden:

Lagrange-Gleichungen (2. Art)

$$\frac{d}{dt}\frac{\partial L}{\partial \dot{q}_j} - \frac{\partial L}{\partial q_j} = 0, \qquad j = 1,2,\dots,S. \tag{1.36}$$

In der Newton-Mechanik sind *Impuls* und *Kraft*, also Vektoren, die dominierenden Größen. In der Lagrange-Mechanik sind es *Energie* und *Arbeit*, also Skalare. Darin mag man einen gewissen Vorteil erkennen. Die Lagrange-Gleichungen (1.36) ersetzen die Newtonschen Bewegungsgleichungen (1.1). Es handelt sich um S Differentialgleichungen zweiter Ordnung, deren vollständige Lösung die Kenntnis von

$2S$ Anfangsbedingungen

erfordert. Die Zwangskräfte sind eliminiert, sie tauchen in den Bewegungsgleichungen nicht mehr auf.

Wir untersuchen die Lagrange-Funktion in beliebigen Koordinaten. Mit (1.22) schreibt sich die kinetische Energie,

$$T = \frac{1}{2}\sum_{i=1}^{N} m_i \dot{\mathbf{r}}_i^2 = \frac{1}{2}\sum_{j,l=1}^{S} \mu_{jl}\dot{q}_j\dot{q}_l + \sum_{j=1}^{S} \alpha_j \dot{q}_j + \alpha, \tag{1.37}$$

mit den folgenden Abkürzungen:

$$\alpha = \frac{1}{2}\sum_{i=1}^{N} m_i \left(\frac{\partial \mathbf{r}_i}{\partial t}\right)^2, \tag{1.38}$$

$$\alpha_j = \sum_{i=1}^{N} m_i \left(\frac{\partial \mathbf{r}_i}{\partial t}\right) \cdot \left(\frac{\partial \mathbf{r}_i}{\partial q_j}\right), \tag{1.39}$$

$$\mu_{jl} = \sum_{i=1}^{N} m_i \left(\frac{\partial \mathbf{r}_i}{\partial q_j}\right) \cdot \left(\frac{\partial \mathbf{r}_i}{\partial q_l}\right) \tag{1.40}$$

verallgemeinerte Massen.

Die Lagrange-Funktion hat also die folgende allgemeine Gestalt:

$$L = T - V = L_2 + L_1 + L_0, \tag{1.41}$$

$$L_2 = \frac{1}{2}\sum_{j,l=1}^{S} \mu_{jl}\dot{q}_j\dot{q}_l, \tag{1.42}$$

$$L_1 = \sum_{j=1}^{S} \alpha_j \dot{q}_j, \tag{1.43}$$

$$L_0 = \alpha - V(q_1, \ldots, q_S, t). \tag{1.44}$$

Die Größen L_n sind *homogene Funktionen* der generalisierten Geschwindigkeiten vom Grad $n = 2, 1, 0$. Homogene Funktionen sind allgemein wie folgt definiert:

Definition: $f(x_1, \ldots, x_m)$ homogen vom Grad n, falls

$$f(ax_1, \ldots, ax_m) = a^n f(x_1, \ldots, x_m) \qquad \forall\, a \in \mathbb{R}. \tag{1.45}$$

Wir hatten früher behauptet, daß die Wahl der generalisierten Koordinaten willkürlich ist, daß nur ihre Gesamtzahl S festliegt. Wir zeigen nun, daß die

Lagrange-Gleichungen forminvariant

gegenüber Punkttransformationen

$$(q_1, \ldots, q_S) \underset{\text{differenzierbar}}{\longleftrightarrow} (\bar{q}_1, \ldots, \bar{q}_S)$$

sind. Es gelte:

$$\left.\begin{aligned} \bar{q}_j &= \bar{q}_j(q_1, \ldots, q_S, t) \\ q_l &= q_l(\bar{q}_1, \ldots, \bar{q}_S, t) \end{aligned}\right\} \quad j, l = 1, \ldots, S.$$

Unter der Voraussetzung

$$\frac{d}{dt}\frac{\partial L}{\partial \dot{q}_j} - \frac{\partial L}{\partial q_j} = 0 \qquad \text{für } j = 1, 2, \ldots, S$$

folgt dann für

$$\widetilde{L}(\bar{\mathbf{q}}, \dot{\bar{\mathbf{q}}}, t) = L(\mathbf{q}(\bar{\mathbf{q}}, t), \dot{\mathbf{q}}(\bar{\mathbf{q}}, \dot{\bar{\mathbf{q}}}, t), t)$$

die Behauptung:

$$\frac{d}{dt}\frac{\partial \widetilde{L}}{\partial \dot{\bar{q}}_l} - \frac{\partial \widetilde{L}}{\partial \bar{q}_l} = 0, \qquad l = 1, 2, \ldots, S. \tag{1.46}$$

Beweis:

$$\dot{q}_j = \sum_l \frac{\partial q_j}{\partial \bar{q}_l}\dot{\bar{q}}_l + \frac{\partial q_j}{\partial t} \implies \frac{\partial \dot{q}_j}{\partial \dot{\bar{q}}_l} = \frac{\partial q_j}{\partial \bar{q}_l},$$

$$\frac{\partial \widetilde{L}}{\partial \bar{q}_l} = \sum_j \left(\frac{\partial L}{\partial q_j}\frac{\partial q_j}{\partial \bar{q}_l} + \frac{\partial L}{\partial \dot{q}_j}\frac{\partial \dot{q}_j}{\partial \bar{q}_l} \right),$$

$$\frac{\partial \widetilde{L}}{\partial \dot{\bar{q}}_l} = \sum_j \frac{\partial L}{\partial \dot{q}_j}\frac{\partial \dot{q}_j}{\partial \dot{\bar{q}}_l} = \sum_j \frac{\partial L}{\partial \dot{q}_j}\frac{\partial q_j}{\partial \bar{q}_l}$$

$$\implies \frac{d}{dt}\frac{\partial \widetilde{L}}{\partial \dot{\bar{q}}_l} = \sum_j \left\{ \left(\frac{d}{dt}\frac{\partial L}{\partial \dot{q}_j} \right)\frac{\partial q_j}{\partial \bar{q}_l} + \frac{\partial L}{\partial \dot{q}_j}\left(\frac{d}{dt}\frac{\partial q_j}{\partial \bar{q}_l} \right) \right\} =$$

$$= \sum_j \left\{ \left(\frac{d}{dt}\frac{\partial L}{\partial \dot{q}_j} \right)\frac{\partial q_j}{\partial \bar{q}_l} + \frac{\partial L}{\partial \dot{q}_j}\frac{\partial \dot{q}_j}{\partial \bar{q}_l} \right\}$$

$$\implies \frac{d}{dt}\frac{\partial \widetilde{L}}{\partial \dot{\bar{q}}_l} - \frac{\partial \widetilde{L}}{\partial \bar{q}_l} = \sum_j \left\{ \frac{d}{dt}\frac{\partial L}{\partial \dot{q}_j} - \frac{\partial L}{\partial q_j} \right\}\frac{\partial q_j}{\partial \bar{q}_l} = 0.$$

Für den Begriff der Forminvarianz ist eigentlich nicht entscheidend, daß $\widetilde{L}$ aus L schlicht durch Einsetzen der Transformationsformeln hervorgeht. Wichtig ist nur, daß es überhaupt zu $L(\mathbf{q}, \dot{\mathbf{q}}, t)$ ein eindeutiges $\widetilde{L}(\bar{\mathbf{q}}, \dot{\bar{\mathbf{q}}}, t)$ gibt, so daß die Gleichungen erhalten bleiben.

1.2.2 Einfache Anwendungen

Wir wollen in diesem Abschnitt ausführlich den Algorithmus demonstrieren und üben, den man üblicherweise zur Lösung von Problemen mit Hilfe der Lagrange-Gleichungen benutzt. Wir setzen durchweg

holonome Zwangsbedingungen, konservative Kräfte

voraus. Die Lösungsmethode setzt sich dann aus fünf Teilschritten zusammen:

1) Zwangsbedingung formulieren.

2) Generalisierte Koordinaten **q** festlegen.

3) Lagrange-Funktion $L = T - V = L(\mathbf{q}, \dot{\mathbf{q}}, t)$ aufstellen.

4) Lagrange-Gleichungen (1.36) ableiten und lösen.

5) Rücktransformation auf "anschauliche" Koordinaten.

Wir wollen dieses Verfahren an einigen Anwendungsbeispielen üben.

1) Atwoodsche Fallmaschine

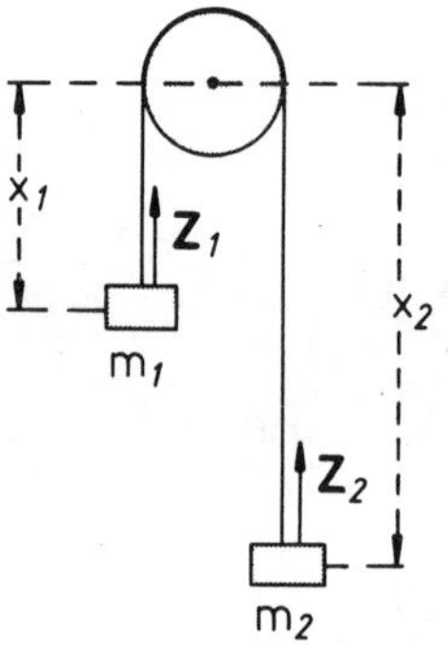

Es handelt sich um ein konservatives System mit fünf holonom-skleronomen Zwangsbedingungen:

$$x_1 + x_2 = l = \text{const.},$$
$$y_1 = y_2 = z_1 = z_2 = 0.$$

Es bleiben also

$$S = 6 - 5 = 1$$

Freiheitsgrade. Eine passende generalisierte Koordinate wäre dann:

$$q = x_1 \quad (\Longrightarrow x_2 = l - q).$$

Damit sind die Transformationsformeln bekannt.

Mit der kinetischen Energie

$$T = \frac{1}{2}\left(m_1 \dot{x}_1^2 + m_2 \dot{x}_2^2\right) = \frac{1}{2}(m_1 + m_2)\dot{q}^2$$

und der potentiellen Energie

$$V = -m_1 g\, x_1 - m_2 g\, x_2 = -m_1 g\, q - m_2 g(l - q)$$

folgt die Lagrange-Funktion

$$L = \frac{1}{2}(m_1 + m_2)\dot{q}^2 + (m_1 - m_2) g\, q + m_2 g\, l. \tag{1.47}$$

Mit

$$\frac{d}{dt}\frac{\partial L}{\partial \dot{q}} = (m_1 + m_2)\,\ddot{q}; \qquad \frac{\partial L}{\partial q} = (m_1 - m_2)g$$

ergibt sich über (1.36) die einfache Bewegungsgleichung:

$$\ddot{q} = \frac{m_1 - m_2}{m_1 + m_2}\, g. \tag{1.48}$$

Das ist der "verzögerte" freie Fall. (1.48) läßt sich bei Vorgabe von zwei Anfangsbedingungen einfach integrieren. Damit ist das Problem gelöst.

Wir haben nun die Möglichkeit, über die Newtonschen Bewegungsgleichungen

$$m_1\ddot{x}_1 = m_1 g + Z_1; \quad m_2\ddot{x}_2 = m_2 g + Z_2$$

die Zwangskräfte (*Fadenspannungen*) explizit zu bestimmen. Wegen

$$\ddot{x}_1 = -\ddot{x}_2 = \ddot{q}$$

gilt:

$$m_1\ddot{x}_1 - m_2\ddot{x}_2 = (m_1 - m_2)g + (Z_1 - Z_2) = (m_1 + m_2)\ddot{q} = (m_1 - m_2)g.$$

Dies bedeutet:

$$Z_1 = Z_2 = Z.$$

Damit folgt weiter:

$$m_1\ddot{x}_1 + m_2\ddot{x}_2 = (m_1 + m_2)g + 2Z = (m_1 - m_2)\ddot{q}.$$

Die Fadenspannung Z lautet damit:

$$Z = -2g\,\frac{m_1 m_2}{m_1 + m_2}. \tag{1.49}$$

2) Gleitende Perle auf gleichförmig rotierendem Draht

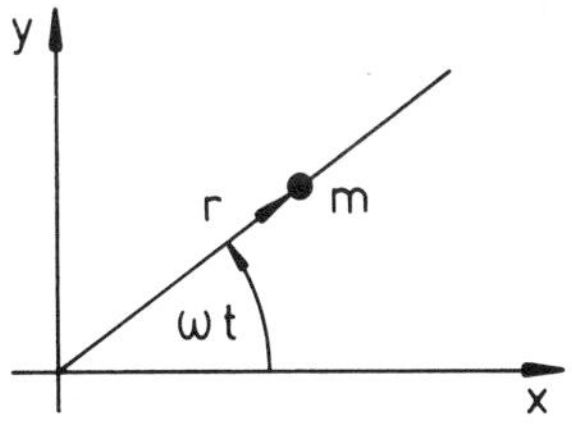

Das konservative System besitzt zwei holonome Zwangsbedingungen; davon ist eine skleronom, die andere rheonom:

$$z = 0,$$
$$y = x\,\tan\omega t.$$

Als generalisierte Koordinate bietet sich der Abstand

$$q = r$$

der Perle vom Drehpunkt an. Mit den Transformationsformeln

$$x = q\cos\omega t; \quad y = q\sin\omega t; \quad z = 0$$

berechneh wir die kinetische Energie

$$T = \frac{m}{2}\left(\dot{x}^2 + \dot{y}^2\right) = \frac{m}{2}\left(\dot{q}^2 + q^2\omega^2\right),$$

die wegen $V \equiv 0$ mit der Lagrange-Funktion identisch ist:

$$L = T - V = \frac{m}{2}\left(\dot{q}^2 + q^2\omega^2\right) = L_2 + L_0. \tag{1.50}$$

Die Funktion L_1 taucht trotz rheonomer Zwangsbedingung nicht auf. Dies ist jedoch rein zufällig. Normalerweise erscheint die Funktion L_1 (1.43) in einem solchen Fall explizit. Die Funktion L_0 ist hier jedoch eine Folge der rheonomen Zwangsbedingung.

Mit der Bewegungsgleichung

$$\frac{d}{dt}\frac{\partial L}{\partial \dot{q}} = m\,\ddot{q} = \frac{\partial L}{\partial q} = m\,q\,\omega^2$$

folgt:

$$\ddot{q} = \omega^2 q.$$

Die allgemeine Lösung lautet:

$$q(t) = A\,e^{\omega t} + B\,e^{-\omega t}.$$

Mit den Anfangsbedingungen

$$q(t=0) = r_0 > 0; \quad \dot{q}(t=0) = 0$$

folgt z.B. $A = B = r_0/2$ und damit

$$q(t) = \frac{1}{2} r_0 \left(e^{\omega t} + e^{-\omega t}\right).$$

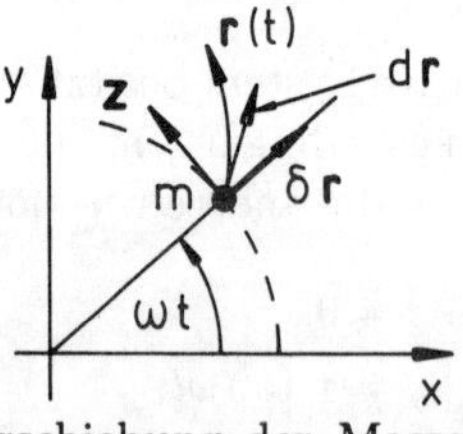

Die Perle bewegt sich also mit wachsender Beschleunigung für $t \to \infty$ nach außen. Dabei nimmt die Energie der Perle zu, da die Zwangskraft an der Perle Arbeit leistet. Das sieht nach einem Widerspruch zum Prinzip der virtuellen Arbeit (1.19) aus. Ist es aber nicht. Die tatsächliche Verschiebung der Masse m im Zeitraum dt ist nicht mit der virtuellen Verrückung $\delta\mathbf{r}$ identisch, die ja bei festgehaltener Zeit durchgeführt wird. Es ist deshalb die von der Zwangskraft tatsächlich geleistete Arbeit

$$dW_Z = \mathbf{Z} \cdot d\mathbf{r} \neq 0$$

von der virtuellen Arbeit

$$\delta W_Z = \mathbf{Z} \cdot \delta \mathbf{r} = 0, \quad \text{da } \mathbf{Z} \perp \delta \mathbf{r},$$

zu unterscheiden.

3) Schwingende Hantel

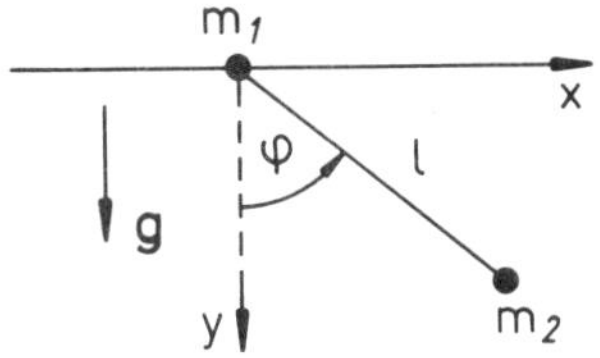

Die Masse m_1 einer Hantel der Länge l kann sich reibungslos entlang einer horizontalen Geraden bewegen. Wir fragen uns, welche Kurven die Massen m_1 und m_2 unter dem Einfluß der Schwerkraft beschreiben.

Es liegen vier holonom-skleronome Zwangsbedingungen vor:

$$z_1 = z_2 = 0; \quad y_1 = 0; \quad (x_1 - x_2)^2 + y_2^2 - l^2 = 0.$$

Es bleiben damit

$$S = 6 - 4 = 2$$

Freiheitsgrade. Günstige generalisierte Koordinaten dürften

$$q_1 = x_1; \quad q_2 = \varphi$$

sein. Dies ergibt die Transformationsformeln:

$$\begin{aligned} x_1 &= q_1; & y_1 &= z_1 = 0, \\ x_2 &= q_1 + l \sin q_2; & y_2 &= l \cos q_2; \quad z_2 = 0. \end{aligned}$$

Damit berechnen wir die kinetische Energie:

$$\begin{aligned} T &= \frac{1}{2} m_1 \dot{x}_1^2 + \frac{1}{2} m_2 \left(\dot{x}_2^2 + \dot{y}_2^2 \right) = \\ &= \frac{1}{2} (m_1 + m_2)\, \dot{q}_1^2 + \frac{1}{2} m_2 \left(l^2 \dot{q}_2^2 + 2l\, \dot{q}_1 \dot{q}_2 \cos q_2 \right). \end{aligned}$$

Für die potentielle Energie finden wir:

$$V_1 \equiv 0; \quad V_2 = -m_2\, g\, l \cos \varphi; \quad V = -m_2\, g\, l \cos q_2.$$

Dies ergibt die folgende Lagrange-Funktion:

$$L = \frac{1}{2} (m_1 + m_2)\, \dot{q}_1^2 + \frac{1}{2} m_2 \left(l^2\, \dot{q}_2^2 + 2\, l\, \dot{q}_1\, \dot{q}_2 \cos q_2 \right) + m_2\, g\, l \cos q_2. \quad (1.51)$$

Bevor wir den konkreten Lösungsweg weiter diskutieren, wollen wir zwei für das Folgende eminent wichtige Begriffe einführen.

Definition:

Verallgemeinerter Impuls

$$p_i = \frac{\partial L}{\partial \dot{q}_i}. \tag{1.52}$$

Definition:

Zyklische Koordinate

$$q_j \text{ zyklisch} \iff \frac{\partial L}{\partial q_j} = 0 \iff p_j = \frac{\partial L}{\partial \dot{q}_j} = \text{const.} \tag{1.53}$$

Jede zyklische Koordinate führt automatisch auf einen Erhaltungssatz. Deswegen sollte man generalisierte Koordinaten stets so wählen, daß möglichst viele zyklisch sind.

In unserem Beispiel ist q_1 zyklisch. Dies bedeutet:

$$p_1 = \frac{\partial L}{\partial \dot{q}_1} = (m_1 + m_2)\,\dot{q}_1 + m_2\, l\, \dot{q}_2 \cos q_2 = \text{const.}$$

Wir lösen nach $\dot{q}_1$ auf:

$$\dot{q}_1 = c - \frac{m_2\, l}{m_1 + m_2}\, \dot{q}_2 \cos q_2$$

und integrieren:

$$q_1(t) = c\, t - \frac{m_2\, l}{m_1 + m_2} \sin q_2(t) + a.$$

Wir benötigen vier Anfangsbedingungen:

$$\begin{aligned} & q_1(t=0) = 0; \quad q_2(t=0) = 0; \\ & \dot{q}_1(t=0) = -\frac{m_2}{m_1 + m_2}\, l\, \omega_0; \quad \dot{q}_2(t=0) = \omega_0. \end{aligned} \tag{1.54}$$

Daraus folgt zunächst:

$$a = 0, \quad c = 0.$$

Wir haben damit die Zwischenlösung:

$$q_1(t) = -\frac{m_2}{m_1 + m_2}\, l \sin q_2(t).$$

Für die Bewegung der Masse m_1 gilt also:

$$x_1(t) = -\frac{m_2}{m_1 + m_2}\, l \sin\varphi(t); \quad y_1(t) = z_1(t) = 0. \tag{1.55}$$

Mit den Transformationsformeln folgt für die Masse m_2:

$$x_2(t) = \frac{m_1}{m_1 + m_2}\, l \sin\varphi(t); \quad y_2(t) = l \cos\varphi(t); \quad z_2(t) = 0. \tag{1.56}$$

Zusammengefaßt ergibt dies die Mittelpunktsgleichung einer Ellipse:

$$\frac{x_2^2}{\left(\frac{m_1\, l}{m_1 + m_2}\right)^2} + \frac{y_2^2}{l^2} = 1. \tag{1.57}$$

Die Masse m_2 durchläuft also einen Teil einer Ellipse mit der horizontalen Halbachse $m_1\, l/(m_1 + m_2)$ und der vertikalen Halbachse l. In der Grenze $m_1 \to \infty$ ergibt sich das gewöhnliche mathematische Pendel (Kap. 2.3.4, Bd. 1).

Mit (1.55) und (1.56) ist das Problem noch nicht vollständig gelöst, da $\varphi(t)$ noch unbekannt ist. Wir haben aber noch eine weitere Lagrange-Gleichung zur Verfügung:

$$\begin{aligned}
\frac{\partial L}{\partial \dot{q}_2} &= m_2 \left(l^2\, \dot{q}_2 + l\, \dot{q}_1 \cos q_2\right), \\
\frac{d}{dt}\frac{\partial L}{\partial \dot{q}_2} &= m_2 \left(l^2\, \ddot{q}_2 + l\, \ddot{q}_1 \cos q_2 - l\, \dot{q}_1\, \dot{q}_2 \sin q_2\right), \\
\frac{\partial L}{\partial q_2} &= m_2 \left(-l\, \dot{q}_1\, \dot{q}_2 \sin q_2 - g\, l \sin q_2\right).
\end{aligned}$$

Dies ergibt in (1.36) eingesetzt die folgende Bewegungsgleichung:

$$l^2\, \ddot{q}_2 + l\, \ddot{q}_1 \cos q_2 + g\, l \sin q_2 = 0. \tag{1.58}$$

Für "kleine" Werte von $q_2 = \varphi$ können wir

$$\cos q_2 \approx 1; \quad \sin q_2 \approx q_2$$

annehmen, wodurch sich (1.58) zu

$$l\, \ddot{q}_2 + \ddot{q}_1 + g\, q_2 \approx 0$$

vereinfacht. An (1.55) lesen wir ab:

$$q_1 \approx -\frac{m_2}{m_1 + m_2}\, l\, q_2 \implies \ddot{q}_1 \approx -\frac{m_2\, l}{m_1 + m_2}\, \ddot{q}_2.$$

Dies ergibt für q_2 die folgende Bewegungsgleichung:

$$\ddot{q}_2 + \frac{g}{l}\,\frac{m_1 + m_2}{m_1}\,q_2 \approx 0.$$

Es empfiehlt sich der Lösungsansatz:

$$q_2 = A\cos\omega t + B\sin\omega t.$$

Die gewählten Anfangsbedingungen (1.54) führen zu $A = 0$ und $B\omega = \omega_0$. Damit folgt schließlich:

$$\varphi(t) = \frac{\omega_0}{\omega}\sin\omega t; \quad \omega = \sqrt{\frac{g}{l}\,\frac{m_1 + m_2}{m_1}}. \tag{1.59}$$

4) Zykloidenpendel

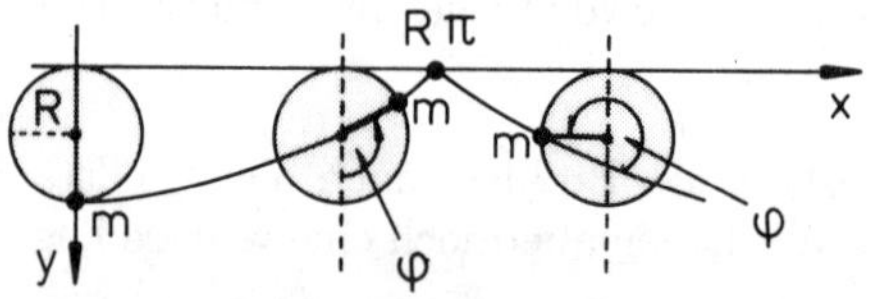

Ein Teilchen der Masse m bewege sich im Schwerefeld auf einer *Zykloide*. Diese wird durch Abrollen eines Rades (Radius R) auf einer ebenen Fläche realisiert. Sie besitzt die folgende Parameterdarstellung:

$$\begin{aligned} x &= R\varphi + R\sin\varphi = R(\varphi + \sin\varphi), \\ y &= 2R - R(1 - \cos\varphi) = R(1 + \cos\varphi). \end{aligned} \tag{1.60}$$

Der erste Term für x ist die Abrollbedingung, der zweite resultiert aus der Raddrehung. Wir können die Gleichung für y nach φ auflösen und in die Gleichung für x einsetzen. (1.60) liefert damit **eine** Zwangsbedingung. Eine weitere ist $z \equiv 0$. Es bleiben für den Massenpunkt m somit $S = 3 - 2 = 1$ Freiheitsgrade. Als generalisierte Koordinate q empfiehlt sich der Winkel φ. Mit

$$\dot{x} = R\dot{q}(1 + \cos q); \quad \dot{y} = -R\dot{q}\sin q$$

berechnen wir die kinetische Energie:

$$T \doteq \frac{m}{2}\left(\dot{x}^2 + \dot{y}^2\right) = m\,R^2\dot{q}^2(1 + \cos q).$$

Für die potentielle Energie gilt:

$$V = -m\,g\,y = -m\,g\,R(1 + \cos q).$$

Dies ergibt für die Lagrange-Funktion:

$$L = T - V = m\,R\,(1 + \cos q)\,(R\,\dot{q}^2 + g). \tag{1.61}$$

Daraus folgt:

$$\begin{aligned}
\frac{\partial L}{\partial \dot{q}} &= 2\,m\,R^2(1 + \cos q)\dot{q}, \\
\frac{d}{dt}\frac{\partial L}{\partial \dot{q}} &= 2\,m\,R^2\left[\ddot{q}\,(1 + \cos q) - \dot{q}^2 \sin q\right], \\
\frac{\partial L}{\partial q} &= -m\,R\,\sin q\big(R\,\dot{q}^2 + g\big).
\end{aligned}$$

Mit $(1 + \cos q) = 2\,\cos^2(q/2)$ und $\sin q = 2\,\sin(q/2)\,\cos(q/2)$ finden wir die zu lösende Bewegungsgleichung:

$$2\,\ddot{q}\,\cos\frac{q}{2} - \dot{q}^2\,\sin\frac{q}{2} + \frac{g}{R}\,\sin\frac{q}{2} = 0.$$

Dies kann weiter zusammengefaßt werden:

$$\frac{d^2}{dt^2}\,\sin\frac{q}{2} + \frac{g}{4R}\,\sin\frac{q}{2} = 0. \tag{1.62}$$

Das Zykloidenpendel befolgt also für $\sin(q/2) = \sin(\varphi/2)$ eine Schwingungsgleichung mit der Frequenz

$$\omega = \frac{1}{2}\sqrt{\frac{g}{R}}. \tag{1.63}$$

Die allgemeine Lösung lautet:

$$\varphi(t) = 2\,\arcsin\left[A\,e^{i\omega t} + B\,e^{-i\omega t}\right], \tag{1.64}$$

wobei A, B durch die Anfangsbedingungen festgelegt sind.

Beim Fadenpendel ist die Schwingungsfrequenz von der Amplitude der Schwingung abhängig. Die übliche Annahme $\sin\varphi \approx \varphi$, die zur Schwingungsgleichung führt, ist ja nur für kleine Ausschläge erlaubt. Hier haben wir eine geometrische Führung des Massenpunktes kennengelernt, bei welcher die Schwingungsdauer unabhängig von der Amplitude wird.

5) N Teilchen ohne Zwangsbedingungen

Wir erwarten, daß in diesem speziellen Fall die Lagrangeschen mit den Newtonschen Bewegungsgleichungen identisch sind. Wegen fehlender Zwangsbedingungen gibt es $S = 3N$ Freiheitsgrade, und als generalisierte Koordinaten kommen zum Beispiel die kartesischen Koordinaten in Frage. Aus der Lagrange-Funktion

$$L = T - V = \sum_{i=1}^{N} \frac{m_i}{2}\left(\dot{x}_i^2 + \dot{y}_i^2 + \dot{z}_i^2\right) - V\big(x_1, \ldots, z_N, t\big) \tag{1.65}$$

folgt:

$$\frac{d}{dt}\frac{\partial L}{\partial \dot{x}_i} = m_i\,\ddot{x}_i; \qquad \frac{\partial L}{\partial x_i} = -\frac{\partial V}{\partial x_i} = F_{x_i}.$$

Die Lagrangeschen Bewegungsgleichungen,

$$\frac{d}{dt}\frac{\partial L}{\partial \dot{x}_i} = \frac{\partial L}{\partial x_i} \iff m_i\ddot{x}_i = F_{x_i},$$

führen damit in der Tat direkt auf die Newtonschen Bewegungsgleichungen. Nehmen wir die in (1.46) bewiesene Forminvarianz gegenüber Punkttransformationen hinzu, so gilt die Äquivalenz auch in beliebigen krummlinigen Koordinaten.

6) Kepler-Problem

Wir betrachten die Bewegung eines Teilchens der Masse m im Zentralfeld (s. Beispiel 3 in Kapitel 1.1) mit der potentiellen Energie (s. (2.262), Bd. 1):

$$V(x,y,z) = \frac{-\alpha}{\sqrt{x^2+y^2+z^2}} \qquad (\text{z.B. } \alpha = \gamma\, m\, M).$$

In kartesischen Koordinaten ergeben sich recht komplizierte Bewegungsgleichungen. Wir haben im Beispiel 3 des Kapitels 1.1 bereits die Verwendung von Kugelkoordinaten als generalisierte Koordinaten als zweckmäßig erkannt. In diesen lautet die Lagrange-Funktion:

$$L(r,\vartheta,\varphi,\dot{r},\dot{\vartheta},\dot{\varphi}) = \frac{m}{2}\left(\dot{r}^2 + r^2\dot{\vartheta}^2 + r^2\sin^2\vartheta\,\dot{\varphi}^2\right) + \frac{\alpha}{r}. \tag{1.66}$$

Allein aus der unmittelbaren Beobachtung, daß die Koordinate φ zyklisch ist, ergeben sich wichtige physikalische Folgerungen:

$$p_\varphi = \frac{\partial L}{\partial \dot{\varphi}} = m\,r^2\sin^2\vartheta\,\dot{\varphi} = L_z = \text{const.} \tag{1.67}$$

Die z-Komponente des Bahndrehimpulses $\mathbf{L} = \mathbf{r}\times\mathbf{p}$ ist eine Konstante der Bewegung. Da die z-Richtung durch nichts ausgezeichnet ist, muß sogar der volle Drehimpuls konstant sein:

$$\mathbf{L} = m\,\mathbf{r}\times\dot{\mathbf{r}} = \mathbf{const.} \tag{1.68}$$

(Man unterscheide den Vektor $\mathbf{L}$ (Drehimpuls) vom Skalar L (Lagrange-Funktion).) Ohne Beschränkung der Allgemeinheit können wir die z-Achse unseres Koordinatensystems parallel zum Drehimpuls $\mathbf{L}$ legen, womit automatisch $L_x = L_y \equiv 0$ folgt. Die durch $[\mathbf{r}\times\dot{\mathbf{r}}]$ aufgespannte Bahnebene ist dann die xy-Ebene. Dies bedeutet $\vartheta \equiv \pi/2$ und damit $\dot{\vartheta} \equiv 0$, so daß sich die Lagrange-Funktion zu

$$L = \frac{m}{2}\left(\dot{r}^2 + r^2\dot{\varphi}^2\right) + \frac{\alpha}{r} \tag{1.69}$$

vereinfacht. Es bleibt dann noch die Bewegungsgleichung

$$\frac{d}{dt}\frac{\partial L}{\partial \dot{r}} = m\,\ddot{r} \stackrel{!}{=} \frac{\partial L}{\partial r} = m\,r\,\dot{\varphi}^2 - \frac{\alpha}{r^2} \tag{1.70}$$

zu diskutieren.

1.2.3 Verallgemeinerte Potentiale

Die einfachen Anwendungsbeispiele des letzten Abschnitts setzen die Gültigkeit der Lagrange-Gleichungen in der Form (1.36) voraus. Sie gelten für konservative Systeme mit holonomen Zwangsbedingungen. Bei einem nichtkonservativen System, aber holonomen Zwangsbedingungen gilt statt dessen (1.33):

$$\frac{d}{dt}\frac{\partial T}{\partial \dot{q}_j} - \frac{\partial T}{\partial q_j} = Q_j, \qquad j = 1, 2, \ldots, S.$$

Wir kommen jedoch zu formal unveränderten Lagrange-Gleichungen für sogenannte

verallgemeinerte Potentiale $\quad U = U\big(q_1, \ldots q_S, \dot{q}_1, \ldots, \dot{q}_S, t\big),$

falls sich aus diesen die generalisierten Kräfte Q_j wie folgt ableiten lassen:

$$Q_j = \frac{d}{dt}\frac{\partial U}{\partial \dot{q}_j} - \frac{\partial U}{\partial q_j}, \qquad j = 1, 2, \ldots, S. \tag{1.71}$$

Der erste Summand ist hier gegenüber dem Fall des konservativen Systems neu. Für die

verallgemeinerte Lagrange-Funktion $\quad L = T - U \quad$ (1.72)

gelten dann mit (1.71) offenbar die Bewegungsgleichungen formal in der unveränderten Form (1.36). Nun sieht allerdings die Forderung (1.71) auch sehr speziell aus. Es gibt jedoch ein sehr wichtiges Anwendungsbeispiel:

Geladenes Teilchen im elektromagnetischen Feld!

Im Band 3 werden wir erfahren, daß auf ein Teilchen mit der Ladung $\bar{q}$, das sich mit der Geschwindigkeit $\mathbf{v}$ in einem elektromagnetischen Feld (elektrisches Feld $\mathbf{E}$, magnetische Induktion $\mathbf{B}$) bewegt, die sogenannte "Lorentz-Kraft"

$$\mathbf{F} = \bar{q}\,[\mathbf{E} + (\mathbf{v} \times \mathbf{B})] \tag{1.73}$$

wirkt. Diese ist nicht konservativ. Sie besitzt allerdings ein verallgemeinertes Potential U im Sinne von (1.71). Um dies zu zeigen, schreiben wir $\mathbf{F}$ zunächst auf die *elektromagnetischen Potentiale*,

$$\varphi(\mathbf{r}, t): \text{ skalares Potential}; \quad \mathbf{A}(\mathbf{r}, t) = \text{ Vektorpotential},$$

um. Diese sind so gewählt, daß in den *Maxwell-Gleichungen*, die in der Elektrodynamik die Rolle übernehmen, die die Newtonschen Axiome in der Mechanik spielen,

$$\operatorname{rot}\mathbf{E} + \frac{\partial}{\partial t}\mathbf{B} = 0; \qquad \operatorname{div}\mathbf{B} = 0; \tag{1.74}$$

$$\operatorname{rot}\mathbf{H} - \frac{\partial}{\partial t}\mathbf{D} = \mathbf{j}; \qquad \operatorname{div}\mathbf{D} = \rho, \tag{1.75}$$

die beiden *homogenen* Gleichungen (1.74) automatisch erfüllt sind:

$$\mathbf{B} = \operatorname{rot}\mathbf{A}; \quad \mathbf{E} = -\nabla\varphi - \frac{\partial}{\partial t}\mathbf{A}. \tag{1.76}$$

In den *inhomogenen* Gleichungen (1.75), die wir im folgenden nicht weiter benötigen, bezeichnen $\mathbf{H}$ das magnetische Feld, $\mathbf{D}$ die dielektrische Verschiebung, $\mathbf{j}$ die Stromdichte und ρ die Ladungsdichte. Weitere Einzelheiten werden in Band 3 diskutiert.

Mit (1.76) schreibt sich die Lorentz-Kraft

$$\mathbf{F} = \bar{q}\left[-\nabla\varphi - \frac{\partial}{\partial t}\mathbf{A} + (\mathbf{v}\times\operatorname{rot}\mathbf{A})\right]. \tag{1.77}$$

Wir versuchen, dazu ein verallgemeinertes Potential

$$U = U(x, y, z, \dot{x}, \dot{y}, \dot{z}, t)$$

abzuleiten, nehmen als generalisierte also die kartesischen Koordinaten des geladenen Teilchens:

$$\begin{aligned}
&(\mathbf{v}\times\operatorname{rot}\mathbf{A})_x = \\
&= \dot{y}(\operatorname{rot}\mathbf{A})_z - \dot{z}(\operatorname{rot}\mathbf{A})_y = \\
&= \dot{y}\left(\frac{\partial}{\partial x}A_y - \frac{\partial}{\partial y}A_x\right) - \dot{z}\left(\frac{\partial}{\partial z}A_x - \frac{\partial}{\partial x}A_z\right) = \\
&= \dot{y}\frac{\partial}{\partial x}A_y + \dot{z}\frac{\partial}{\partial x}A_z + \dot{x}\frac{\partial}{\partial x}A_x - \dot{x}\frac{\partial}{\partial x}A_x - \dot{y}\frac{\partial}{\partial y}A_x - \dot{z}\frac{\partial}{\partial z}A_x = \\
&= \frac{\partial}{\partial x}(\mathbf{v}\cdot\mathbf{A}) - \left(\frac{d}{dt}A_x - \frac{\partial}{\partial t}A_x\right).
\end{aligned}$$

Damit lautet die x-Komponente der Lorentz-Kraft:

$$F_x = \bar{q}\left[-\frac{\partial\varphi}{\partial x} - \frac{d}{dt}A_x + \frac{\partial}{\partial x}(\mathbf{v}\cdot\mathbf{A})\right].$$

Wir benutzen noch

$$\frac{d}{dt}A_x = \frac{d}{dt}\left[\frac{\partial}{\partial \dot{x}}(\mathbf{A} \cdot \mathbf{v})\right]; \quad \frac{d}{dt}\frac{\partial}{\partial \dot{x}}\varphi = 0$$

und können dann schreiben:

$$F_x = \bar{q}\left[-\frac{\partial}{\partial x}(\varphi - \mathbf{v} \cdot \mathbf{A}) + \frac{d}{dt}\frac{\partial}{\partial \dot{x}}(\varphi - \mathbf{v} \cdot \mathbf{A})\right].$$

Wir definieren ein

verallgemeinertes Potential der Lorentz-Kraft

$$U = \bar{q}(\varphi - \mathbf{v} \cdot \mathbf{A}), \tag{1.78}$$

das für die x-Komponente die gewünschte Beziehung (1.71) erfüllt:

$$F_x = \frac{d}{dt}\frac{\partial U}{\partial \dot{x}} - \frac{\partial U}{\partial x}.$$

Dies läßt sich natürlich ganz analog für die beiden anderen Komponenten F_y, F_z ebenso zeigen. Damit haben wir als wichtiges Ergebnis die Lagrange-Funktion eines Teilchens der Masse m und der Ladung $\bar{q}$ im elektromagnetischen Feld abgeleitet:

$$L(\mathbf{r}, \dot{\mathbf{r}}, t) = \frac{m}{2}\dot{\mathbf{r}}^2 + \bar{q}(\dot{\mathbf{r}} \cdot \mathbf{A}) - \bar{q}\,\varphi. \tag{1.79}$$

Obwohl wir als generalisierte Koordinaten die kartesischen Ortskoordinaten des Teilchens gewählt haben, sind die generalisierten Impulse $\mathbf{p}$ nicht mit den mechanischen Impulsen $m\,\mathbf{v}$ identisch. Nach (1.52) gilt vielmehr:

$$p_x = \frac{\partial L}{\partial \dot{x}} = m\,\dot{x} + \bar{q}\,A_x; \quad p_y = \frac{\partial L}{\partial \dot{y}} = m\,\dot{y} + \bar{q}\,A_y; \quad p_z = \frac{\partial L}{\partial \dot{z}} = m\,\dot{z} + \bar{q}\,A_z. \tag{1.80}$$

Die eigentlichen experimentellen Meßgrößen sind die elektromagnetischen Felder $\mathbf{E}$ und $\mathbf{B}$. Die Potentiale φ, $\mathbf{A}$ sind dagegen nur Hilfsgrößen. **Eichtransformationen** der Form

$$\mathbf{A} \longrightarrow \mathbf{A} + \nabla\chi; \quad \varphi \longrightarrow \varphi - \frac{\partial}{\partial t}\chi, \tag{1.81}$$

wobei χ eine beliebige skalare Funktion sein darf, sind deshalb erlaubt, da nach (1.76) dadurch die Felder $\mathbf{E}$ und $\mathbf{B}$ nicht geändert werden. Da die Lagrange-Funktion (1.79) aber direkt von den Potentialen φ, $\mathbf{A}$ abhängt, ist sie **nicht** eichinvariant. Die Lagrangesche Bewegungsgleichung

$$m\,\ddot{\mathbf{r}} = \bar{q}[\mathbf{E} + (\dot{\mathbf{r}} \times \mathbf{B})] \tag{1.82}$$

ist dagegen eichinvariant, da in diese nur die Felder $\mathbf{E}$ und $\mathbf{B}$ eingehen. Die Lagrange-Funktion ändert sich gemäß

$$L \longrightarrow L + \bar{q}\left(\dot{\mathbf{r}}\,\nabla\chi + \frac{\partial}{\partial t}\chi\right) = L + \bar{q}\,\frac{d}{dt}\chi(\mathbf{r},t). \tag{1.83}$$

Nun kann man ganz allgemein zeigen, daß sich bei einer

mechanischen Eichtransformation

$$L \longrightarrow L + L_0; \quad L_0(\mathbf{q},\,\dot{\mathbf{q}},\,t) = \frac{d}{dt}f(\mathbf{q},t) \tag{1.84}$$

die Bewegungsgleichungen nicht ändern, wenn f eine praktisch beliebige, hinreichend oft differenzierbare, nur von $\mathbf{q}$ und t abhängende Funktion ist. Es gilt nämlich:

$$\frac{\partial L_0}{\partial q_j} = \frac{\partial}{\partial q_j}\frac{df}{dt} = \frac{\partial^2 f}{\partial q_j\,\partial t} + \sum_l \frac{\partial^2 f}{\partial q_j\,\partial q_l}\,\dot{q}_l,$$

$$\frac{d}{dt}\frac{\partial L_0}{\partial \dot{q}_j} = \frac{d}{dt}\frac{\partial}{\partial \dot{q}_j}\frac{df}{dt} = \frac{d}{dt}\left[\frac{\partial}{\partial \dot{q}_j}\left(\frac{\partial f}{\partial t} + \sum_l \frac{\partial f}{\partial q_l}\,\dot{q}_l\right)\right] =$$

$$= \frac{d}{dt}\frac{\partial f}{\partial q_j} = \frac{\partial^2 f}{\partial t\,\partial q_j} + \sum_l \frac{\partial^2 f}{\partial q_l\,\partial q_j}\,\dot{q}_l.$$

Daraus folgt mit

$$\frac{d}{dt}\frac{\partial L_0}{\partial \dot{q}_j} - \frac{\partial L_0}{\partial q_j} = 0 \qquad \forall j \tag{1.85}$$

die Behauptung. Umeichungen der Lagrange-Funktion gemäß (1.84) lassen die Bewegungsgleichung und damit die Bahnen $\mathbf{q}(t)$ im Konfigurationsraum invariant. Nur diese sind aber empirisch beobachtbare Phänomene. Auch die elektromagnetische Eichtransformation (1.81) ist in diesem Sinne irrelevant.

1.2.4 Reibung

Reibungskräfte lassen sich nicht wie in (1.71) aus einem verallgemeinerten Potential U ableiten. Sie müssen daher in besonderer Weise in den Bewegungsgleichungen berücksichtigt werden. Es sind auch keine Zwangskräfte im eigentlichen Sinn. Sie erfüllen nicht das d'Alembertsche Prinzip.

Nach (1.33) gilt bei holonomen Zwangsbedingungen:

$$\frac{d}{dt}\frac{\partial T}{\partial \dot{q}_j} - \frac{\partial T}{\partial q_j} = Q_j \equiv \sum_{i=1}^{N} \mathbf{K}_i \cdot \frac{\partial \mathbf{r}_i}{\partial q_j} = Q_j^{(V)} + Q_j^{(R)}. \tag{1.86}$$

Der Anteil $Q_j^{(V)}$ sei dabei aus einem Potential ableitbar ($\mathbf{K}_i^{(V)} \equiv -\nabla_i V$), während $Q_j^{(R)}$ den Einfluß der Reibungskraft angibt.

Die Lagrange-Funktion

$$L = T - V \quad \left(V \text{ aus } Q_j^{(V)}\right)$$

befolgt dann die Bewegungsgleichungen:

$$\frac{d}{dt}\frac{\partial L}{\partial \dot{q}_j} - \frac{\partial L}{\partial q_j} = Q_j^{(R)}, \qquad j = 1, 2, \dots, S. \tag{1.87}$$

Einen brauchbaren phänomenologischen Ansatz für die Reibungskräfte stellt der Ausdruck

$$Q_j^{(R)} = -\sum_{l=1}^{S} \beta_{jl}\,\dot{q}_l \qquad \left(\beta_{jl} = \beta_{lj}\right) \tag{1.88}$$

dar (vgl. (2.59), Bd. 1). Kräfte dieser Art werden durch die

Rayleighsche Dissipationsfunktion

$$D = \frac{1}{2}\sum_{l,m=1}^{S} \beta_{lm}\dot{q}_l\dot{q}_m \tag{1.89}$$

beschrieben. Dies ergibt **modifizierte** Lagrange-Gleichungen:

$$\frac{d}{dt}\frac{\partial L}{\partial \dot{q}_j} - \frac{\partial L}{\partial q_j} + \frac{\partial D}{\partial \dot{q}_j} = 0, \qquad j = 1, 2, \dots, S. \tag{1.90}$$

Zur Festlegung der Bewegungsgleichungen müssen nun also zwei skalare Funktionen L und D bekannt sein.

Wir wollen uns noch die physikalische Bedeutung der Dissipationsfunktion klarmachen. In Systemen mit Reibung ist die Summe aus kinetischer und potentieller Energie keine Erhaltungsgröße, da das System gegen die Reibung Arbeit leisten muß:

$$dW^{(R)} = -\sum_j Q_j^{(R)}\,dq_j = \sum_{j,l} \beta_{jl}\,\dot{q}_l\,dq_j.$$

Es ist also:

$$\frac{dW^{(R)}}{dt} = 2D \quad \textbf{(Energiedissipation)}. \tag{1.91}$$

Die Energiedissipation entspricht der zeitlichen Änderung der Gesamtenergie $(T+V)$:

$$\frac{d}{dt}(T+V) = \sum_{j=1}^{S} \left(\frac{\partial T}{\partial q_j} \dot{q}_j + \frac{\partial T}{\partial \dot{q}_j} \ddot{q}_j \right) + \frac{dV}{dt},$$

$$\sum_{j=1}^{S} \frac{\partial T}{\partial \dot{q}_j} \ddot{q}_j = \frac{d}{dt} \left(\sum_{j=1}^{S} \frac{\partial T}{\partial \dot{q}_j} \dot{q}_j \right) - \sum_{j=1}^{S} \dot{q}_j \frac{d}{dt} \frac{\partial T}{\partial \dot{q}_j}.$$

Wir setzen skleronome Zwangsbedingungen voraus. Dann ist nach (1.37) die kinetische Energie T eine homogene Funktion der generalisierten Geschwindigkeiten vom Grad 2. Ferner sei das System, abgesehen von den Reibungskräften, konservativ:

$$\sum_{j=1}^{S} \frac{\partial T}{\partial \dot{q}_j} \ddot{q}_j = \frac{d}{dt}(2T) - \sum_{j=1}^{S} \dot{q}_j \frac{d}{dt} \frac{\partial L}{\partial \dot{q}_j}.$$

Daraus folgt mit (1.90):

$$\frac{d}{dt}(T+V) = \sum_{j=1}^{S} \frac{\partial T}{\partial q_j} \dot{q}_j + \frac{d}{dt}(2T) + \frac{dV}{dt} - \sum_{j=1}^{S} \dot{q}_j \left(\frac{\partial L}{\partial q_j} - \frac{\partial D}{\partial \dot{q}_j} \right) =$$

$$= \sum_{j=1}^{S} \frac{\partial V}{\partial q_j} \dot{q}_j + \frac{d}{dt}(2T+V) + 2D.$$

Dies bedeutet:

$$\frac{d}{dt}(T+V) = -2D. \tag{1.92}$$

Beispiel:

Ein Teilchen der Masse m falle vertikal unter dem Einfluß der Schwere, wobei Reibungskräfte gemäß einer Dissipationsfunktion

$$D = \frac{1}{2} \alpha v^2$$

auftreten mögen (*Stokessche Reibung*; s. (2.60), Bd. 1). Mit $v = -\dot{z}$ (eindimensionale Bewegung!) folgt die Lagrange-Funktion:

$$L = T - V = \frac{m}{2} \dot{z}^2 - m g z.$$

Dies gibt nach (1.90) die folgende modifizierte Lagrange-Gleichung:

$$m \ddot{z} + m g + \alpha \dot{z} = 0.$$

Es ist also:

$$\frac{d}{dt}v = g - \frac{\alpha}{m}v \implies dt = \frac{dv}{g - \frac{\alpha}{m}v}.$$

Dies läßt sich leicht integrieren:

$$t - t_0 = -\frac{m}{\alpha}\ln\frac{\alpha v - m g}{\alpha v_0 - m g}.$$

Wir wählen als Anfangsbedingungen

$$t_0 = 0; \quad v_0 = 0$$

und haben dann das bekannte Resultat ((2.120), Bd. 1):

$$v = \frac{m g}{\alpha}\left[1 - \exp\left(-\frac{\alpha}{m}t\right)\right].$$

Wegen der Reibung bleibt v auch für $t \to \infty$ endlich!

1.2.5 Nicht-holonome Systeme

Holonome Zwangsbedingungen lassen sich in der Form (1.2) angeben. Durch Einführung von $S = 3N - p$ (p = Zahl der holonomen Zwangsbedingungen) voneinander unabhängigen generalisierten Koordinaten $q_1, \ldots, q_S$, die die Konfiguration des Systems eindeutig festlegen, wird u.a. der Tatsache Rechnung getragen, daß sich durch die holonomen Zwangsbedingungen die Zahl der Freiheitsgrade von $3N$ auf $S = 3N - p$ verringert hat.

Bei nicht-holonomen Zwangsbedingungen läßt sich nicht mehr eine der Zahl der Freiheitsgrade entsprechenden Menge von **unabhängigen** generalisierten Koordinaten angeben. Insbesondere sind die Lagrange-Gleichungen nicht mehr in der Form (1.36) verwendbar. Nach den Überlegungen in Kapitel 1.1 können nicht-holonome Zwangsbedingungen als Ungleichungen oder in differentieller, nicht-integrabler Form vorliegen. Für den zweiten Fall gibt es ein Lösungsverfahren, nämlich die

Methode der Lagrangeschen Multiplikatoren,

die wir nun einführen wollen. Dazu betrachten wir ein System, dem $\overline{p}$ Zwangsbedingungen auferlegt seien. Von diesen mögen $p \leq \overline{p}$ in der folgenden, nicht-holonomen Form vorliegen:

$$\sum_{m=1}^{3N} f_{im}(x_1, \ldots, x_{3N}, t)\, dx_m + f_{it}(x_1, \ldots, x_{3N}, t)\, dt = 0, \quad i = 1, \ldots, p. \tag{1.93}$$

Wir wollen das Lösungsrezept schrittweise entwickeln:

1) Im allgemeinen wird das System sowohl holonome als auch nicht-holonome Zwangsbedingungen aufweisen. Die holonomen Zwangsbedingungen verwenden wir zur partiellen Verringerung der Koordinatenzahl von $3N$ auf

$$j = 3N - (\overline{p} - p).$$

Wir drücken also die Teilchenorte $\mathbf{r}_i$ durch j *generalisierte* Koordinaten $q_1, \ldots, q_j$ aus:

$$\mathbf{r}_i = \mathbf{r}_i\big(q_1, \ldots, q_j, t\big). \tag{1.94}$$

Die Koordinaten q_j können natürlich nicht alle voneinander unabhängig sein.

2) Die Bedingungen (1.93) werden auf $q_1, \ldots, q_j$ umgeschrieben:

$$\sum_{m=1}^{j} a_{im}\, dq_m + b_{it}\, dt = 0, \qquad i = 1, \ldots, p. \tag{1.95}$$

3) Die Zwangsbedingungen werden für virtuelle Verrückungen formuliert ($\delta t = 0$):

$$\sum_{m=1}^{j} a_{im}\, \delta q_m = 0, \qquad i = 1, \ldots, p. \tag{1.96}$$

4) Wir führen nun sogenannte *Lagrangesche Multiplikatoren* λ_i ein, die unabhängig von $\mathbf{q}$ sein sollen, aber möglicherweise von t abhängen. Aus (1.96) folgt trivialerweise:

$$\sum_{i=1}^{p} \lambda_i \sum_{m=1}^{j} a_{im}\, \delta q_m = 0. \tag{1.97}$$

5) Das System sei konservativ. Dann läßt sich eine Lagrange-Funktion definieren, für die die Bewegungsgleichungen die Form (1.35) haben:

$$\sum_{m=1}^{j} \left(\frac{\partial L}{\partial q_m} - \frac{d}{dt} \frac{\partial L}{\partial \dot{q}_m} \right) \delta q_m = 0. \tag{1.98}$$

Dies kombinieren wir mit (1.97):

$$\sum_{m=1}^{j} \left\{ \frac{\partial L}{\partial q_m} - \frac{d}{dt} \frac{\partial L}{\partial \dot{q}_m} + \sum_{i=1}^{p} \lambda_i\, a_{im} \right\} \delta q_m = 0. \tag{1.99}$$

Die δq_m sind nicht unabhängig voneinander, d.h., wir können nicht jeden Summanden gleich Null setzen.

6) Wegen der Zwangsbedingungen sind nur $j - p = 3N - \overline{p}$ Koordinaten frei wählbar. Wir legen fest:

$$\begin{aligned} q_m: &\quad m = 1, \ldots, j-p: &&\text{unabhängig,} \\ q_m: &\quad m = j-p+1, \ldots, j: &&\text{abhängig.} \end{aligned}$$

Nun sind die p Lagrangeschen Multiplikatoren λ_i noch unbestimmt. Wir wählen sie so, daß gilt:

$$\frac{\partial L}{\partial q_m} - \frac{d}{dt}\frac{\partial L}{\partial \dot{q}_m} + \sum_{i=1}^{p} \lambda_i \, a_{im} \overset{!}{=} 0, \qquad m = j-p+1, \ldots, j. \tag{1.100}$$

Das sind p Gleichungen für p unbekannte λ_i, die durch (1.100) festgelegt sind. Einsetzen in (1.99) führt dann zu

$$\sum_{m=1}^{j-p} \left\{ \frac{\partial L}{\partial q_m} - \frac{d}{dt}\frac{\partial L}{\partial \dot{q}_m} + \sum_{i=1}^{p} \lambda_i \, a_{im} \right\} \delta q_m = 0.$$

Diese q_m sind nun aber unabhängig voneinander, so daß bereits jeder Summand für sich gleich Null sein muß:

$$\frac{\partial L}{\partial q_m} - \frac{d}{dt}\frac{\partial L}{\partial \dot{q}_m} + \sum_{i=1}^{p} \lambda_i \, a_{im} = 0, \qquad m = 1, 2, \ldots, j-p. \tag{1.101}$$

7) Wir kombinieren (1.101) und (1.100) und erhalten die

Lagrangeschen Bewegungsgleichungen 1. Art

$$\frac{d}{dt}\frac{\partial L}{\partial \dot{q}_m} - \frac{\partial L}{\partial q_m} = \sum_{i=1}^{p} \lambda_i \, a_{im}, \qquad m = 1, \ldots, j. \tag{1.102}$$

Das sind j Gleichungen für $j + p$ Unbekannte, nämlich j Koordinaten q_m und p Multiplikatoren λ_i. Die fehlenden Bestimmungsgleichungen sind die p Zwangsbedingungen (1.95):

$$\sum_{m=1}^{j} a_{im} \, \dot{q}_m + b_{it} = 0, \qquad i = 1, \ldots, p. \tag{1.103}$$

Diese Zwangsbedingungen lassen sich zwar nicht direkt integrieren, möglicherweise aber im Zusammenhang mit den obigen Bewegungsgleichungen. Wir werden dies an Beispielen demonstrieren. Bei diesem Verfahren erhalten wir also eigentlich mehr als ursprünglich beabsichtigt, nämlich neben den q_m noch die λ_i.

Was ist die physikalische Bedeutung der λ_i? Vergleicht man (1.102) mit (1.33), so wird klar, daß

$$\overline{Q}_m = \sum_{i=1}^{p} \lambda_i \, a_{im} \tag{1.104}$$

als Komponente einer *generalisierten Zwangskraft* zu interpretieren ist, die die nicht-holonomen Zwangsbedingungen realisiert. Man kann dann (1.97) auch wie folgt schreiben:

$$\sum_{m=1}^{j} \overline{Q}_m \, \delta q_m = 0. \tag{1.105}$$

Das ist gewissermaßen das d'Alembertsche Prinzip für die generalisierte Zwangskraft.

Man kann die Methode der Lagrangeschen Multiplikatoren auch auf Systeme mit ausschließlich holonomen Zwangsbedingungen anwenden. Dazu schreiben wir die p holonomen Zwangsbedingungen (von insgesamt $\overline{p} \geq p$),

$$f_i(\mathbf{r}_1, \dots, \mathbf{r}_N, t) = 0, \qquad i = 1, \dots, p,$$

auf generalisierte Koordinaten $q_1, \dots, q_j$ um:

$$\bar{f}_i(q_1, \dots, q_j, t) = 0, \qquad i = 1, \dots, p.$$

Damit gilt dann auch die Beziehung

$$d\bar{f}_i = \sum_{m=1}^{j} \frac{\partial \bar{f}_i}{\partial q_m} \, dq_m + \frac{\partial \bar{f}_i}{\partial t} \, dt = 0,$$

die mit (1.95) bzw. (1.103) formal identisch ist, falls

$$a_{im} = \frac{\partial \bar{f}_i}{\partial q_m} \quad \text{und} \quad b_{it} = \frac{\partial \bar{f}_i}{\partial t}$$

gesetzt werden. Damit sind dann (1.102) und (1.103) zu lösen. Das Verfahren liefert nun auch Informationen über Zwangskräfte, ist aber auch komplizierter, da statt $j - p$ nun $j + p$ Gleichungen zu lösen sind. – Die Anwendungsbeispiele des nächsten Abschnitts sollen mit dem abstrakten Formalismus vertraut machen.

1.2.6 Anwendungen der Methode der Lagrangeschen Multiplikatoren

Wir diskutieren drei einfache physikalische Probleme.

1) Atwoodsche Fallmaschine

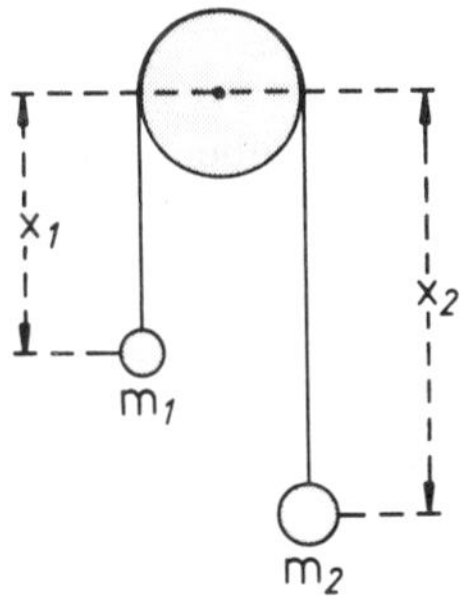

Als eigentlich holonomes System haben wir die Fallmaschine bereits als Anwendungsbeispiel 1) in Kapitel 1.2.2 diskutiert. Sie dient hier der Illustration der Methode.

Von den fünf Zwangsbedingungen

$$y_1 = y_2 = z_1 = z_2 = 0,$$
$$x_1 + x_2 - l = 0$$

verwenden wir nur die ersten vier zur Verringerung der Koordinatenzahl:

$$j = 6 - 4 = 2.$$

Als *generalisierte* Koordinaten wählen wir:

$$q_1 = x_1; \quad q_2 = x_2.$$

Die verbleibende Zwangsbedingung lautet dann:

$$f(q_1, q_2.t) = q_1 + q_2 - l = 0 \qquad (p = 1)$$
$$\Longrightarrow \ df = dq_1 + dq_2 = 0.$$

Der Vergleich mit (1.95) liefert

$$a_{11} = a_{12} = 1.$$

Wegen $p = 1$ ist nur ein Lagrangescher Multiplikator λ vonnöten (1.104):

$$\overline{Q}_1 = \overline{Q}_2 = \lambda \qquad \textbf{Fadenspannung}.$$

Mit der Lagrange-Funktion

$$L = \frac{1}{2}\left(m_1\dot{q}_1^2 + m_2\dot{q}_2^2\right) + g\,(m_1 q_1 + m_2 q_2)$$

ergeben sich gemäß (1.102) die Bewegungsgleichungen:

$$m_1 \ddot{q}_1 - m_1 g = \lambda; \quad m_2 \ddot{q}_2 - m_2 g = \lambda.$$

Ferner folgt aus der Zwangsbedingung nach (1.103):

$$\dot{q}_1 + \dot{q}_2 = 0.$$

Das sind jetzt drei zu lösende Gleichungen statt wie früher eine, als die Fallmaschine noch als holonomes System behandelt wurde. Dafür erhalten wir nun auch zusätzliche Information über die Zwangskraft. Als Lösung des obigen Gleichungssystems ergeben sich die früheren Resultate (1.48) und (1.49):

$$\ddot{q}_1 = -\ddot{q}_2 = \frac{m_1 - m_2}{m_1 + m_2}\, g; \quad \lambda = -2g\, \frac{m_1 m_2}{m_1 + m_2}.$$

2) Rollendes Faß auf schiefer Ebene

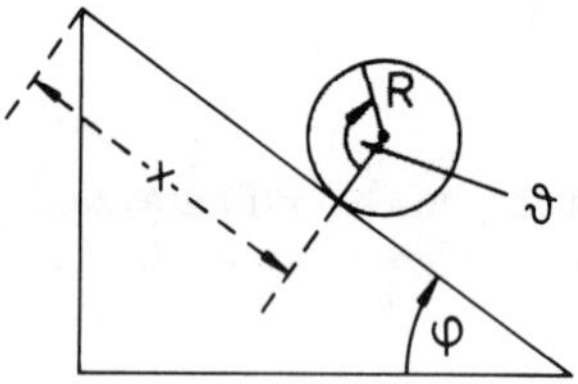

Das "Faß" ist ein Hohlzylinder der Masse M, dessen Trägheitsmoment J sich zu

$$J = \int \rho(\mathbf{r}) r^2\, d^3r = M\, R^2 \qquad (1.106)$$

berechnet (s. Kap. 4.3, Bd. 1). $\rho(\mathbf{r})$ ist die Massendichte des Hohlzylinders. Verifizieren Sie (1.106) zur Übung. – Es handelt sich hier wiederum um ein holonomes Problem. Wir betrachten als *generalisierte* Koordinaten

$$q_1 = x; \quad q_2 = \vartheta \quad (j = 2)$$

mit der Abrollbedingung

$$R\, d\vartheta = dx$$

als Zwangsbedingung. Diese ist natürlich integrabel und dann holonom. Dies soll hier jedoch bewußt nicht gemacht werden. Aus

$$R\, dq_2 - dq_1 = 0 \quad (p = 1)$$

folgt:

$$a_{11} = -1; \quad a_{12} = R.$$

Das rollende Faß besitzt die Lagrange-Funktion:

$$L = \frac{M}{2}\, \dot{q}_1^2 + \frac{1}{2}\, J\, \dot{q}_2^2 - M\, g\, (l - q_1) \sin\varphi.$$

Wegen $p = 1$ benötigen wir **einen** Lagrangeschen Multiplikator λ: Nach (1.102) gilt dann:

$$\frac{d}{dt}\frac{\partial L}{\partial \dot{q}_1} - \frac{\partial L}{\partial q_1} = M\,\ddot{q}_1 - M\,g\,\sin\varphi = \lambda\,a_{11} = -\lambda,$$
$$\frac{d}{dt}\frac{\partial L}{\partial \dot{q}_2} - \frac{\partial L}{\partial q_2} = J\,\ddot{q}_2 = \lambda\,a_{12} = R\,\lambda.$$

Die Koordinate q_2 scheint zyklisch zu sein. Dies führt hier aber nicht zu einem Erhaltungssatz, da q_1 und q_2 ja nicht unabhängig voneinander sind. Die Zwangsbedingung liefert noch, (1.103) entsprechend, eine dritte Bestimmungsgleichung:

$$-\dot{q}_1 + R\,\dot{q}_2 = 0.$$

Man findet leicht als vorläufige Lösung:

$$\ddot{q}_1 = \ddot{x} = \frac{1}{2}\,g\,\sin\varphi,$$
$$\ddot{q}_2 = \ddot{\vartheta} = \frac{1}{2R}\,g\,\sin\varphi,$$
$$\lambda = \frac{M}{2}\,g\,\sin\varphi.$$

Die Linearbeschleunigung des abrollenden Zylinders ist also nur halb so groß wie die eines Körpers, der auf der Ebene reibungslos gleitet (vgl. (4.36), Bd. 1). Für die generalisierten Zwangskräfte finden wir

$$\overline{Q}_1 = \lambda\,a_{11} = -\frac{M}{2}\,g\,\sin\varphi; \quad \overline{Q}_2 = \lambda\,a_{12} = \frac{1}{2}\,M\,g\,R\,\sin\varphi.$$

$\overline{Q}_1$ kann mit der x-Komponente der Zwangskraft identifiziert werden, die aus der "Rauhigkeit" der Unterlage resultiert, die das Faß zum "Rollen" bringt. Sie vermindert die tatsächlich wirkende Schwerkraft von $Mg\sin\varphi$ auf $\frac{1}{2}Mg\sin\varphi$. – $\overline{Q}_2$ entspricht dem durch die "Rauhigkeit" der Unterlage dem Zylinder aufgezwungenen Drehmoment.

3) Rollen eines Rades auf rauher Unterfläche

Dieses System haben wir bereits in Kapitel 1.1 als Anwendungsbeispiel für nicht-holonome Zwangsbedingungen diskutiert. Wir übernehmen die Notation des Beispiels (B,2) aus Kapitel 1.1 und wählen als "generalisierte" Koordinaten:

$$q_1 = x; \quad q_2 = y; \quad q_3 = \varphi; \quad q_4 = \vartheta.$$

Die Zwangsbedingung "Rollen" wird nach (1.14) durch

$$\dot{x} - R\,\cos\vartheta\,\dot{\varphi} = 0; \quad \dot{y} - R\,\sin\vartheta\,\dot{\varphi} = 0$$

wiedergegeben. Dies bedeutet nach (1.95) ($p = 2$):

$$a_{11} = 1; \quad a_{12} = 0; \quad a_{13} = -R\cos\vartheta; \quad a_{14} = 0;$$
$$a_{21} = 0; \quad a_{22} = 1; \quad a_{23} = -R\sin\vartheta; \quad a_{24} = 0.$$

Wir benötigen zwei Lagrangesche Multiplikatoren λ_1 und λ_2. Nach (1.104) lauten dann die generalisierten Zwangskräfte:

$$\overline{Q}_1 = \lambda_1; \quad \overline{Q}_2 = \lambda_2; \quad \overline{Q}_3 = -R\cos\vartheta\,\lambda_1 - R\sin\vartheta\,\lambda_2; \quad \overline{Q}_4 = 0.$$

Die Radscheibe möge sich im kräftefreien Raum bewegen, besitze also nur kinetische Energie:

$$L = T = \frac{M}{2}\left(\dot{x}^2 + \dot{y}^2\right) + \frac{1}{2}J_1\dot{\varphi}^2 + \frac{1}{2}J_2\dot{\vartheta}^2.$$

J_1 ist das Trägheitsmoment um die Radachse und J_2 das Trägheitsmoment um die durch Scheibenmittelpunkt und Auflagepunkt verlaufende Achse. Die Lagrange-Gleichungen (1.102) liefern nun:

$$M\ddot{x} = \lambda_1; \quad M\ddot{y} = \lambda_2; \quad J_1\ddot{\varphi} = -R\lambda_1\cos\vartheta - R\lambda_2\sin\vartheta; \quad J_2\ddot{\vartheta} = 0.$$

Mit den obigen Zwangsbedingungen haben wir damit sechs Gleichungen für sechs Unbekannte. Aus $\ddot{\vartheta} = 0$ folgt:

$$\vartheta = \omega t \quad (\omega = \text{const.}).$$

Wir differenzieren die Zwangsbedingungen noch einmal nach der Zeit:

$$\ddot{x} = -R\omega\dot{\varphi}\sin\omega t + R\ddot{\varphi}\cos\omega t,$$
$$\ddot{y} = R\omega\dot{\varphi}\cos\omega t + R\ddot{\varphi}\sin\omega t.$$

Damit liegen auch die Multiplikatoren λ_1 und λ_2 fest:

$$\lambda_1 = -MR\omega\sin\omega t\,\dot{\varphi} + MR\cos\omega t\,\ddot{\varphi},$$
$$\lambda_2 = MR\omega\cos\omega t\,\dot{\varphi} + MR\sin\omega t\,\ddot{\varphi}.$$

Die letzte, noch nicht benutzte Lagrange-Gleichung ergibt dann nach Einsetzen von λ_1 und λ_2:

$$\begin{aligned} J_1\ddot{\varphi} &= MR^2\omega\sin\omega t\cos\omega t\,\dot{\varphi} - MR^2\cos^2\omega t\,\ddot{\varphi} - \\ &\quad - MR^2\omega\cos\omega t\sin\omega t\,\dot{\varphi} - MR^2\sin^2\omega t\,\ddot{\varphi} = \\ &= -MR^2\ddot{\varphi}. \end{aligned}$$

Diese Gleichung kann aber nur die Lösung

$$\ddot{\varphi} \equiv 0 \iff \dot{\varphi} = \dot{\varphi}_0 = \text{ const.}$$

haben. Damit sind die Zwangskräfte vollständig bestimmt:

$$\overline{Q}_1 = -M\,R\omega\,\dot{\varphi}_0\,\sin\omega t; \quad \overline{Q}_2 = M\,R\omega\,\dot{\varphi}_0\,\cos\omega t; \quad \overline{Q}_3 = \overline{Q}_4 = 0. \tag{1.107}$$

Sie sorgen dafür, daß die Scheibe senkrecht auf der xy-Ebene rollt. Falls sich das Rad lediglich geradeaus bewegt, ist ω gleich Null, so daß alle Zwangskräfte verschwinden.

1.3 Das Hamiltonsche Prinzip

Wir lernen in diesem Abschnitt ein neues Prinzip der Klassischen Mechanik kennen, das sich den bisher diskutierten Prinzipien (Newton, d'Alembert) als zumindest äquivalent erweist. Die Gesetze der Klassischen Mechanik lassen sich aus zwei unterschiedlichen Typen von **Variationsprinzipien** ableiten. Beim

1) Differentialprinzip (d'Alembert)

wird ein momentaner Zustand des Systems mit kleinen (virtuellen) Verrückungen aus diesem Zustand verglichen. Das Resultat sind dann Bewegungsgleichungen. – Beim

2) Integralprinzip (Hamilton)

wird ein endliches Bahnelement zwischen festen Zeiten t_1 und t_2 mit kleinen (virtuellen) Abweichungen der gesamten Bahn von der tatsächlich durchlaufenen Bahn verglichen. Das Ergebnis sind auch hier Bewegungsgleichungen.

1.3.1 Formulierung des Prinzips

Zum besseren Verständnis des Integralprinzips rufen wir uns zunächst noch einmal zwei frühere Definitionen in Erinnerung. Unter dem

Konfigurationsraum

verstehen wir den S-dimensionalen Raum, dessen Achsen durch die generalisierten Koordinaten $q_1, \dots q_S$ gebildet werden. Jeder Punkt des Konfigurationsraums entspricht einem möglichen Zustand des **gesamten** Systems. Zwischen dem Konfigurationsraum und dem dreidimensionalen physikalischen Raum, in dem sich die Systemteilchen bewegen, besteht natürlich kein zwingender Zusammenhang. – Die Kurve im Konfigurationsraum, der der Zustand des Systems im Laufe der Zeit folgt, heißt

Konfigurationsbahn $\quad \mathbf{q}(t) = (q_1(t), \dots, q_s(t))\,.$

Auf ihr bewegt sich das System als Ganzes. Die Konfigurationsbahn braucht deshalb nicht die geringste Ähnlichkeit mit den tatsächlichen Teilchenbahnen zu haben.

Wir beschränken die folgenden Betrachtungen zunächst auf

holonome, konservative Systeme.

Verallgemeinerungen werden später diskutiert. – Setzt man in die Lagrange-Funktion die Konfigurationsbahn $\mathbf{q}(t)$ und deren Zeitableitung $\dot{\mathbf{q}}(t)$ ein, so wird aus L eine reine Zeitfunktion:

$$L\big(\mathbf{q}(t), \dot{\mathbf{q}}(t), t\big) \equiv \widetilde{L}(t). \tag{1.108}$$

Wir definieren:

$$S\{\mathbf{q}(t)\} = \int_{t_1}^{t_2} \widetilde{L}(t)\, dt. \tag{1.109}$$

S hat die Dimension "Wirkung" und ist von den Zeiten t_1, t_2 sowie der Bahn $\mathbf{q}(t)$ abhängig. Bei festen t_1, t_2 wird jeder Bahn $\mathbf{q}(t)$ eine **Zahl** $S\{\mathbf{q}(t)\}$ zugeordnet. Dies nennt man ein **Funktional**. Zu jedem Punkt der Systembahn gibt es eine Mannigfaltigkeit von virtuellen Verrückungen $\delta\mathbf{q}$, die längs der Bahn ein gewisses Kontinuum bilden. Man kann sich nun virtuelle Verrückungen so zusammengesetzt denken, daß sie ihrerseits eine stetig differenzierbare, "variierte" Bahn darstellen. Das kann auf die unterschiedlichsten Weisen geschehen, so daß sich eine ganze Mannigfaltigkeit von "variierten" Bahnen wird bilden lassen.

Definition:

$$M \equiv \big\{\mathbf{q}(t) : \mathbf{q}\big(t_1\big) = \mathbf{q}_a; \quad \mathbf{q}\big(t_2\big) = \mathbf{q}_e\big\} \tag{1.110}$$

ist die Menge von Konfigurationsbahnen (**Konkurrenzschar**) mit folgenden Eigenschaften:

1) Gleiche Endpunktzeiten t_1, t_2, d.h. gleiche "Durchlaufzeiten" für das System.

2) Jede Bahn ist durch virtuelle Verrückungen aus der tatsächlichen Bahn entstanden.

3) Die virtuellen Verrückungen der Endpunkte $\mathbf{q}_a$, $\mathbf{q}_e$ sind für alle Bahnen Null:

$$\delta\mathbf{q}_a = \delta\mathbf{q}_e = 0. \tag{1.111}$$

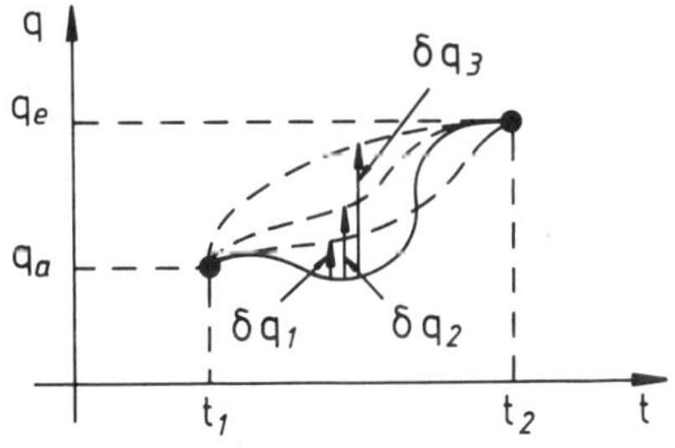

Das Bild zeigt eine eindimensionale Veranschaulichung der Konkurrenzschar M. Die durchgezogene Kurve stellt die "tatsächliche" Bahn dar.

Wir definieren als

Wirkungsfunktional

$$S\{\mathbf{q}(t)\} = \int_{t_1}^{t_2} L\big(\mathbf{q}(t),\, \dot{\mathbf{q}}(t), t\big)\, dt, \tag{1.112}$$

mit dessen Hilfe das Hamiltonsche Prinzip formuliert wird:

Hamiltonsches Prinzip.

A) Die Systembewegung erfolgt so, daß $S\{\mathbf{q}(t)\}$ auf der in (1.110) definierten Konkurrenzschar M für die tatsächliche Bahn **extremal** ("stationär") wird.

B) Die Systembewegung erfolgt so, daß die Variation von S auf M bezüglich der tatsächlichen Bahn $\mathbf{q}(t)$ verschwindet:

$$\delta S = \delta \int_{t_1}^{t_2} L\left(\mathbf{q}(t),\, \dot{\mathbf{q}}(t), t\right) dt \stackrel{!}{=} 0. \tag{1.113}$$

A) und B) sind natürlich äquivalente Aussagen. Wie man die Variation in (1.113) explizit ausführt, lernen wir im nächsten Abschnitt. Das Ergebnis werden die Lagrangeschen Bewegungsgleichungen in der Form (1.36) sein. Das Hamiltonsche Prinzip besitzt einige bemerkenswerte Vorzüge:

1) Es handelt sich um eine sehr "elegante" Formulierung, die in knappster Form die gesamte Klassische Mechanik konservativer, holonomer Systeme enthält.

2) Das Prinzip ist auch auf nicht typisch mechanische Systeme anwendbar, ist damit eigentlich ein der Mechanik übergeordnetes Prinzip.

3) Es ist unabhängig vom Koordinatensystem, in dem L ausgedrückt wird.

Wir zeigen als nächstes die

Äquivalenz zum d'Alembertschen Prinzip.

Letzteres haben wir in (1.20) formuliert:

$$\sum_{i=1}^{N} (m_1 \ddot{\mathbf{r}}_i - \mathbf{K}_i) \cdot \delta \mathbf{r}_i = 0. \tag{1.114}$$

Die virtuellen Verrückungen $\delta \mathbf{r}_i$ sind differenzierbare Zeitfunktionen:

$$\ddot{\mathbf{r}}_i \cdot \delta \mathbf{r}_i = \frac{d}{dt} (\dot{\mathbf{r}}_i \cdot \delta \mathbf{r}_i) - \dot{\mathbf{r}}_i \cdot \delta \dot{\mathbf{r}}_i = \frac{d}{dt} (\dot{\mathbf{r}}_i \cdot \delta \mathbf{r}_i) - \frac{1}{2} \delta \left(\dot{\mathbf{r}}_i^2 \right).$$

Wir erinnern uns, daß wir "rechentechnisch" mit dem Symbol "δ" genauso umzugehen haben wie mit dem totalen Differential "d". Wir integrieren nun (1.114) zwischen zwei festen Zeiten t_1 und t_2:

$$\int_{t_1}^{t_2} \left(\sum_{i=1}^{N} (m_i \ddot{\mathbf{r}}_i - \mathbf{K}_i) \cdot \delta \mathbf{r}_i \right) dt =$$

$$= \int_{t_1}^{t_2} \left(\sum_{i=1}^{N} \left[\frac{d}{dt} (m_i \dot{\mathbf{r}}_i \cdot \delta \mathbf{r}_i) - \frac{m_i}{2} \delta (\dot{\mathbf{r}}_i^2) - \mathbf{K}_i \cdot \delta \mathbf{r}_i \right] \right) dt = 0.$$

Der erste Summand läßt sich direkt integrieren:

$$\int_{t_1}^{t_2} \sum_{i=1}^{N} \frac{d}{dt} (m_i \, \dot{\mathbf{r}}_i \cdot \delta \mathbf{r}_i) \, dt = \sum_{i=1}^{N} m_i \, \dot{\mathbf{r}}_i \cdot \delta \mathbf{r}_i \Bigg|_{t_1}^{t_2} = 0.$$

Dieser Ausdruck verschwindet, da wir nur solche Bahnen zur Variation zulassen, die an den Endpunkten mit der tatsächlichen Bahn übereinstimmen:

$$\delta \mathbf{r}_i \big|_{t=t_1,t_2} = \sum_{j=1}^{S} \frac{\partial \mathbf{r}_i}{\partial q_j} \delta q_j \Bigg|_{t=t_1,t_2} = 0. \tag{1.115}$$

Es bleibt also vom d'Alembertschen Prinzip:

$$\int_{t_1}^{t_2} \sum_{i=1}^{N} \left[\delta \left(\frac{m_i}{2} \dot{\mathbf{r}}_i^2 \right) + \mathbf{K}_i \cdot \delta \mathbf{r}_i \right] dt = 0. \tag{1.116}$$

Mit Hilfe der Transformationsformeln

$$\mathbf{r}_i = \mathbf{r}_i(q_1, \ldots q_S, t), \qquad i = 1, 2, \ldots, N$$

können wir diesen Ausdruck auf generalisierte Koordinaten umschreiben. Nach (1.26) und (1.29) gilt für ein konservatives System:

$$\sum_{i=1}^{N} \mathbf{K}_i \cdot \delta \mathbf{r}_i = \sum_{j=1}^{S} Q_j \, \delta q_j = - \sum_{j=1}^{S} \frac{\partial V}{\partial q_j} \delta q_j = -\delta V.$$

Damit lautet (1.116):

$$\int_{t_1}^{t_2} \delta(T - V) \, dt = \delta \int_{t_1}^{t_2} (T - V) \, dt = \delta \int_{t_1}^{t_2} L \, dt = 0. \tag{1.117}$$

Für die letzten beiden Beziehungen haben wir ausgenutzt, daß die Zeiten nicht mitvariiert werden ($\delta t = 0$), so daß wir z.B. die Variation δ vor das Integral ziehen konnten.

(1.117) ist das **Hamiltonsche Prinzip**. Für alle in der Natur ablaufenden Prozesse nimmt das Zeitintegral der Lagrange-Funktion einen Extremwert gegenüber allen virtuellen Nachbarbahnen an, die zwischen denselben Zeitpunkten t_1 und t_2 und denselben Endkonfigurationen q_a, q_e durchlaufen werden.

Das Hamiltonsche Prinzip läßt sich nach den Methoden der Variationsrechnung in ein System von Differentialgleichungen überführen. Wir wollen uns deshalb im nächsten Abschnitt etwas mit der Variationsrechnung beschäftigen.

1.3.2 Elemente der Variationsrechnung

Wie können wir das Hamiltonsche Prinzip konkret ausnutzen, d.h., wie können wir vom Wirkungsfunktional $S\{\mathbf{q}(t)\}$ auf die "stationäre" Bahn schließen? Die Aufgabe, die Kurve zu finden, für die ein bestimmtes Linienintegral extremal wird, stellt ein typisches

Variationsproblem

dar. Wir wollen die Grundzüge zunächst an einem **eindimensionalen Problem** erläutern.

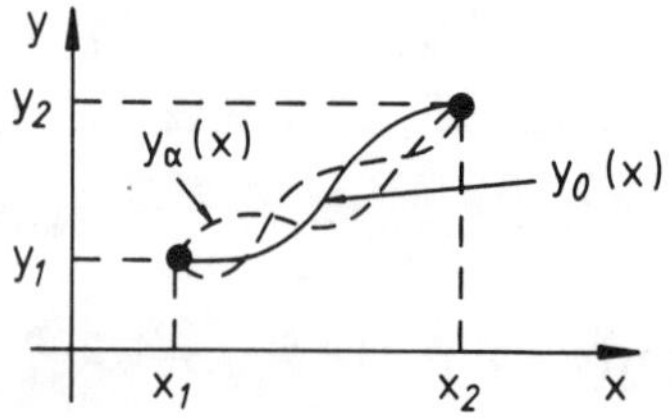

Wir definieren als

Konkurrenzschar,

$$M \equiv \{y(x)\,;\ \text{mindestens zweimal differenzierbar mit } y(x_1) = y_1 \text{ und } y(x_2) = y_2\},$$

und auf dieser das Funktional:

$$J\{y(x)\} = \int_{x_1}^{x_2} f(x, y, y')\, dx = \int_{x_1}^{x_2} \widetilde{f}(x)\, dx, \tag{1.118}$$

wobei $y' = dy/dx$ sein soll und $f(u, v, w)$ eine differenzierbare Funktion mit stetigen partiellen Ableitungen darstellt.

Das Problem besteht darin, herauszufinden, für welches $y(x)$ das Funktional $J\{y(x)\}$ extremal, d.h. "stationär" wird. Diese Fragestellung erinnert an eine elementare Extremwertaufgabe und wird auch entsprechend behandelt. Wir charakterisieren die in Frage kommenden Kurven $y(x)$ aus M durch einen *Scharparameter* α, der so gewählt sein möge, daß

$$y_{\alpha=0}(x) = y_0(x)$$

die gesuchte extremale Bahn ist. Dies gelingt z.B. durch die folgende *Parameterdarstellung:*

$$y_\alpha(x) = y_0(x) + \gamma_\alpha(x). \tag{1.119}$$

$\gamma_\alpha(x)$ ist dabei eine "fast beliebige" Funktion, die hinreichend oft differenzierbar sein soll und

$$\begin{aligned} \gamma_\alpha(x_1) = \gamma_\alpha(x_2) &\equiv 0 \qquad \forall\, \alpha, \\ \gamma_{\alpha=0}(x) &\equiv 0 \qquad \forall\, x \end{aligned} \tag{1.120}$$

erfüllen muß. Eine mögliche, sehr einfache Wahl für $\gamma_\alpha(x)$ wäre z.B.

$$\gamma_\alpha(x) = \alpha\, \eta(x) \quad \text{mit} \quad \eta(x_1) = \eta(x_2) = 0.$$

Für festes x ist $\gamma_\alpha(x)$ und damit auch $y_\alpha(x)$ eine ganz normale Funktion von α, die man in eine Taylor-Reihe entwickeln kann:

$$\gamma_\alpha(x) = \alpha \left(\frac{\partial \gamma_\alpha(x)}{\partial \alpha}\right)_{\alpha=0} + \frac{\alpha^2}{2}\left(\frac{\partial^2 \gamma_\alpha(x)}{\partial \alpha^2}\right)_{\alpha=0} + \cdots,$$

$$y_\alpha(x) = y_0(x) + \alpha \left(\frac{\partial \gamma_\alpha(x)}{\partial \alpha}\right)_{\alpha=0} + \cdots$$

Wir bezeichnen als

Variation der Bahn $y_a(x)$

die *Verschiebung* δy der Bahn, die bei einer Veränderung des Parameters α von $\alpha = 0$ auf $d\alpha$ einsetzt:

$$\delta y = y_{d\alpha}(x) - y_0(x) = d\alpha \left(\frac{\partial \gamma_\alpha(x)}{\partial \alpha}\right)_{\alpha=0}. \tag{1.121}$$

Diese Verschiebung wird bei festgehaltenem x durchgeführt, erinnert deshalb an eine virtuelle Verrückung, die bei festgehaltener Zeit stattfindet.

Ganz analog definieren wir die

Variation des Funktionals $J\{y(x)\}$

$$\delta J = J\left\{y_{d\alpha}(x)\right\} - J\{y_0(x)\} = \left(\frac{dJ(\alpha)}{d\alpha}\right)_{\alpha=0} d\alpha =$$

$$= \int_{x_1}^{x_2} dx \left(f\left(x, y_{d\alpha}, y'_{d\alpha}\right) - f\left(x, y_0, y'_0\right)\right). \tag{1.122}$$

Wenn es gelingt, ein $y_0(x)$ so zu betimmen, daß $J(\alpha)$ an der Stelle $\alpha = 0$ für **alle** $\gamma_\alpha(x)$ extremal wird, dann ist $y_0(x)$ offensichtlich die gesuchte *stationäre* Bahn. Die **Extremwertbedingung** lautet also:

Wähle $y_0(x)$ so, daß

$$\left(\frac{dJ(\alpha)}{d\alpha}\right)_{\alpha=0} = 0 \quad \text{für } \textbf{beliebige } \gamma_\alpha(x)$$

gilt. Dies bedeutet nach (1.122):

$$\text{“stationäre” Bahn} \iff \delta J \stackrel{!}{=} 0. \tag{1.123}$$

Diese Vorschrift können wir nun weiter auswerten:

$$\frac{d}{d\alpha}J(\alpha) = \int\limits_{x_1}^{x_2} dx \left(\frac{\partial f}{\partial y}\frac{\partial y}{\partial \alpha} + \frac{\partial f}{\partial y'}\frac{\partial y'}{\partial \alpha} \right).$$

Die Endpunkte x_1, x_2, sowie überhaupt die Variable x, werden nicht mitvariiert. Die α-Differentiationen können also in den Integranden hineingezogen werden:

$$\int\limits_{x_1}^{x_2} dx \frac{\partial f}{\partial y'}\frac{\partial y'}{\partial \alpha} = \int\limits_{x_1}^{x_2} dx \frac{\partial f}{\partial y'}\frac{d}{dx}\left(\frac{\partial y}{\partial \alpha}\right) = \frac{\partial f}{\partial y'}\frac{\partial y}{\partial \alpha}\bigg|_{x_1}^{x_2} - \int\limits_{x_1}^{x_2} dx \left(\frac{d}{dx}\frac{\partial f}{\partial y'}\right)\frac{\partial y}{\partial \alpha}.$$

Wegen (1.120) verschwindet der erste Summand. Es bleibt:

$$\frac{d}{d\alpha}J(\alpha) = \int\limits_{x_1}^{x_2} dx \left(\frac{\partial f}{\partial y} - \frac{d}{dx}\frac{\partial f}{\partial y'} \right)\frac{\partial y}{\partial \alpha},$$

oder wegen (1.121) und (1.122):

$$\delta J = \int\limits_{x_1}^{x_2} dx \left(\frac{\partial f}{\partial y} - \frac{d}{dx}\frac{\partial f}{\partial y'} \right)\delta y.$$

Die Variation δy ist bis auf das Verschwinden an den Integralgrenzen beliebig. Deshalb ist die Forderung (1.123) nur dann erfüllbar, wenn die

Eulersche Gleichung

$$\frac{\partial f}{\partial y} - \frac{d}{dx}\frac{\partial f}{\partial y'} = 0 \tag{1.124}$$

erfüllt ist. – Wir schließen einige Bemerkungen an:

1) Die Forderung $\delta J = 0$ ist durch Minima, Maxima oder Wendepunkte realisierbar. Die Entscheidung, was wirklich vorliegt, liefert die zweite Variation $\delta^2 J$. Dies ist für uns hier jedoch uninteressant, da das Hamiltonsche Prinzip nur $\delta S = 0$ fordert. S ist dabei meistens minimal, in einigen Fällen jedoch auch maximal.

2) Die Eulersche Gleichung ist eine Differentialgleichung 2. Ordung, die ausgeschrieben

$$\frac{\partial f}{\partial y} - \frac{\partial^2 f}{\partial x\,\partial y'} - \frac{\partial^2 f}{\partial y\,\partial y'}y' - \frac{\partial^2 f}{\partial y'^2}y'' = 0 \tag{1.125}$$

lautet. $y(x)$ muß also mindestens zweimal differenzierbar sein.

3) Man könnte natürlich fragen, ob nicht auch eine nur einmal differenzierbare Funktion $y(x)$ das Funktional $J\{y(x)\}$ extremal werden lassen kann. Diese Frage kann verneint werden, was jedoch als nicht-triviales Problem der Funktionalanalysis nicht einfach zu beweisen ist.

Wir üben den Formalismus mit drei typischen **Anwendungsbeispielen:**

1) Kürzeste Verbindung zweier Punkte in der Ebene

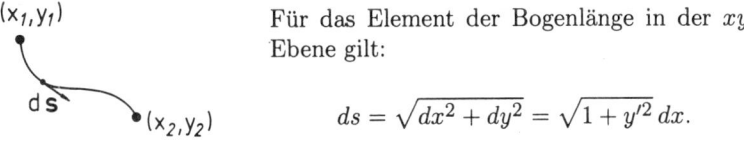

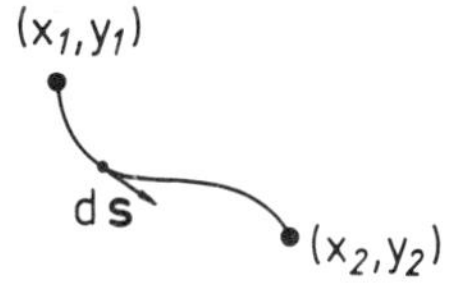

Für das Element der Bogenlänge in der xy-Ebene gilt:

$$ds = \sqrt{dx^2 + dy^2} = \sqrt{1 + y'^2}\, dx.$$

Die gesamte Bahnlänge ergibt sich dann zu:

$$J = \int_1^2 ds = \int_{x_1}^{x_2} \sqrt{1 + y'^2}\, dx. \qquad (1.126)$$

Wir suchen die kürzeste Verbindung und damit das Minimum von J, für das $\delta J = 0$ als notwendige Bedingung erfüllt werden muß. Dies entspricht der obigen Aufgabenstellung. Die Eulersche Gleichung (1.124) muß für

$$f(x, y, y') = \sqrt{1 + y'^2}$$

aufgestellt werden. Wegen

$$\frac{\partial f}{\partial y} \equiv 0; \quad \frac{\partial f}{\partial y'} = \frac{y'}{\sqrt{1 + y'^2}}$$

ist

$$\frac{d}{dx} \frac{y'}{\sqrt{1 + y'^2}} = 0 \iff \frac{y'}{\sqrt{1 + y'^2}} = \text{const.}$$

zu fordern. Dies bedeutet $y' = a =$ const. Also ist die kürzeste Verbindung eine Gerade:

$$y(x) = a\, x + b. \qquad (1.127)$$

Die Konstanten a, b sind durch die Forderung festgelegt, daß $y(x)$ durch die Punkte (x_1, y_1), (x_2, y_2) geht.

2) Minimale Rotationsfläche

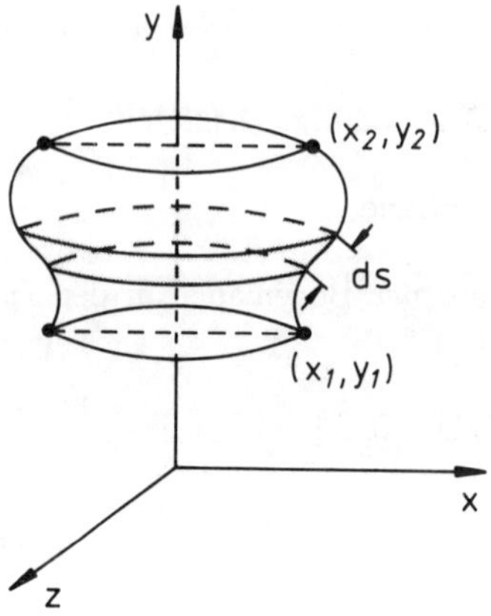

Wir fragen uns, wie die Verbindungslinie zwischen den Punkten (x_1, y_1) und (x_2, y_2) beschaffen sein muß, damit die bei Rotation um die y-Achse entstehende Fläche minimal wird. Die Streifenfläche der Breite ds beträgt

$$2\pi x \, ds = 2\pi x \sqrt{1 + y'^2} \, dx.$$

Dies führt zu der Gesamtfläche

$$J = 2\pi \int_{x_1}^{x_2} x \sqrt{1 + y'^2} \, dx. \qquad (1.128)$$

Wir fordern $\delta J = 0$, so daß die Funktion

$$f(x, y, y') = x \sqrt{1 + y'^2}$$

die Eulersche Gleichung (1.124) erfüllen muß. Wegen

$$\frac{\partial f}{\partial y} \equiv 0; \qquad \frac{\partial f}{\partial y'} = \frac{x y'}{\sqrt{1 + y'^2}}$$

bedeutet dies:

$$\frac{x y'}{\sqrt{1 + y'^2}} = a = \text{ const.} \iff y' = \frac{a}{\sqrt{x^2 - a^2}}.$$

Bei minimaler Rotationsfläche gilt demnach:

$$y(x) = a \text{ arccosh} \left(\frac{x}{a} \right) + b \iff x = a \cosh \left(\frac{y - b}{a} \right). \qquad (1.129)$$

Die Konstanten a und b sind durch die Endpunkte eindeutig festgelegt.

3) Brachystochronenproblem

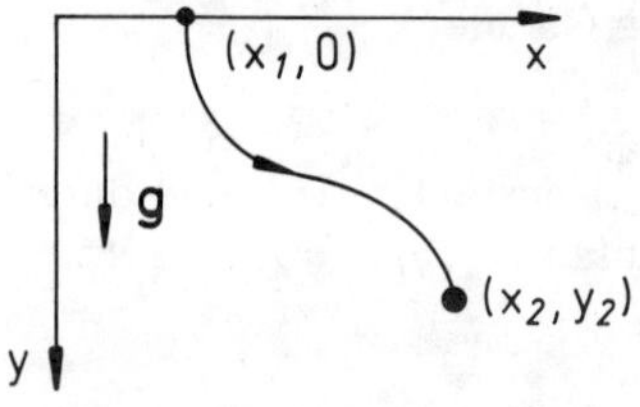

Auf welchem Weg $y(x)$ gelangt ein reibungslos gleitender Massenpunkt m unter dem Einfluß der Schwerkraft am schnellsten von $(x_1, 0)$ nach (x_2, y_2)? Die Anfangsgeschwindigkeit sei Null:

$$J = \int_{t_1}^{t_2} dt = \int_1^2 \frac{ds}{v} \overset{!}{=} \text{Minimum} \iff \delta J \overset{!}{=} 0.$$

Die Geschwindigkeit v entnehmen wir dem Energiesatz:

$$\frac{m}{2} v^2 - m\,g\,y = \text{ const.} = \frac{m}{2} v_1^2 - m\,g\,y_1 = 0.$$

Daraus folgt:

$$v = \sqrt{2\,g\,y}.$$

Mit $ds = \sqrt{dx^2 + dy^2} = \sqrt{1 + y'^2}\,dx$ bleibt zu berechnen:

$$\delta \int \sqrt{\frac{1 + y'^2}{y}}\,dx \overset{!}{=} 0. \tag{1.130}$$

Die Funktion

$$f(x, y, y') = \sqrt{\frac{1 + y'^2}{y}}$$

muß also die Eulersche Gleichung (1.124) erfüllen:

$$\frac{\partial f}{\partial y'} = \frac{y'}{\sqrt{y(1 + y'^2)}} = g(y, y'),$$

$$\frac{d}{dx}\frac{\partial f}{\partial y'} = \frac{\partial g}{\partial x} + \frac{\partial g}{\partial y}\,y' + \frac{\partial g}{\partial y'}\,y'' =$$

$$= -\frac{y'^2}{2y^{3/2}\sqrt{1 + y'^2}} + \frac{y''}{\sqrt{y(1 + y'^2)}} - \frac{y'^2 y''}{\left(1 + y'^2\right)^{3/2}\sqrt{y}},$$

$$\frac{\partial f}{\partial y} = -\frac{\sqrt{1 + y'^2}}{2y^{3/2}}.$$

Einsetzen in die Eulersche Gleichung führt zu:

$$\left(1 + y'^2\right) = -2y\,y'' + y'^2 + \frac{2y\,y'^2 y''}{1 + y'^2}.$$

Dies ist gleichbedeutend mit:

$$1 + y'^2 + 2y\,y'' = 0 \iff \frac{d}{dx} y\left(1 + y'^2\right) = 0.$$

Es folgt mit der später festzulegenden Konstanten a:

$$y'^2 = \frac{a-y}{y}; \quad dx = \sqrt{\frac{y}{a-y}}\, dy.$$

Wir substituieren

$$y = a \sin^2 \varphi \implies dy = 2a \sin\varphi \cos\varphi \, d\varphi$$

und integrieren damit die obige Gleichung:

$$x - x_1 = \int_0^y d\bar{y} \sqrt{\frac{\bar{y}}{a-\bar{y}}} = 2a \int_0^\varphi d\bar{\varphi} \sin\bar{\varphi} \cos\bar{\varphi} \frac{\sin\bar{\varphi}}{\cos\bar{\varphi}} =$$
$$= 2a \, \frac{1}{2} (\varphi - \sin\varphi \cos\varphi).$$

Wir haben also gefunden:

$$x = a \left(\varphi - \frac{1}{2} \sin 2\varphi \right) + x_1,$$
$$y = a \sin^2 \varphi = \frac{a}{2} (1 - \cos 2\varphi).$$

Wir setzen noch

$$R = \frac{a}{2}; \quad x_1 = R\pi; \quad \psi = 2\varphi + \pi. \tag{1.131}$$

Damit folgt:

$$x = R(\psi + \sin\psi); \quad y = R(1 + \cos\psi). \tag{1.132}$$

Der Vergleich mit (1.60) zeigt, daß die gesuchte Kurve eine Zykloide darstellt, die am Anfangspunkt $(x_1, 0)$ eine Spitze hat.

1.3.3 Lagrange-Gleichungen

Wir haben zunächst die Variationstheorie des letzten Abschnitts auf mehrere Variablen zu verallgemeinern. Aus der Forderung

$$\delta J = \delta \int_{x_1}^{x_2} dx \, f(x, y_1(x), \ldots, y_S(x), y_1'(x), \ldots, y_S'(x)) \stackrel{!}{=} 0 \tag{1.133}$$

ist die extremale Bahn $\mathbf{y}(x) = (y_1(x), \ldots, y_S(x))$ abzuleiten. Für jede einzelne Komponente definieren wir eine *Konkurrenzschar* M_i:

$$M_i = \{y_i(x)\,; \text{ mindestens zweimal differenzierbar}$$
$$\text{mit } y_i(x_i) = y_{i1} \text{ und } y_i(x_2) = y_{i2}\}\,.$$

Wir benutzen auch jetzt eine *Parameterdarstellung* für die Komponentenfunktion $y_i(x)$:

$$y_{i\alpha}(x) = y_{i0}(x) + \gamma_{i\alpha}(x), \qquad i = 1, 2, \ldots, S. \tag{1.134}$$

Dabei sind $y_{i0}(x)$ die Lösungen des Extremwertproblems und $\gamma_{i\alpha}(x)$ "fast beliebige", hinreichend oft differenzierbare Funktionen mit

$$\begin{aligned} \gamma_{i\alpha}(x_1) = \gamma_{i\alpha}(x_2) &= 0 \qquad \forall\, \alpha, i, \\ \gamma_{i\alpha=0}(x) &= 0 \qquad \forall\, x, i. \end{aligned} \tag{1.135}$$

Die Variationen δy_i der Bahn-Komponenten,

$$\delta y_i = \left(\frac{\partial y_{i\alpha}}{\partial \alpha} \right)_{x, \alpha=0} d\alpha, \tag{1.136}$$

und die Variation δJ des Funktionals,

$$\begin{aligned} \delta J &= \left(\frac{dJ(\alpha)}{d\alpha} \right)_{\alpha=0} d\alpha = \\ &= \int_{x_1}^{x_2} dx \sum_{i=1}^{S} \left(\frac{\partial f}{\partial y_i} \frac{\partial y_i}{\partial \alpha} + \frac{\partial f}{\partial y_i'} \frac{\partial y_i'}{\partial \alpha} \right)_{\alpha=0} d\alpha, \end{aligned} \tag{1.137}$$

sind analog zu den Spezialfällen ($S = 1$) (1.121) bzw. (1.122) definiert. Eine partielle Integration des zweiten Terms in (1.137) ergibt:

$$\begin{aligned} \int_{x_1}^{x_2} dx \frac{\partial f}{\partial y_i'} \frac{\partial y_i'}{\partial \alpha} &= \int_{x_1}^{x_2} dx \frac{\partial f}{\partial y_i'} \frac{d}{dx} \frac{\partial y_i}{\partial \alpha} = \\ &= \frac{\partial f}{\partial y_i'} \frac{\partial y_i}{\partial \alpha} \bigg|_{x_1}^{x_2} - \int_{x_1}^{x_2} dx \left(\frac{d}{dx} \frac{\partial f}{\partial y_i'} \right) \frac{\partial y_i}{\partial \alpha}. \end{aligned}$$

Der erste Summand verschwindet wegen (1.135), so daß für (1.137) bleibt:

$$\delta J = \int_{x_1}^{x_2} dx \sum_{i=1}^{S} \left(\frac{\partial f}{\partial y_i} - \frac{d}{dx} \frac{\partial f}{\partial y_i'} \right) \delta y_i \stackrel{!}{=} 0. \tag{1.138}$$

Nach Voraussetzung sollen die δy_i bis auf das Verschwinden an den Integrationsgrenzen beliebig wählbar sein. (1.133) ist also genau dann erfüllt, wenn die

Euler-Lagrange-Differentialgleichungen

$$\frac{d}{dx} \frac{\partial f}{\partial y_i'} - \frac{\partial f}{\partial y_i} = 0, \qquad i = 1, 2, \ldots, S \tag{1.139}$$

gelten. Wir kommen nun zu unserer eigentlichen Aufgabe zurück, nämlich der Auswertung des Hamiltonschen Prinzips (1.113). Wir substituieren dazu in (1.139)

$$x \Longrightarrow t; \quad y_i \Longrightarrow q_i; \quad y_i' \Longrightarrow \dot{q}_i; \quad f(x, \mathbf{y}, \mathbf{y}') \Longrightarrow L(t, \mathbf{q}, \dot{\mathbf{q}})$$

und erhalten dann unmittelbar aus dem Hamiltonschen Prinzip die

Lagrangeschen Bewegungsgleichungen 2. Art

$$\frac{d}{dt}\frac{\partial L}{\partial \dot{q}_i} - \frac{\partial L}{\partial q_i} = 0, \qquad i = 1, 2, \ldots, S. \tag{1.140}$$

Wir erinnern uns noch einmal an die Voraussetzungen, die zur Ableitung dieser Gleichungen notwendig waren. Sie gelten für **konservative Systeme**, damit die Lagrange-Funktion $L = T - V$ definierbar ist, **mit holonomen Zwangsbedingungen**, so daß die δq_i voneinander unabhängig sind. Unter diesen Voraussetzungen sind also d'Alembertsches und Hamiltonsches Prinzip äquivalent!

Wir wollen diese Voraussetzungen etwas lockern. Was folgt aus dem Hamiltonschen Prinzip für

konservative Systeme mit nicht-holonomen Zwangsbedingungen in differentieller Form

$$\sum_{m=1}^{j} a_{im}\dot{q}_m + b_{it} = 0, \qquad i = 1, \ldots, p\ ? \tag{1.141}$$

Die Lagrange-Funktion $L = T - V$ ist in einem solchen Fall zwar definierbar, jedoch ist der Schluß von (1.138) auf (1.139) wegen der nicht-holonomen Zwangsbedingungen nicht erlaubt. Das Hamiltonsche Prinzip (1.113) hat zunächst nur

$$\int_{t_1}^{t_2} dt \sum_{m=1}^{j} \left(\frac{\partial L}{\partial q_m} - \frac{d}{dt}\frac{\partial L}{\partial \dot{q}_m} \right) \delta q_m = 0 \tag{1.142}$$

zur Folge (1.138). Wir schreiben die Zwangsbedingungen (1.141) auf virtuelle Verrückungen ($\delta t = 0$) um (vgl. (1.96))

$$\sum_{m=1}^{j} a_{im}\delta q_m = 0, \qquad i = 1, 2, \ldots, p$$

und koppeln sie über Lagrangesche Multiplikatoren λ_i,

$$\int_{t_1}^{t_2} dt \left(\sum_{i=1}^{p} \lambda_i \sum_{m=1}^{j} a_{im} \delta q_m \right) = 0,$$

an die Gleichung (1.142) an:

$$\int_{t_1}^{t_2} dt \sum_{m=1}^{j} \left(\frac{\partial L}{\partial q_m} - \frac{d}{dt} \frac{\partial L}{\partial \dot{q}_m} + \sum_{i=1}^{p} \lambda_i a_{im} \right) \delta q_m = 0. \tag{1.143}$$

Mit exakt denselben Überlegungen wie im Anschluß an (1.99) können wir die Multiplikatoren λ_i so wählen, daß jeder Summand für sich in (1.143) bereits Null ist. Wegen der Zwangsbedingungen (1.141) sind nur $j - p$ Koordinaten frei wählbar. Deswegen legen wir fest:

$$\begin{aligned} q_m &: \quad m = 1, \ldots, j-p && \text{unabhängig,} \\ q_m &: \quad m = j-p+1, \ldots, j && \text{abhängig.} \end{aligned}$$

Die p Multiplikatoren λ_i werden dann so gewählt, daß die Klammer in der Summe von (1.143) gleich Null ist. Dies bedeutet dann insgesamt:

$$\frac{d}{dt} \frac{\partial L}{\partial \dot{q}_m} - \frac{\partial L}{\partial q_m} = \sum_{i=1}^{p} \lambda_{im} a_{im} \tag{1.144}$$

Lagrangeschen Bewegungsgleichungen 1. Art.

Zusammen mit (1.141) sind das $(j + p)$ Gleichungen zur Bestimmung von j Koordinaten q_m und p Multiplikatoren λ_i. Auch für konservative Systeme mit nicht-holonomen Zwangsbedingungen erweisen sich damit d'Alembertsches und Hamiltonsches Prinzip als äquivalent.

1.3.4 Erweiterung des Hamiltonschen Prinzips

Wir wollen die bisherigen Voraussetzungen,

konservative Systeme mit holonomen Zwangsbedingungen,

weiter abschwächen und das Hamiltonsche Prinzip so modifizieren, daß es auch für

nicht-konservative Systeme

anwendbar wird. Wir lassen jetzt also zu, daß die *treibenden* Kräfte $\mathbf{K}_i$ nicht von einem skalaren Potential ableitbar sind. Das erweiterte Prinzip sollte natürlich so formuliert sein, daß es im Spezialfall konservativer Systeme mit (1.113) übereinstimmt. Wir definieren dazu als

Wirkungsfunktional

$$\widetilde{S}\{\mathbf{q}(t)\} = \int_{t_1}^{t_2} (T + W)\, dt, \tag{1.145}$$

$$W = \sum_{i=1}^{N} \mathbf{K}_i \cdot \mathbf{r}_i. \tag{1.146}$$

Das *erweiterte* Hamiltonsche Prinzip besagt, daß die "tatsächliche" Bahn aus der Forderung

$$\delta\widetilde{S} \stackrel{!}{=} 0 \tag{1.147}$$

auf der Konkurrenzschar

$$M = \{\mathbf{q}(t) : \quad \mathbf{q}(t_1) = \mathbf{q}_a, \quad \mathbf{q}(t_2) = \mathbf{q}_e\} \tag{1.148}$$

abgeleitet werden kann. Die Menge M der zur Variation zugelassenen Bahnen ist genau wie in (1.110) definiert. Da die Zeit nicht mitvariiert wird, können wir statt (1.147) auch

$$\int_{t_1}^{t_2} \delta(T + W)\, dt \stackrel{!}{=} 0 \tag{1.149}$$

schreiben. Das erweiterte Hamiltonsche Prinzip besagt also, daß die Variation des Zeitintegrals über die Summe aus kinetischer Energie und der bei der Variation der Bahn anfallenden virtuellen Arbeit Null sein muß. Wir führen wie in (1.26) generalisierte Kraftkomponenten Q_j ein:

$$Q_j = \sum_{i=1}^{N} \mathbf{K}_i \cdot \frac{\partial \mathbf{r}_i}{\partial q_j}. \tag{1.150}$$

Wegen

$$\mathbf{r}_i = \mathbf{r}_i(\mathbf{q}, t) \Longrightarrow d\mathbf{r}_i = \sum_{j=1}^{S} \frac{\partial \mathbf{r}_i}{\partial q_j}\, dq_j + \frac{\partial \mathbf{r}_i}{\partial t}\, dt$$

$$\Longrightarrow \delta\mathbf{r}_i = \sum_{j=1}^{S} \frac{\partial \mathbf{r}_i}{\partial q_j}\, \delta q_j \qquad (\delta t = 0)$$

folgt für die virtuelle Arbeit:

$$\delta W = \sum_{i=1}^{N} \mathbf{K}_i \cdot \delta \mathbf{r}_i = \sum_{i=1}^{N} \sum_{j=1}^{S} \mathbf{K}_i \cdot \frac{\partial \mathbf{r}_i}{\partial q_j} \delta q_j = \sum_{j=1}^{S} Q_j \delta q_j. \tag{1.151}$$

Für den Beitrag der kinetischen Energie T finden wir:

$$\int_{t_1}^{t_2} \delta T \, dt = \int_{t_1}^{t_2} \sum_{j=1}^{S} \left(\frac{\partial T}{\partial q_j} \delta q_j + \frac{\partial T}{\partial \dot{q}_j} \delta \dot{q}_j \right) dt,$$

$$\int_{t_1}^{t_2} \frac{\partial T}{\partial \dot{q}_j} \delta \dot{q}_j \, dt = \int_{t_1}^{t_2} \frac{\partial T}{\partial \dot{q}_j} \left(\frac{d}{dt} \delta q_j \right) dt = \frac{\partial T}{\partial \dot{q}_j} \underbrace{\delta q_j \Big|_{t_1}^{t_2}}_{=0} - \int_{t_1}^{t_2} \left(\frac{d}{dt} \frac{\partial T}{\partial \dot{q}_j} \right) \delta q_j \, dt.$$

Dies bedeutet:

$$\int_{t_1}^{t_2} \delta T \, dt = \int_{t_1}^{t_2} \sum_{j=1}^{S} \left(\frac{\partial T}{\partial q_j} - \frac{d}{dt} \frac{\partial T}{\partial \dot{q}_j} \right) \delta q_j \, dt. \tag{1.152}$$

Dies setzen wir zusammen mit (1.151) in (1.149) ein:

$$\sum_{j=1}^{S} \int_{t_1}^{t_2} \left(\frac{\partial T}{\partial q_j} - \frac{d}{dt} \frac{\partial T}{\partial \dot{q}_j} + Q_j \right) \delta q_j \, dt = 0.$$

Wegen der holonomen Zwangsbedingungen sind die δq_j unabhängig voneinander. Also folgt mit

$$\frac{d}{dt} \frac{\partial T}{\partial \dot{q}_j} - \frac{\partial T}{\partial q_j} = Q_j, \qquad j = 1, 2, \dots, S \tag{1.153}$$

exakt dasselbe Ergebnis wie (1.33), das wir mit Hilfe des d'Alembertschen Prinzips gefunden hatten.

Wir untersuchen zum Schluß noch den Spezialfall des konservativen Systems:

$$\mathbf{K}_i = -\nabla_i V \Longrightarrow Q_j = -\sum_{i=1}^{N} \nabla_i V \cdot \frac{\partial \mathbf{r}_i}{\partial q_j} = -\frac{\partial V}{\partial q_j}.$$

Für die virtuelle Arbeit δW ergibt sich damit:

$$\delta W = \sum_{j=1}^{S} Q_j \, \delta q_j = -\sum_{j=1}^{S} \frac{\partial V}{\partial q_j} \delta q_j = -\delta V.$$

Die Forderung (1.149) lautet somit:

$$\delta\widetilde{S} = \int_{t_1}^{t_2} \delta(T - V)\,dt = \int_{t_1}^{t_2} \delta L\,dt = \delta S \stackrel{!}{=} 0.$$

Das *erweiterte* Hamiltonsche Prinzip (1.147) ist also für konservative Systeme mit dem ursprünglichen Prinzip (1.113) identisch.

Wir haben damit gezeigt, daß alle Aussagen des d'Alembertschen Prinzips in gleicher Weise auch aus dem Hamiltonschen Integralprinzip folgen. Die beiden Prinzipien sind also völlig äquivalent.

1.4 Erhaltungssätze

Bei der Bewegung eines mechanischen Systems ändern sich die $2S$ Größen q_j, $\dot{q}_j$ $(j = 1, 2, \dots, S)$ im allgemeinen mit der Zeit. Man findet jedoch bisweilen gewisse Funktionen F_r der q_j, $\dot{q}_j$, die bei der Bewegung konstant bleiben und nur von den Anfangsbedingungen des Systems bestimmt sind. Unter diesen Funktionen F_r gibt es einige, deren Konstanz mit den Grundeigenschaften von Zeit und Raum (Homogenität, Isotropie) zusammenhängen. Man nennt

F_r: **Integrale der Bewegung,** $\quad r = 1, 2, \dots,$

falls es sich um Funktionen der q_j, $\dot{q}_j$ (**nicht** der $\ddot{q}_j$) handelt, die für die gesamte Systembahn einen konstanten Wert c_r haben:

$$F_r = F_r(q_1, \dots, q_S, \dot{q}_1, \dots, \dot{q}_S, t) = c_r, \qquad r = 1, 2, \dots \tag{1.154}$$

Ein System mit S Freiheitsgraden wird durch S Differentialgleichungen zweiter Ordnung beschrieben, deren Lösung die Kenntnis von $2S$ Anfangsbedingungen erfordert. Sollten $2S$ Integrale der Bewegung bekannt sein, so wäre demnach das Problem bereits gelöst:

$$q_j = q_j(c_1, c_2, \dots, c_{2S}, t), \qquad j = 1, 2, \dots, S.$$

In der Regel werden nicht alle $2S$ der c_r vorliegen. Jedoch kann bereits die Kenntnis einiger dieser c_r viel über die physikalischen Eigenschaften des Systems erfahren lassen und die Integration der Bewegungsgleichungen sehr stark vereinfachen. Es empfiehlt sich deshalb stets, vor der expliziten Auswertung eines physikalischen Problems so viele Integrale der Bewegung wie möglich aufzuspüren.

Gewisse Integrale der Bewegung ergeben sich unmittelbar im Zusammenhang mit den in (1.53) eingeführten **zyklischen Koordinaten**. Die zyklischen Koordinaten q_j zugeordneten **generalisierten Impulse** p_j sind erste Integrale der Bewegung. Man sollte die Koordinatenwahl deshalb stets so treffen, daß möglichst viele q_j zyklisch sind. Wir erläutern das an einem Beispiel:

Zweikörperproblem

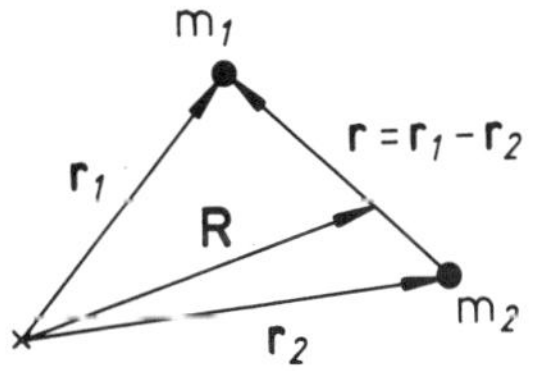

Bei einer nur vom Abstand abhängigen Paarwechselwirkung

$$V(\mathbf{r}_i, \mathbf{r}_2) = V\left(\left|\mathbf{r}_1 - \mathbf{r}_2\right|\right)$$

empfiehlt sich die Aufspaltung in eine Relativ- und Schwerpunktbewegung (s. Kap. 3.2, Bd. 1):

Gesamtmasse:	$M = m_1 + m_2,$
reduzierte Masse:	$\mu = \dfrac{m_1 m_2}{m_1 + m_2},$
Schwerpunkt:	$\mathbf{R} = \frac{1}{M}(m_1\mathbf{r}_1 + m_2\mathbf{r}_2) \equiv (X, Y, Z),$
Relativkoordinaten:	$\mathbf{r} = \mathbf{r}_1 - \mathbf{r}_2 = r(\sin\vartheta\,\cos\varphi,\,\sin\vartheta\,\sin\varphi,\,\cos\vartheta).$

Die Relativbewegung erfolgt so, als ob sich die reduzierte Masse μ im Zentralfeld $V(\mathbf{r}) = V(r)$ bewegt (s. Kap. 3.2.1, Bd. 1). Mit den generalisierten Koordinaten

$$q_1 = X,\; q_2 = Y,\; q_3 = Z,\; q_4 = r,\; q_5 = \vartheta,\; q_6 = \varphi \tag{1.155}$$

lautet deshalb die Lagrange-Funktion:

$$L = \frac{M}{2}\left(\dot{q}_1^2 + \dot{q}_2^2 + \dot{q}_3^2\right) + \frac{\mu}{2}\left(\dot{q}_4^2 + q_4^2\,\dot{q}_5^2 + q_4^2\,\sin^2 q_5\,\dot{q}_6^2\right) - V(q_4). \tag{1.156}$$

Man erkennt sofort, daß

$$q_1,\, q_2,\, q_3,\, q_6$$

zyklisch sind. Dies ergibt unmittelbar vier Integrale der Bewegung. Die ersten drei,

$$p_1 = \frac{\partial L}{\partial \dot{q}_1} = M\,\dot{q}_1 = M\,\dot{X} = \text{const.},$$
$$p_2 = \frac{\partial L}{\partial \dot{q}_2} = M\,\dot{q}_2 = M\,\dot{Y} = \text{const.},$$
$$p_3 = \frac{\partial L}{\partial \dot{q}_3} = M\,\dot{q}_3 = M\,\dot{Z} = \text{const.},$$

ergeben zusammengefaßt den Schwerpunktsatz für abgeschlossene Systeme ((3.48), Bd. 1):

$$\mathbf{P} = M\,\dot{\mathbf{R}} = \text{const.} \tag{1.157}$$

Das vierte Integral der Bewegung:

$$P_6 = \frac{\partial L}{\partial \dot{q}_6} = \mu\, q_4^2 \sin^2 q_5\, \dot{q}_6 = \mu r^2 \sin^2 \vartheta\, \dot{\varphi} = L_r^{(z)} = \text{const.}$$

betrifft die z-Komponente des Relativ-Drehimpulses. Da keine Raumrichtung besonders ausgezeichnet ist, können wir sogar folgern:

$$\mathbf{L}_r = \text{const.} \tag{1.158}$$

Hätten wir das Problem in kartesischen Koordinaten formuliert,

$$L = \frac{m_1}{2}\left(\dot{x}_1^2 + \dot{y}_1^2 + \dot{z}_1^2\right) + \frac{m_2}{2}\left(\dot{x}_2^2 + \dot{y}_2^2 + \dot{z}_2^2\right) - \\ - V\left[(x_1 - x_2)^2 + (y_1 - y_2)^2 + (z_1 - z_2)^2\right],$$

so wäre keine Koordinate zyklisch, obwohl sich natürlich an dem System nichts geändert hat. Die Erhaltungssätze (1.157) und (1.158) gelten selbstverständlich weiterhin, allerdings ist das nun wesentlich schwieriger zu erkennen.

Im Rahmen der Newton-Formulierung der Klassischen Mechanik (s. Band 1) haben wir eine Reihe von physikalisch fundamentalen Erhaltungssätzen (für Energie, für Impuls, für Drehimpuls usw.) kennengelernt. Diese finden sich natürlich auch in der Lagrangeschen Formulierung wieder. Sie haben dann jedoch bisweilen eine etwas andere Gestalt, und es ergeben sich neue Gesichtspunkte bei ihrer Interpretation. Wir werden sie in den folgenden Abschnitten als unmittelbare Konsequenzen fundamentaler Symmetrien des mechanischen Systems deuten können (**Noethersche Theoreme**). Dabei setzen wir, ohne es jeweils explizit noch einmal zu erwähnen,

konservative, holonome Systeme

voraus.

1.4.1 Homogenität der Zeit

Wir nennen ein System *zeitlich homogen*, wenn sich seine Eigenschaften als invariant gegenüber Zeittranslationen erweisen. Die Ergebnisse von unter gleichen Randbedingungen durchgeführten Messungen sind unabhängig vom Zeitpunkt der Messung. Die Gesamtheit aller möglichen Bahnen des Systems, die zu einer bestimmten Zeit beginnen, ist nicht von der Wahl dieser Anfangszeit abhängig, sondern nur von der Anfangskonfiguration $\mathbf{q}_a$. Ist $\mathbf{q}(t)$ die Konfigurationsbahn, die das System zwischen den Zeiten t_a und t_e durchläuft, mit den Anfangs- und Endkonfigurationen

$$\mathbf{q}(t_a) = \mathbf{q}_a \qquad \text{und} \qquad \mathbf{q}(t_e) = \mathbf{q}_e,$$

so erfaßt die "zeitlich verschobene" Konfigurationsbahn zwischen $t_a + \Delta t$ und $t_e + \Delta t$ bei zeitlicher Homogenität exakt dieselben Punkte des Konfigurationsraums, wenn nur die Anfangs- und Endkonfigurationen dieselben sind:

$$\mathbf{q}(t_a + \Delta t) = \mathbf{q}_a; \qquad \mathbf{q}(t_e + \Delta t) = \mathbf{q}_e.$$

Dies bedeutet aber, daß die Lagrange-Funktion L des Systems, aus der wir die Bahn desselben ableiten, nicht explizit von der Zeit abhängen kann:

$$\textit{zeitliche Homogenität} \iff \frac{\partial L}{\partial t} = 0. \tag{1.159}$$

Das wollen wir nun etwas genauer analysieren. Es folgt zunächst für das totale Zeitdifferential

$$\begin{aligned}\frac{d}{dt}L &= \sum_{j=1}^{S}\left(\frac{\partial L}{\partial q_j}\dot{q}_j + \frac{\partial L}{\partial \dot{q}_j}\ddot{q}_j\right) = \\ &= \sum_{j=1}^{S}\left[\left(\frac{d}{dt}\frac{\partial L}{\partial \dot{q}_j}\right)\dot{q}_j + \frac{\partial L}{\partial \dot{q}_j}\ddot{q}_j\right] = \frac{d}{dt}\sum_{j=1}^{S}\frac{\partial L}{\partial \dot{q}_j}\dot{q}_j,\end{aligned}$$

wobei wir im zweiten Schritt die Lagrangeschen Bewegungsgleichungen (1.36) ausgenutzt haben:

$$\frac{d}{dt}\left(L - \sum_{j=1}^{S}\frac{\partial L}{\partial \dot{q}_j}\dot{q}_j\right) = 0. \tag{1.160}$$

$\partial L/\partial \dot{q}_j$ ist nach (1.52) der generalisierte Impuls p_j. Wir definieren an dieser Stelle bereits die sogenannte

Hamilton-Funktion

$$H = \sum_{j=1}^{S} p_j \dot{q}_j - L, \tag{1.161}$$

die uns im nächsten Kapitel noch ausführlich beschäftigen wird. Sie stellt offensichtlich nach (1.160) bei zeitlicher Homogenität des Systems ein Integral der Bewegung dar:

$$\textbf{Homogenität der Zeit} \iff \frac{\partial L}{\partial t} = 0,$$
$$\textbf{"Systembewegung so, daß } H = \textbf{const."} \tag{1.162}$$

Wie läßt sich dieser Erhaltungssatz interpretieren? Setzen wir skleronome Zwangsbedingungen voraus, oder genauer, Transformationsformeln $\mathbf{r}_i(\mathbf{q}, t)$ der Teilchenkoordinaten, die **nicht** explizit von der Zeit abhängen,

$$\frac{\partial \mathbf{r}_i}{\partial t} \equiv 0, \qquad i = 1, 2, \ldots, N,$$

so ist nach (1.37) und (1.39) die kinetische Energie T eine homogen quadratische Funktion der generalisierten Geschwindigkeiten $\dot{q}_j$, d.h.

$$T(a\dot{q}_1, \ldots, a\dot{q}_S) \equiv a^2 T(\dot{q}_1, \ldots, \dot{q}_S).$$

Dies bedeutet für beliebige reelle a:

$$\frac{\partial T}{\partial a} = \sum_{j=1}^{S} \frac{\partial T}{\partial (a\dot{q}_j)} \dot{q}_j = 2aT$$

oder speziell für $a = 1$:

$$\sum_{j=1}^{S} \frac{\partial T}{\partial \dot{q}_j} \dot{q}_j = 2T. \tag{1.163}$$

Da das betrachtete System nach Voraussetzung auch konservativ ist, gilt zusätzlich

$$\frac{\partial V}{\partial \dot{q}_j} = 0, \qquad j = 1, \ldots, S. \tag{1.164}$$

Es folgt somit

$$2T = \sum_j \frac{\partial T}{\partial \dot{q}_j} \dot{q}_j = \sum_j \frac{\partial L}{\partial \dot{q}_j} \dot{q}_j = \sum_j p_j \dot{q}_j.$$

In diesem Fall gilt also für die Hamilton-Funktion:

$$H = T + V = E \qquad \textbf{Gesamtenergie.}$$

(1.162) besagt dann, daß aus der Homogenität der Zeit der Energiesatz für holonom-skleronome, konservative Systeme folgt.

Warum mußten hier *skleronome Zwangsbedingungen* vorausgesetzt werden? Wir erinnern uns an den charakteristischen Unterschied zwischen der Newtonschen und der Lagrangeschen Formulierung der Mechanik. In der Newton-Mechanik erscheinen alle Kräfte, einschließlich der Zwangskräfte, in den Bewegungsgleichungen, während in der Lagrange-Mechanik die Zwangskräfte eliminiert sind. Nach dem d'Alembertschen Prinzip leisten Zwangskräfte bei virtuellen Verrückungen keine Arbeit. Virtuelle unterscheiden sich von tatsächlichen Verrückungen durch die Zusatzforderung $\delta t = 0$. Bei skleronomen Zwangsbedingungen ist deshalb *virtuell* = *tatsächlich*, nicht aber bei rheonomen Zwangsbedingungen. Im letzteren Fall können Zwangskräfte *tatsächlich* Arbeit leisten, die dann aber nicht in H erscheint, da die Zwangskräfte im Lagrange-Formalismus eliminiert sind. Der Erhaltungssatz gilt dann nur in der Form (1.162) $H =$ const., wobei H aber nicht als Gesamtenergie interpretiert werden darf.

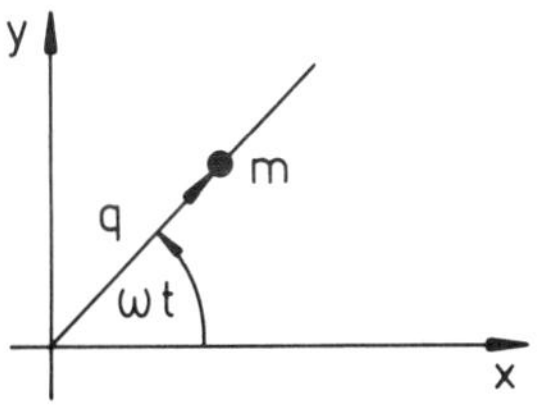

Wir demonstrieren den Sachverhalt am Beispiel 2) aus Kapitel 1.2.2, der **gleitenden Perle auf einem rotierenden Draht**. vskip 9mm Es liegt neben der holonom-skleronomen Zwangsbedingung

$$z = 0$$

auch eine holonom-rheonome Bedingung vor:

$$y = x \tan \omega t.$$

Trotzdem ist die Lagrange-Funktion (1.50)

$$L = T = \frac{m}{2}\left(\dot{q}^2 + q^2\omega^2\right)$$

nicht explizit zeitabhängig. Es gilt also:

$$\frac{\partial L}{\partial t} = 0$$

und damit der Erhaltungssatz:

$$H = p\,\dot{q} - L = \text{ const.}$$

Es ist aber:

$$H = \frac{\partial L}{\partial \dot{q}}\dot{q} - L = m\,\dot{q}^2 - \frac{1}{2}m\left(\dot{q}^2 + q^2\omega^2\right) = \frac{1}{2}m\left(\dot{q}^2 - q^2\omega^2\right)$$
$$\neq T = T + V = E.$$

Der Erhaltungssatz ist also **nicht** mit dem Energiesatz identisch!

1.4.2 Homogenität des Raumes

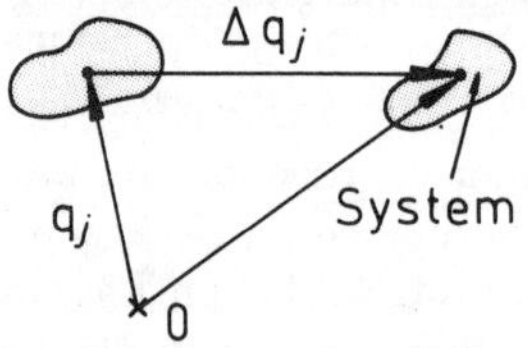

Ein System heißt *räumlich homogen*, wenn seine Eigenschaften unabhängig vom Ort sind, d.h., wenn eine Verschiebung des gesamten Systems die Meßergebnisse nicht ändert. Das ist z.B. dann der Fall, wenn das betrachtete System nur von Teilchen**abständen** abhängigen Kräften unterliegt. Die generalisierte Koordinate q_j sei so gewählt, daß Δq_j einer Translation des gesamten Systems entspricht. Das können z.B. die kartesischen Komponenten des Massenzentrums sein. Dann folgt als hinreichende Bedingung für räumliche Homogenität:

$$\frac{\partial L}{\partial q_j} = 0. \tag{1.165}$$

q_j ist also zyklisch. Dies ergibt den Erhaltungssatz:

$$p_j = \frac{\partial L}{\partial \dot{q}_j} = \text{const.} \tag{1.166}$$

Was ist nun aber p_j? Da das System konservativ sein soll, gilt:

$$\frac{\partial V}{\partial \dot{q}_j} = 0$$

und damit auch:

$$p_j = \frac{\partial L}{\partial \dot{q}_j} = \frac{\partial T}{\partial \dot{q}_j} = \sum_{i=1}^{N} m_i \dot{\mathbf{r}}_i \frac{\partial \dot{\mathbf{r}}_i}{\partial \dot{q}_j} = \sum_{i=1}^{N} m_i \dot{\mathbf{r}}_i \frac{\partial \mathbf{r}_i}{\partial q_j}. \tag{1.167}$$

Im letzten Schritt haben wir (1.23) ausgenutzt.

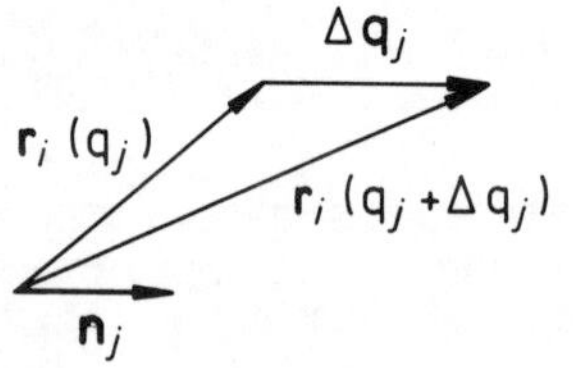

$\mathbf{n}_j$ sei der Einheitsvektor in Translationsrichtung. Alle Teilchenkoordinaten ändern sich um den gleichen konstanten Vektor:

$$\Delta \mathbf{q}_j = \Delta q_j \mathbf{n}_j.$$

Daraus folgt:

$$\frac{\partial \mathbf{r}_i}{\partial q_j} = \lim_{\Delta q_j \to 0} \frac{\mathbf{r}_i(q_j + \Delta q_j) - \mathbf{r}_i(q_j)}{\Delta q_j} = \lim_{\Delta q_j \to 0} \frac{\Delta q_j \, \mathbf{n}_j}{\Delta q_j} = \mathbf{n}_j. \tag{1.168}$$

p_j ist also die zu q_j gehörige Komponente des Gesamtimpulses in Translationsrichtung $\mathbf{n}_j$:

$$p_j = \mathbf{n}_j \sum_{i=1}^{N} m_i \dot{\mathbf{r}}_i = \mathbf{n}_j \cdot \mathbf{P}. \tag{1.169}$$

Da $\mathbf{n}_j$ beliebig gewählt werden kann, gilt der folgende Erhaltungssatz:

Homogenität des Raumes $\Longleftrightarrow$ Impulssatz

$$\mathbf{P} = \sum_{i=1}^{N} m_i \dot{\mathbf{r}}_i = \text{const.} \tag{1.170}$$

Wir schließen eine kurze Diskussion an:

1) Der Koordinate q_j ist die generalisierte Kraftkomponente Q_j zugeordnet:

$$Q_j = \sum_{i=1}^{N} \mathbf{F}_i \cdot \frac{\partial \mathbf{r}_i}{\partial q_j} = \mathbf{n}_j \cdot \sum_{i=1}^{N} \mathbf{F}_i = \mathbf{n}_j \cdot \mathbf{F}. \tag{1.171}$$

Wegen "actio = reactio" heben sich die *inneren* Kräfte (Teilchenwechselwirkungen) auf, so daß $\mathbf{F}$ die gesamte *äußere* Kraft darstellt. In einem konservativen System gilt (1.29):

$$Q_j = -\frac{\partial V}{\partial q_j}.$$

Ferner folgt mit (1.168):

$$\frac{\partial \dot{\mathbf{r}}_i}{\partial q_j} = \frac{d}{dt}\frac{\partial \mathbf{r}_i}{\partial q_j} = \frac{d}{dt}\mathbf{n}_j = 0.$$

Dies bedeutet:

$$\frac{\partial T}{\partial q_j} = 0$$

und damit:

$$Q_j = \frac{\partial L}{\partial q_j}.$$

Wegen (1.165) ist dann:

$$Q_j = \mathbf{n}_j \cdot \mathbf{F} = \dot{p}_j = 0. \tag{1.172}$$

Diese Beziehung ist erfüllt, falls

$$\mathbf{F} \equiv 0 \qquad \text{oder} \qquad \mathbf{F} \perp \mathbf{n}_j$$

gilt.

2) Bei äußeren Feldern mit gewissen Symmetrien kann q_j für Translationen in bestimmten Raumrichtungen zyklisch sein, nämlich dann, wenn $\mathbf{n}_j$ orthogonal zu $\mathbf{F}$ ist (s. (1.172)). Wir erkennen damit einen wichtigen Zusammenhang:

Impulserhaltung für Symmetrierichtungen.

Beispiele:

1) Feld einer unendlichen, homogenen Ebene

Von jedem Punkt der Ebene geht ein kugelsymmetrisches Feld aus, so daß durch Superposition nur eine resultierende z-Komponente bleibt. Die Kraft auf Teilchen i, ausgeübt von allen Punkten der unendlichen (xy)-Ebene, hat also nur eine nicht-verschwindende z-Komponente. Das gilt dann natürlich auch für die Gesamtkraft:

$$\mathbf{F} = \sum_{i=1}^{N} \mathbf{F}_i \equiv (0, 0, F). \tag{1.173}$$

Für $\mathbf{n}_j = \mathbf{e}_x, \mathbf{e}_y$ ist damit (1.172) erfüllt. Dies ergibt als Integrale der Bewegung:

$$P_x = \text{const.}; \qquad P_y = \text{const.} \tag{1.174}$$

2) Feld eines unendlichen, homogenen Kreiszylinders

Die Rotationssymmetrie um die Zylinderachse legt die Verwendung von Zylinderkoordinaten nahe (s. Kap. 1.5.3, Bd. 1):

$$\begin{aligned}
\rho, \varphi, z: \qquad & x = \rho \cos\varphi; \quad y = \rho \sin\varphi; \quad z = z, \\
& \mathbf{e}_\rho = (\cos\varphi, \sin\varphi, 0), \\
& \mathbf{e}_\varphi = (-\sin\varphi, \cos\varphi, 0), \\
& \mathbf{e}_z = (0, 0, 1).
\end{aligned}$$

Da der Kreiszylinder unendlich lang und homogen sein soll, wird das Feld φ- und z-unabhängig sein:

$$\mathbf{F}_i = F_i \, \mathbf{e}_\rho \implies \mathbf{F} = \sum_i \mathbf{F}_i = \big(F_x, F_y, 0\big). \tag{1.175}$$

Dies bedeutet nach (1.169):

$$P_z = \text{const.} \tag{1.176}$$

1.4.3 Isotropie des Raumes

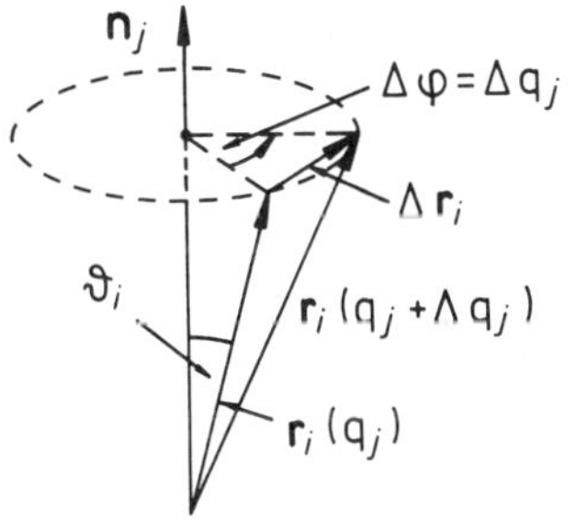

Man nennt ein System *räumlich isotrop*, wenn sich die Eigenschaften des Systems bei beliebigen Drehungen nicht ändern. Wir wählen nun die generalisierte Koordinate q_j so, daß Δq_j einer Drehung des Systems um den Winkel $\Delta\varphi$ um die Achsenrichtung $\mathbf{n}_j$ entspricht:

$$|\Delta \mathbf{r}_i| = \Delta q_j \, r_i \, \sin\vartheta_i .$$

$\Delta \mathbf{r}_i$ ist orthogonal zu $\mathbf{r}_i$ und zu $\mathbf{n}_j$. Es gilt also:

$$\Delta \mathbf{r}_i = \Delta q_j \, \mathbf{n}_j \times \mathbf{r}_i . \qquad (1.177)$$

Es folgt als hinreichende Bedingung für räumliche Isotropie:

$$\frac{\partial L}{\partial q_j} = 0. \qquad (1.178)$$

Die so definierte Koordinate q_j ist also zyklisch und führt zu dem Erhaltungssatz:

$$p_j = \frac{\partial L}{\partial \dot{q}_j} = \text{ const.} \qquad (1.179)$$

Welche Bedeutung hat p_j? Da das System wiederum konservativ sein soll, gilt auch jetzt (1.167). Mit

$$\frac{\partial \mathbf{r}_i}{\partial q_j} = \lim_{\Delta q_j \to 0} \frac{\Delta \mathbf{r}_i}{\Delta q_j} = \mathbf{n}_j \times \mathbf{r}_i \qquad (1.180)$$

folgt deshalb:

$$p_j = \sum_{i=1}^{N} m_i \, \dot{\mathbf{r}}_i \cdot (\mathbf{n}_j \times \mathbf{r}_i) = \mathbf{n}_j \cdot \sum_{i=1}^{N} (\mathbf{r}_i \times m_i \, \dot{\mathbf{r}}_i).$$

p_j ist also die Komponente des Gesamtdrehimpulses $\mathbf{L}$ in n_j-Richtung:

$$p_j = \mathbf{n}_j \cdot \sum_{i=1}^{N} \mathbf{L}_i = \mathbf{n}_j \cdot \mathbf{L}. \qquad (1.181)$$

Da die Achsenrichtung $\mathbf{n}_j$ beliebig gewählt werden kann, lautet unsere Schlußfolgerung:

Isotropie des Raumes $\Longleftrightarrow$ Drehimpulssatz

$$\mathbf{L} = \sum_{i=1}^{N} m_i \, \mathbf{r}_i \times \dot{\mathbf{r}}_i = \text{ const.} \qquad (1.182)$$

Auch dieses Ergebnis wollen wir noch kurz kommentieren:

1) Der Koordinate q_j ist die Kraftkomponente Q_j zugeordnet, für die mit (1.180)

$$Q_j = \sum_i \mathbf{F}_i \cdot (\mathbf{n}_j \times \mathbf{r}_i) = \mathbf{n}_j \cdot \sum_i (\mathbf{r}_i \times \mathbf{F}_i) = \mathbf{n}_j \cdot \sum_i \mathbf{M}_i = \mathbf{n}_j \cdot \mathbf{M} \tag{1.183}$$

gefunden wird. Es handelt sich also um die Komponente des Gesamtdrehmoments in Drehrichtung $\mathbf{n}_j$.

Wegen

$$\frac{\partial T}{\partial q_j} = \sum_i m_i \dot{\mathbf{r}}_i \cdot \frac{\partial \dot{\mathbf{r}}_i}{\partial q_j} = \sum_i m_i \dot{\mathbf{r}}_i \left(\frac{d}{dt} \frac{\partial \mathbf{r}_i}{\partial q_j} \right) = \sum_i m_i \dot{\mathbf{r}}_i \cdot (\mathbf{n}_j \times \dot{\mathbf{r}}_i) = 0$$

folgt aus (1.178):

$$Q_j = -\frac{\partial V}{\partial q_j} = \frac{\partial L}{\partial q_j} = 0. \tag{1.184}$$

Räumliche Isotropie ist nach (1.183) und (1.184) also damit gleichbedeutend, daß das gesamte, auf das System wirkende Drehmoment $\mathbf{M}$ verschwindet.

2) Bei nicht vollständiger räumlicher Isotropie kann (1.184) trotzdem erfüllt werden, wenn die äußeren Felder gewisse Symmetrien aufweisen, so daß $\mathbf{M}$ orthogonal zu bestimmten Raumrichtungen $\mathbf{n}_j$ ist. Das erläutern wir an einigen Beispielen:

a) Feld einer unendlichen, homogenen Ebene

Wie in (1.173) gilt für die Kraft auf Teilchen i:

$$\mathbf{F}_i \equiv (0, 0, F_i).$$

Dies bedeutet:

$$\mathbf{M}_i = \mathbf{r}_i \times \mathbf{F}_i \perp \mathbf{e}_z$$

und ergibt den Erhaltungssatz:

$$L_z = \text{const.} \tag{1.185}$$

b) Feld eines unendlichen, homogenen Kreiszylinders

Wie in (1.175) benutzen wir zur Darstellung der Kraft $\mathbf{F}_i$ auf Teilchen i Zylinderkoordinaten:

$$\mathbf{r}_i = (\rho_i \cos\varphi_i,\ \rho_i \sin\varphi_i,\ z_i), \tag{1.186}$$

$$\mathbf{F}_i = F_{i\rho}\mathbf{e}_\rho = F_{i\rho}(\cos\varphi_i,\ \sin\varphi_i,\ 0). \tag{1.187}$$

Das Drehmoment $\mathbf{M}$ ist zwar ungleich Null,

$$\mathbf{M} = \sum_i (\mathbf{r}_i \times \mathbf{F}_i) = \sum_i z_i F_{i\rho}(-\sin\varphi_i,\, \cos\varphi_i,\, 0),$$

hat aber eine verschwindende z-Komponente:

$$\mathbf{e}_z \cdot \mathbf{M} = 0. \tag{1.188}$$

Dies ergibt den Erhaltungssatz:

$$L_z = \text{ const.} \tag{1.189}$$

c) Feld eines homogenen Kreisringes

Wir wählen die Ringachse als z-Achse. Dann muß das Feld rotationssymmetrisch zur z-Achse sein, so daß sich zur Beschreibung wieder Zylinderkoordinaten empfehlen. Die Kraft $\mathbf{F}_i$ auf Teilchen i kann dann keine φ–Komponente haben:

$$\mathbf{F}_i = F_{i\rho}\mathbf{e}_\rho + F_{iz}\mathbf{e}_z = \left(F_{i\rho}\cos\varphi_i,\, F_{i\rho}\sin\varphi_i,\, F_{iz}\right). \tag{1.190}$$

Mit (1.186) folgt für das Drehmoment:

$$\mathbf{M} = \sum_i (\mathbf{r}_i \times \mathbf{F}_i) \equiv \left(M_x, M_y, 0\right), \tag{1.191}$$

so daß auch in diesem Fall (1.188) und (1.189) Gültigkeit haben.

1.5 Aufgaben

Aufgabe 1.5.1

Diskutieren Sie die Bewegung einer auf einem gleichförmig rotierenden Draht reibungslos gleitenden Perle. r sei der Abstand vom Drehpunkt. Es sollen die Anfangsbedingungen

$$r(t=0) = r_0; \quad \dot{r}(t=0) = -r_0\omega$$

gelten (ω : konstante Winkelgeschwindigkeit des Drahtes).

Aufgabe 1.5.2

Die Position eines Teilchens werde durch Zylinderkoordinaten (ρ, φ, z) beschrieben. Die potentielle Energie des Teilchens sei

$$V(\rho) = V_0 \ln\frac{\rho}{\rho_0}, \qquad V_0 = \text{ const.}, \; \rho_0 = \text{ const.}$$

1) Wie lautet die Lagrange-Funktion?

2) Stellen Sie die Lagrangeschen Bewegungsgleichungen auf.

3) Finden und interpretieren Sie mindestens zwei Erhaltungssätze.

Aufgabe 1.5.3

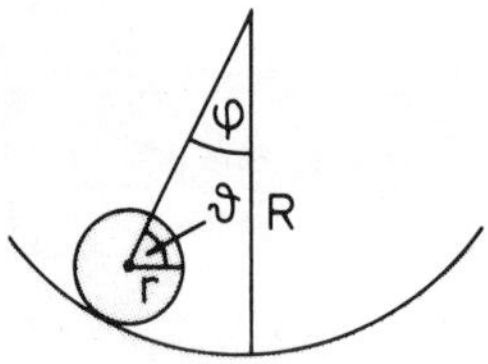

Auf der Innnenfläche eines Zylindermantels (Radius R) rolle ein Zylinder (Radius r, Massendichte $\rho =$ const.)

1) Wie lautet die Lagrange-Funktion des Systems?

2) Formulieren Sie die Lagrangeschen Bewegungsgleichungen.

3) Integrieren Sie die Bewegungsgleichung für kleine "Ausschläge" φ.

Aufgabe 1.5.4

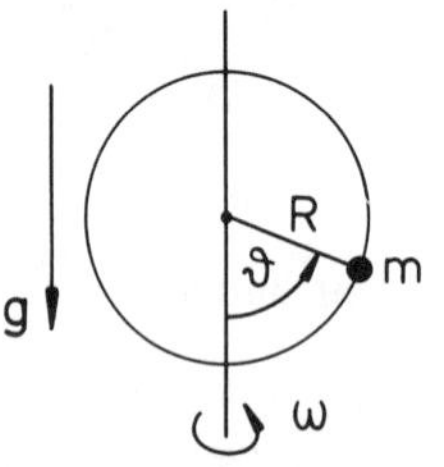

Eine Perle der Masse m gleite reibungslos auf einem Drahtring vom Radius R. Der Ring rotiere mit konstanter Winkelgeschwindigkeit ω um seinen Durchmesser im Schwerefeld $\mathbf{g}$.

1) Formulieren und klassifizieren Sie die Zwangsbedingungen.

2) Wie lautet die Lagrangesche Bewegungsgleichung?

3) Integrieren Sie die Bewegungsgleichung für $\vartheta \ll 1$.

Aufgabe 1.5.5

Eine Masse m rotiere reibungslos auf einer Tischplatte. Über einen Faden der Länge l $(l = r + s)$ sei durch ein Loch in der Platte m mit einer anderen Masse M verbunden. Wie bewegt sich M unter dem Einfluß der Schwerkraft?

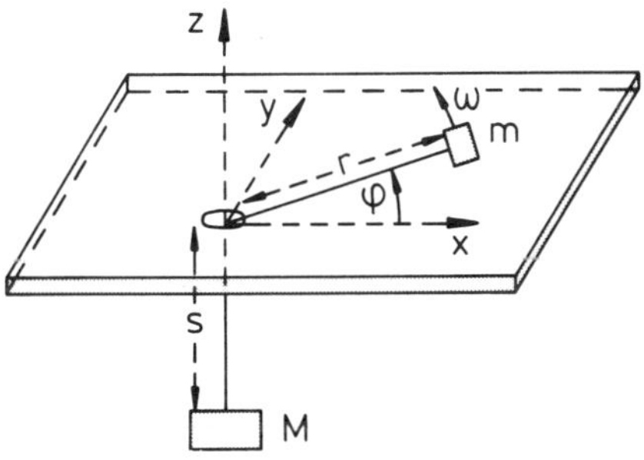

1) Formulieren und klassifizieren Sie die Zwangsbedingungen.

2) Stellen Sie die Lagrange-Funktion und ihre Bewegungsgleichungen auf.

3) Unter welchen Bedingungen rutscht die Masse M nach oben, wann nach unten?

4) Diskutieren Sie den Spezialfall $\omega = 0$.

Aufgabe 1.5.6

Ein Teilchen der Masse m bewege sich in einer Ebene unter dem Einfluß einer Kraft, die in Richtung auf ein Kraftzentrum wirkt. Für den Betrag F der Kraft gelte, wenn r der Abstand vom Kraftzentrum ist:

$$F = \frac{1}{r^2}\left(1 - \frac{\dot{r}^2 - 2r\ddot{r}}{c^2}\right).$$

Bestimmen Sie das verallgemeinerte Potential

$$U = U(r, \dot{r})$$

und damit die Lagrange-Funktion für die Bewegung in einer Ebene.

Aufgabe 1.5.7

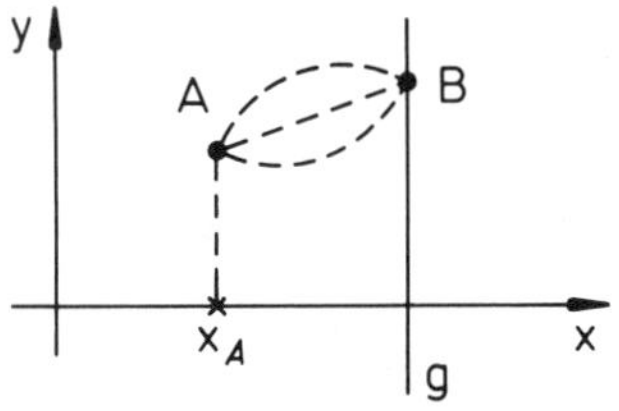

Bestimmen Sie mit Hilfe der Variationsrechnung die kürzeste Verbindung zwischen einem gegebenen Punkt A der xy-Ebene und einer nicht durch A laufenden Geraden g.

1) Zeigen Sie, daß die kürzeste Verbindung zwischen A und einem festen Punkt B der Geraden g die Strecke $\overline{AB}$ ist.

2) Untersuchen Sie dann **alle** Strecken von A zu irgendwelchen Punkten auf g.

Aufgabe 1.5.8

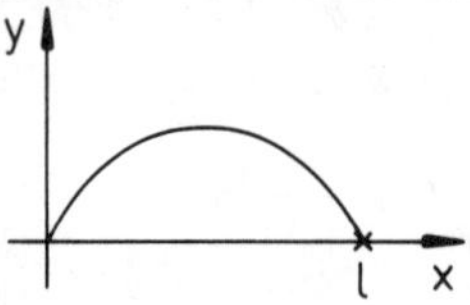

Es wird die Auslenkung $y(x,t)$ einer schwingenden Saite mit der Massenverteilung $m(x)$ gesucht.

1) Wie lautet die kinetische Energie T?

2) Finden Sie einen Ausdruck für die potentielle Energie V, wenn diese proportional zur Verlängerung der Saite ist.

3) Leiten Sie für kleine Auslenkungen der Saite mit Hilfe des Hamiltonschen Prinzips eine Differentialgleichung für $y(x,t)$ ab.

Aufgabe 1.5.9

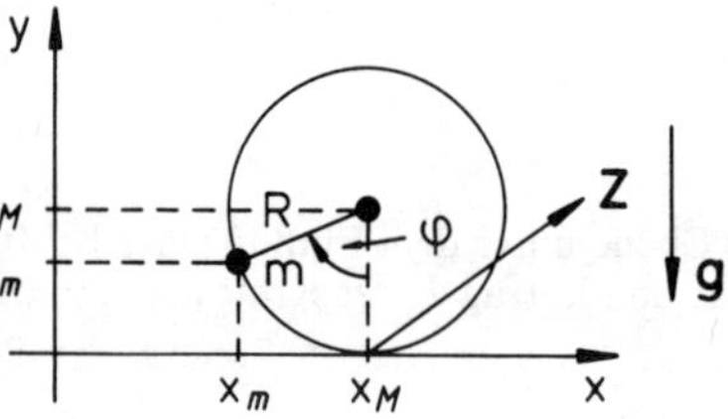

Eine homogene Kreisscheibe (Radius R, Masse M), auf deren Rand eine punktförmige Masse

$$m = \frac{1}{2}M$$

fest angebracht ist, rollt reibungsfrei ohne zu gleiten unter dem Einfluß der Schwerkraft auf einer horizontalen Geraden:

1) Berechnen Sie die Koordinaten x_M, y_M des Scheibenmittelpunktes in Abhängigkeit vom Rollwinkel φ. Normieren Sie so, daß $\varphi = 0$ für $x_M = 0$ gilt.

2) Berechnen Sie die Koordinaten x_m, y_m des Massenpunktes sowie die Koordinaten x_S, y_S des gemeinsamen Schwerpunktes von Kreisscheibe und Massenpunkt als Funktionen von φ. Von welchem Typ sind die Bahnkurven?

3) Berechnen Sie die kinetische Energie $T(\varphi, \dot{\varphi})$ und die potentielle Energie $V(\varphi)$ des Gesamtsystems.

4) Bilden Sie die Lagrange-Funktion $L(\varphi, \dot{\varphi})$ und die zugehörige Bewegungsgleichung für φ. Wie groß ist die Frequenz kleiner Schwingungen um die Ruhelage $\varphi = 0$?

5) Berechnen Sie die von der horizontalen Geraden auf die Scheibe ausgeübte Zwangskraft $\mathbf{Z}(\varphi, \dot{\varphi}, \ddot{\varphi}\,.)$!

6) Bei hinreichend großer Anfangsgeschwindigkeit $v = \dot{x}_M$, bezogen auf den Auflagepunkt bei $\varphi = 0$, kann die Scheibe wegen der Zusatzmasse m von der horizontalen Geraden "abheben". Wie groß muß v sein, damit das "Abheben" bei $\varphi = 2\pi/3$ beginnt?

7) Demonstrieren Sie zum Schluß die Äquivalenz von Newton- und Lagrange-Mechanik. Ganz allgemein beschreiben wir die Bewegung eines starren Körpers durch α) die Translation des Schwerpunktes und β) die Rotation um den Schwerpunkt. Stellen Sie mit Hilfe der Zwangskraft $\mathbf{Z}(\varphi, \dot{\varphi}, \ddot{\varphi})$ aus Teil 5) die Bewegungsgleichung zu β) auf. Sie sollte mit der aus Teil 4) identisch sein.

Aufgabe 1.5.10

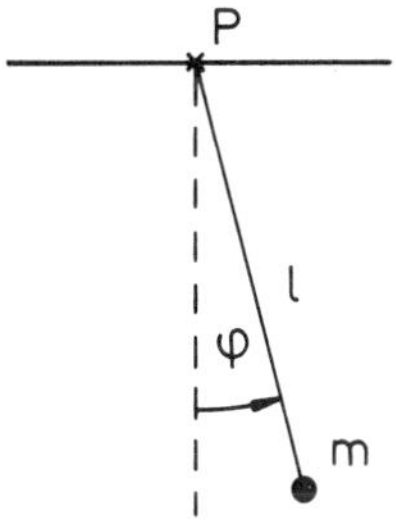

Betrachten Sie ein ebenes Fadenpendel der Fadenlänge l im homogenen Schwerefeld. Es sollen nur kleine Ausschläge des Pendels diskutiert werden.

1) Stellen Sie die Lagrange-Funktion und ihre Bewegungsgleichung auf. Wählen Sie die Anfangsbedingungen so, daß zur Zeit $t = 0$ das Pendel durch seine Ruhelage schwingt. Wie groß ist die Frequenz ω_0 der Pendelschwingung?

2) Berechnen Sie die Fadenspannung.

Aufgabe 1.5.11

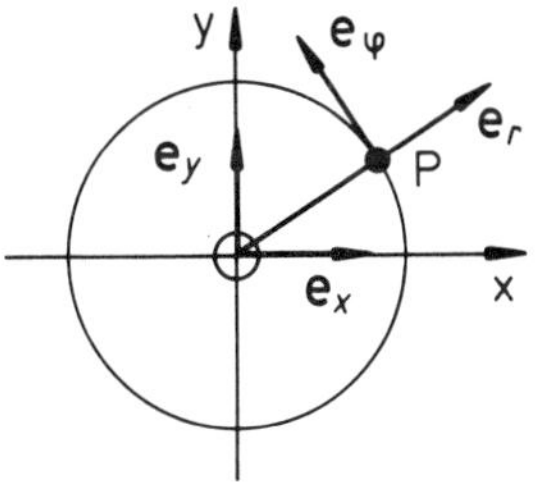

Der Massenpunkt P wird durch einen Faden auf einer Kreisbahn mit dem anfänglichen Radius R_0 gehalten (kein Schwerefeld). Der Faden werde dann verkürzt, z.B. indem man den Faden durch ein im Kreismittelpunkt senkrecht zur Kreisebene angebrachtes Rohr legt und an dem Faden zieht. Zunächst erfolge die Fadenverkürzung so langsam, daß die entsprechende radiale kinetische Energie vernachlässigt werden kann.

1) Bestimmen Sie ein Integral der Bewegung. 2) Welche Arbeit W wird am System geleistet bei Änderung des Bahnradius von R_0 auf $R < R_0$?

Der Faden werde nun mit einer endlichen Geschwindigkeit verkürzt, beginnend mit der Fadenlänge R_0 bei $t = 0$ gemäß

$$\dot{r}(t) = -b\,t, \qquad (b > 0).$$

3) Hat das Integral der Bewegung aus 1) weiter Bestand?

4) Wie sieht die Zwangskraft $\mathbf{Z}$ aus, die die Nebenbedingung $\dot{r}(t) = -b\,t$ erzeugt?

5) Wie groß ist nun die am System bei Verkürzung der Fadenlänge von R_0 auf $R < R_0$ geleistete Arbeit?

Aufgabe 1.5.12

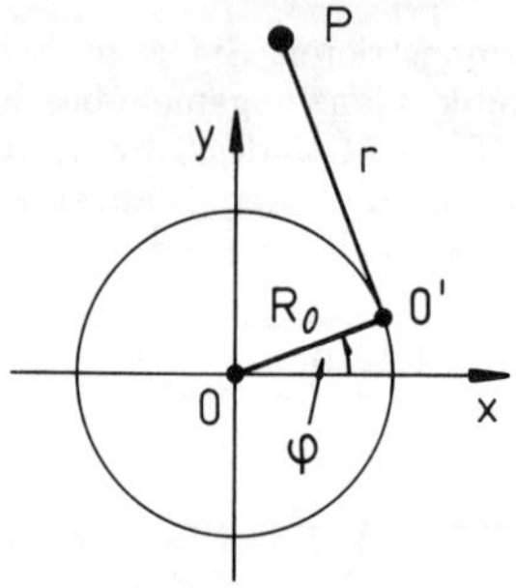

Ein Faden der Gesamtlänge l sei auf einem zur Kreisebene senkrecht stehenden Zylinder vom Radius R_0 befestigt. Bei dem Umlauf des Massenpunktes P um den festgehaltenen Zylinder wickelt sich der Faden auf und verkürzt so die freie Fadenlänge $r = \overline{P0'}$.

1) Bestimmen Sie ein Integral der Bewegung. Vergleichen Sie mit Teil 1) der vorherigen Aufgabe (kein Schwerefeld).

2) Stellen Sie die Bewegungsgleichung für den Winkel φ auf und lösen Sie diese mit den Anfangsbedingungen

$$\varphi(t=0)=0; \qquad l\,\dot{\varphi}(t=0)=v_0$$

($\varphi = 0$ bedeutet völlig unaufgewickelten Faden). Nach welcher Zeit ist der Faden voll aufgewickelt?

3) Zeigen Sie, daß der zu φ gehörige generalisierte Impuls p_φ gleich dem Drehimpulsbetrag des Massenpunktes bezüglich 0 ist.

Aufgabe 1.5.13

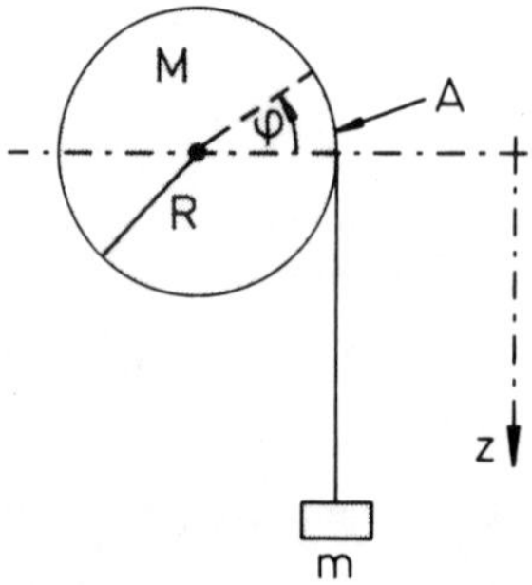

Auf einer zylindrischen, um eine horizontale Achse drehbaren Walze (Radius R, Masse M) ist ein Faden der Länge $l \gg R$ aufgewickelt. Das eine Ende des Fadens ist an der Walze befestigt, am freien Ende hängt die Masse m. Die Massendichte der Walze steige von der Achse nach außen, mit Null beginnend, linear mit dem Radius an. Die Koordinate z der Masse m werde von der Walzenachse aus nach unten gezählt.

1) Finden Sie die Bewegungsgleichung des Systems für $0 \le z \le l$ und integrieren Sie diese mit der Anfangsbedingung, daß die Masse m zur Zeit $t = 0$ in Höhe der Walzenachse losgelassen wird.

2) Was läßt sich über den Bewegungsablauf im Bereich $l \le z \le R + l$ sagen, falls $M \gg m$ angenommen werden kann? Wie geht die Bewegung nach Erreichen des Tiefstpunktes weiter?

3) Wie groß ist die Fadenspannung in den Bereichen $0 \le z \le l$ und $l \le z \le R + l$?

Aufgabe 1.5.14

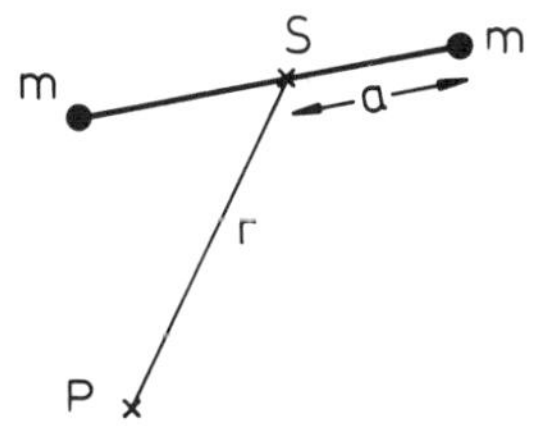

Betrachten Sie die ebene Bewegung einer Hantel im Gravitationsfeld, das durch die potentielle Energie

$$V = -\gamma \frac{m}{r} \qquad (\gamma > 0)$$

definiert ist, die eine Punktmasse m im Abstand r vom Feldzentrum P besitzt. Die Hantel besteht aus zwei Massenpunkten der gleichen Masse m, die durch eine masselose Stange der Länge $2a$ miteinander verbunden sind.

1) Führen Sie neben r zwei geeignete Winkel als generalisierte Koordinaten ein, stellen Sie die Lagrange-Funktion auf und leiten Sie daraus die Bewegungsgleichungen der Hantel ab.

2) Finden Sie den Erhaltungssatz für den Gesamtdrehimpuls der Hantel. Definieren Sie Bahndrehimpuls und Eigendrehimpuls.

3) Entwickeln Sie die Lagrange-Gleichungen nach Potenzen von (a/r) bis zur Ordnung $(a/r)^2$. Zeigen Sie, daß für $(a/r) \ll 1$ die Bahnbewegung von der Eigendrehbewegung näherungsweise entkoppelt.

4) Zeigen Sie, daß die Bewegungen, bei denen der Schwerpunkt S gleichförmig auf einem Kreis mit Radius R um P umläuft und die Hantelstange stets in Richtung auf P zeigt bzw. tangential an diesem Kreis anliegt, mögliche spezielle Lösungen der Lagrange-Gleichungen sind. Wie groß sind dabei die Winkelgeschwindigkeiten ω_1 bzw. ω_2 der Bewegungen von S? (Genauigkeit bis zur $(a/r)^2$ sei ausreichend!) Ist der Unterschied zwischen ω_1 und ω_2 ein Widerspruch zu dem allgemeinen Satz, nach dem sich der Schwerpunkt eines Systems so bewegt, als ob die Gesamtmasse in ihm konzentriert ist und alle äußeren Kräfte an ihm angreifen?

1.6 Kontrollfragen

Zu Kapitel 1.1

1) Was versteht man unter Zwangsbedingungen, was unter Zwangskräften?

2) Welche Schwierigkeiten ergeben sich bei der Behandlung eines mechanischen Problems, wenn Zwangsbedingungen vorliegen?

3) Was sind holonome, holonom-skleronome, holonom-rheonome, nicht-holonome Zwangsbedingungen?

4) Welche Bedingungen müssen generalisierte Koordinaten erfüllen?

5) Wie ist der Konfigurationsraum definiert?

Zu Kapitel 1.2

1) Was versteht man unter einer virtuellen Verrückung, was unter virtueller Arbeit?

2) Formulieren Sie das Prinzip der virtuellen Arbeit.

3) Warum werden Reibungskräfte nicht zu den Zwangskräften gezählt?

4) Was sind generalisierte Kraftkomponenten?

5) Was besagt das d'Alembertsche Prinzip?

6) Unten welchen Bedingungen folgen aus dem d'Alembertschen Prinzip die Lagrange-Gleichungen 2. Art?

7) Wie verhalten sich die Lagrange-Gleichungen unter Punkttransformationen?

8) Wie sind verallgemeinerte Impulse definiert?

9) Was ist eine zyklische Koordinate?

10) Wie lautet die Parameterdarstellung der Zykloide?

11) Welche Form haben die aus dem d'Alembertschen Prinzip folgenden Bewegungsgleichungen für nicht-konservative Systeme mit holonomen Zwangsbedingungen?

12) Welche Bedingungen müssen "verallgemeinerte Potentiale" erfüllen? Können sie auch von den generalisierten Geschwindigkeiten abhängen?

13) Welcher Lagrange-Funktion unterliegt ein geladenes Teilchen im elektromagnetischen Feld? Wie lauten seine generalisierten Impulse?

14) Wie verhält sich die Lagrange-Funktion eines geladenen Teilchen bei einer Eichtransformation $\varphi \to \varphi - \frac{\partial}{\partial t}\chi$; $\mathbf{A} \to \mathbf{A} + \nabla\chi$? Was passiert dabei mit den Bewegungsgleichungen?

15) Was versteht man unter einer mechanischen Eichtransformation?

16) Wie beschreibt man Systeme, die Reibungskräften unterliegen?

17) Welche physikalische Bedeutung besitzt die Dissipationsfunktion?

18) Erläutern Sie die Methode der Lagrangeschen Multiplikatoren.

19) Wie lauten die Lagrangeschen Bewegungsgleichungen 1. Art?

20) Welche physikalische Bedeutung kann den Lagrangeschen Multiplikatoren zugeschrieben werden?

Zu Kapitel 1.3

1) Erläutern Sie den Unterschied zwischen Differential- und Integralprinzipien.

2) Was versteht man unter einer Konfigurationsbahn?

3) Formulieren Sie das Hamiltonsche Prinzip. Welche Bedingungen müssen die zur Variation zugelassenen Bahnen erfüllen?

4) Was ist ein Wirkungsfunktional?

5) Erläutern Sie den Begriff der *Variation des Funktionals* $J\{y(x)\}$.

6) Geben Sie die Eulersche Gleichung an und skizzieren Sie ihre Herleitung.

7) Was versteht man unter dem Brachystochronenproblem?

8) Wie leitet man aus dem Hamiltonschen Prinzip für konservative Systeme mit nicht-holonomen Zwangsbedingungen die Lagrangeschen Bewegungsgleichungen 1. Art ab?

9) Wie lautet das Hamiltonsche Prinzip für nicht-konservative Systeme? Welches Wirkungsfunktional ist dann zu variieren?

10) Von welcher Art sind die Bewegungsgleichungen, die aus dem "erweiterten" Hamiltonschen Prinzip folgen?

Zu Kapitel 1.4

1) Was ist ein *Integral der Bewegung*?

2) Warum ist es günstig, in der Lagrange-Formulierung eines physikalischen Problems möglichst viele generalisierte Koordinaten zyklisch zu wählen?

3) Wann nennt man ein System *zeitlich homogen*? Was gilt dann für die Lagrange-Funktion?

4) Wie ist die Hamilton-Funktion definiert?

5) Welcher Erhaltungssatz folgt aus der zeitlichen Homogenität eines physikalischen Systems?

6) Unter welchen Bedingungen ist die Hamilton-Funktion mit der Gesamtenergie identisch?

7) Wann ist ein System als *räumlich homogen* zu bezeichnen? Was gilt dann für die Lagrange-Funktion?

8) Welcher Erhaltungssatz folgt aus der Homogenität des Raumes?

9) Welcher Zusammenhang besteht zwischen der Impulserhaltung und Symmetrierichtungen?

10) Wie manifestiert sich *räumliche Isotropie* in der Lagrange-Funktion eines physikalischen Systems?

11) Welcher Erhaltungssatz folgt aus räumlicher Isotropie? Was gilt für das Gesamtdrehmoment?

12) Welche Symmetriebedingung muß an die auf das i-te Teilchen wirkende Kraft gestellt werden, damit die x-Komponente des Drehimpulses ein Integral der Bewegung ist?

2 HAMILTON-MECHANIK

Dieses Kapitel beschäftigt sich mit einer

formalen Weiterentwicklung der Theorie der Klassischen Mechanik.

Dabei geht es eigentlich nicht so sehr um die Konstruktion neuer Rechenhilfsmittel. Auch bringt die Hamilton-Formulierung der Klassischen Mechanik *keine neue* Physik. Ihr Gültigkeits- und Anwendungsbereich entspricht nämlich ziemlich genau dem der Lagrange-Formulierung. Es geht vielmehr darum, eine tiefere Einsicht in die formale mathematische Struktur der physikalischen Theorie zu gewinnen, und dies durch Untersuchung aller denkbaren Umformulierungen der fundamentalen Prinzipien. Hinzu kommt, daß die Klassische Mechanik wie jede physikalische Theorie nur einen beschränkten Gültigkeitsbereich besitzt. Es ist jedoch nicht "*a priori*" klar, welche Darstellung für spätere Verallgemeinerungen besonders günstig ist. Begriffsbildungen und mathematische Zusammenhänge des Hamilton-Formalismus werden sich als hilfreich für einen Anschluß an die Gesetzmäßigkeiten der Quantenmechanik erweisen. Das ist letztlich das entscheidende Motiv für die Beschäftigung mit der Hamilton-Mechanik.

Wir wollen einmal in einer gewissen "Bestandsaufnahme" die bisher kennengelernten Konzepte gegenüberstellen. Die *Newton-Mechanik* stellt ein sehr allgemeines Konzept dar. Es sind alle Typen von Kräften zugelassen. Die Lösungen der Bewegungsgleichungen manifestieren sich sehr anschaulich als *Teilchenbahnen*. Die Newton-Mechanik ist allerdings nur in Inertialsystemen gültig. In nicht-inertialen Systemen müssen passende *Scheinkräfte* eingeführt werden. Die "unhandlichen" Zwangskräfte müssen explizit in den Bewegungsgleichungen berücksichtigt werden. Ferner stellen sich die Newton-Gleichungen als nicht forminvariant gegenüber Koordinatenformationen heraus.

Die *Lagrange-Mechanik* ist dagegen in allen Koordinatensystemen gültig. Ihr besonderer Vorteil liegt darin, daß die "unhandlichen" Zwangskräfte eliminiert sind. Die Lagrangeschen Bewegungsgleichungen erweisen sich als forminvariant unter Punkttransformationen. Sie werden aus fundamentalen Prinzipien, dem Differentialprinzip von d'Alembert oder dem Integralprinzip von Hamilton, abgeleitet, die die Newtonschen Axiome ersetzen. In holonomen, konservativen Systemen handelt es sich dabei um S Differentialgleichungen 2. Ordnung für S generalisierte Koordinaten $q_1, \dots q_S$, zu deren Lösung $2S$ Anfangsbedingungen vonnöten sind. Da es sich bei den generalisierten Koordinaten um beliebige physikalische Größen handeln kann, also nicht notwendig um *Längen*, werden die Lösungen der Bewegungsgleichungen entsprechend unanschaulich. Sie ergeben erst nach Rücktransformation auf die Teilchenkoordinaten $\mathbf{r}_1, \dots \mathbf{r}_N$ die klassischen *Teilchenbahnen*. Darin kann man einen gewissen Nachteil sehen, ebenso wie in der Tatsache, daß es kein einheitliches Konzept für die Behandlung aller denkbaren Typen von Zwangsbedingungen gibt.

Die nun zu besprechende *Hamilton-Mechanik* soll eine Brücke zwischen den klassischen und den nichtklassischen Theorien (Quantenmechanik, Statistische Mechanik) schlagen. Das wichtigste Ergebnis wird die Erkenntnis sein, daß Klassische Mechanik und Quantenmechanik als verschiedene Realisierungen ein und derselben übergeordneten, abstrakten mathematischen Struktur aufgefaßt werden können. — Beim Übergang von der Lagrange- zur Hamilton-Formulierung werden generalisierte Geschwindigkeiten durch generalisierte Impulse ersetzt:

$$(\mathbf{q}, \dot{\mathbf{q}}, t) \;\Rightarrow\; (\mathbf{q}, \mathbf{p}, t).$$

$\mathbf{q}$ und $\mathbf{p}$ werden als voneinander unabhängige Variable aufgefaßt. Das Resultat dieser Transformationen werden $2S$ Differentialgleichungen **erster** Ordung für S generalisierte Koordinaten $q_1, \ldots, q_S$ und S generalisierte Impulse $p_1, \ldots p_S$ sein. Die Zahl der zur Lösung benötigten Anfangsbedingungen bleibt damit bei $2S$. — Als Methode für den Koordinatenwechsel wird eine sogenannte *Legendre-Transformation* gewählt, deren Technik im nächsten Abschnitt vorgestellt werden soll.

2.1 Legendre-Transformation

Wir diskutieren als Einschub ein für die Theoretische Physik wichtiges mathematisches Verfahren zur Variablentransformation:

Gegeben sei eine Funktion $f = f(x)$ mit dem Differential

$$df = \frac{df}{dx}dx = u\,dx.$$

Gesucht sei eine Funktion $g \doteq g(u)$, für die

$$\frac{dg}{du} = \pm x$$

gilt. Diese findet man leicht wie folgt:

$$df = u\,dx = d(ux) - x\,du$$
$$\Longrightarrow\; d(f - ux) = -x\,du \;\Longrightarrow\; \frac{d}{du}(f - ux) = -x.$$

Man definiert deshalb:

Legendre-Transformierte von $f(x)$

$$g(u) = f(x) - ux = f(x) - x\frac{df}{dx}. \qquad (2.1)$$

Warum vollzieht man die Variablentransformation nicht einfach "durch Einsetzen"? An dem folgenden Beispiel kann man sich klarmachen, daß diese nicht reversibel wäre. Die Transformation

$$\frac{df}{dx} = u(x) \implies x = x(u) \implies \widetilde{f}(u) = f[u(x)]$$

würde zum Beispiel bedeuten, daß die Funktionen

$$f(x) = \alpha\, x^2 \qquad \text{und} \qquad \bar{f}(x) = \alpha(x+c)^2$$

dasselbe $\widetilde{f}(u)$ haben:

$$\left.\begin{array}{l} u = \dfrac{df}{dx} = 2\,\alpha\, x \\ \bar{u} = \dfrac{d\bar{f}}{dx} = 2\,\alpha(x+c) \end{array}\right\} \implies \left.\begin{array}{l} x = \dfrac{u}{2\alpha} \\ x = \dfrac{\bar{u}}{2\alpha} - c \end{array}\right\} \implies \begin{array}{l} \widetilde{f}(u) = \dfrac{u^2}{4\alpha} \\ \widetilde{f}(\bar{u}) = \dfrac{\bar{u}^2}{4\alpha}. \end{array}$$

Die Rücktransformation kann also nicht eindeutig sein. Eine Legendre-Transformation ist dagegen eindeutig, wie das folgende Schema verdeutlicht:

$$\begin{array}{ccccccc} & f(x) & & = & g(u) - u\dfrac{dg}{du} & \nwarrow & \\ & \downarrow & & & \uparrow & & \\ x = x(u) \longleftarrow & u = \dfrac{df}{dx} & & & -x = \dfrac{dg}{du} & \longrightarrow & u = u(x) \\ \searrow & \downarrow & & & \uparrow & & \\ & f(x) - x\dfrac{df}{dx} & & = & g(u). & & \end{array} \qquad (2.2)$$

Offensichtlich ist dieses Schema nur anwendbar, wenn noch

$$\frac{d^2f}{dx^2} \neq 0 \qquad (2.3)$$

gilt. Nur dann kann u wirklich eine Variable sein. Aus $\dfrac{d^2f}{dx^2} = 0$ würde nämlich $\dfrac{df}{dx} = u = \text{const.}$ folgen. In dem obigen Schema (2.2) gibt es keinen ausgezeichneten Punkt. Die Rücktransformation ist deshalb eindeutig.

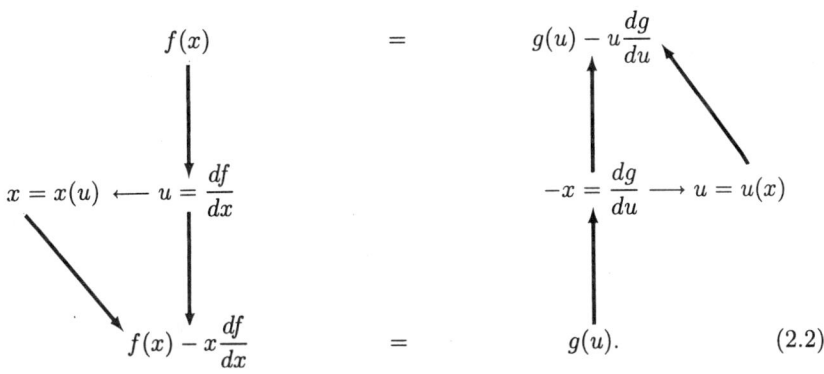

Wir wollen die Theorie auf Funktionen zweier Variabler ausdehnen. Gegeben sei

$$f = f(x,y) \implies df = u(x,y)\,dx + v(x,y)\,dy,$$

wobei gilt:

$$u(x,y) = \left(\frac{\partial f}{\partial x}\right)_y, \quad v(x,y) = \left(\frac{\partial f}{\partial y}\right)_x. \tag{2.4}$$

Gesucht wird

$$g = g(x,v) \implies dg = u\,dx - y\,dv$$

mit

$$u\big(x, y(x,v)\big) = \left(\frac{\partial g}{\partial x}\right)_v, \quad y(x,v) = -\left(\frac{\partial g}{\partial v}\right)_x. \tag{2.5}$$

Man bezeichnet x als die *passive*, y als die *aktive* Variable. Die gesuchte Funktion $g(x,v)$ findet man wie folgt:

$$\begin{aligned}
& df = u\,dx + v\,dy = u\,dx + d(vy) - y\,dv \\
& \implies d(f - vy) = u\,dx - y\,dv \\
& \implies \left(\frac{\partial(f - vy)}{\partial x}\right)_v = u, \quad \left(\frac{\partial(f - vy)}{\partial v}\right)_x = -y.
\end{aligned}$$

Man definiert nun:

$$g(x,v) = f(x,y) - vy = f(x,y) - y\left(\frac{\partial f}{\partial y}\right)_x. \tag{2.6}$$

Legendre-Transformierte

von $f(x,y)$ bezüglich y.

Das Transformationsschema (2.2) ist nur leicht abzuändern:

$$\begin{array}{ccccc}
 & f(x,y) & = & g(x,v) - v\left(\frac{\partial g}{\partial v}\right)_x & \\
 & \downarrow & & \uparrow & \\
y = y(x,v) \longleftarrow & v = \left(\frac{\partial f}{\partial y}\right)_x & & -y = \left(\frac{\partial g}{\partial v}\right)_x & \longrightarrow v = v(x,y) \\
 & \downarrow & & \uparrow & \\
 & f(x,y) - y\left(\frac{\partial f}{\partial y}\right)_x & = & g(x,v). &
\end{array} \tag{2.7}$$

2.2 Kanonische Gleichungen

2.2.1 Hamilton-Funktion

Wir transformieren die Lagrange-Funktion,

$$L = L(q_1, \dots, q_S, \dot{q}_1, \dots, \dot{q}_S, t),$$

mit den $\dot{q}_1, \dots, \dot{q}_S$ als aktive Variable, die durch die generalisierten Impulse

$$p_i = \frac{\partial L}{\partial \dot{q}_i}, \qquad i = 1, \dots, S$$

ersetzt werden sollen. Die negative Legendre-Transformierte ist nichts anderes als die bereits in (1.161) kennengelernte

Hamilton-Funktion

$$H(q_1, \dots, q_S, p_1, \dots, p_S, t) = \sum_{i=1}^{S} p_i \dot{q}_i - L(q_1, \dots, q_S, \dot{q}_1, \dots, \dot{q}_S, t). \tag{2.8}$$

Wir haben in Kapitel 1.4.1 gesehen, daß sie in enger Beziehung zur Energie des Systems steht. Wir wollen zunächst die aus der Hamilton-Funktion H folgenden Bewegungsgleichungen ableiten. Dazu bilden wir das totale Differential

$$\begin{aligned} dH &= \sum_{i=1}^{S} (dp_i\, \dot{q}_i + p_i\, d\dot{q}_i) - \sum_{i=1}^{S} \left(\frac{\partial L}{\partial q_i}\, dq_i + \frac{\partial L}{\partial \dot{q}_i}\, d\dot{q}_i \right) - \frac{\partial L}{\partial t}\, dt = \\ &= \sum_{i=1}^{S} \left(\dot{q}_i\, dp_i - \frac{\partial L}{\partial q_i}\, dq_i \right) - \frac{\partial L}{\partial t}\, dt. \end{aligned}$$

Wir nutzen noch die Lagrangeschen Bewegungsgleichungen aus:

$$dH = \sum_{i=1}^{S} (\dot{q}_i\, dp_i - \dot{p}_i\, dq_i) - \frac{\partial L}{\partial t}\, dt. \tag{2.9}$$

Andererseits gilt natürlich auch:

$$dH = \sum_{i=1}^{S} \left(\frac{\partial H}{\partial p_i}\, dp_i + \frac{\partial H}{\partial q_i}\, dq_i \right) + \frac{\partial H}{\partial t}\, dt. \tag{2.10}$$

Da q_i, p_i, t unabhängige Koordinaten sind, folgt aus dem direkten Vergleich von (2.9) und (2.10):

$$\dot{q}_i = \frac{\partial H}{\partial p_i}, \qquad i = 1, \ldots, S, \tag{2.11}$$

$$\dot{p}_i = -\frac{\partial H}{\partial q_i}, \qquad i = 1, \ldots, S, \tag{2.12}$$

$$-\frac{\partial L}{\partial t} = \frac{\partial H}{\partial t}. \tag{2.13}$$

Dies sind die

Hamiltonschen Bewegungsgleichungen,

die man auch die

Kanonischen Gleichungen

nennt. Das sind $2S$ Bewegungsgleichungen, von 1. Ordnung in der Zeit, die an die Stelle der S Lagrange-Gleichungen treten, die von 2. Ordnung sind. Man beachte die hohe Symmetrie der Gleichungen bezüglich der q_i und der p_i. Sie beschreiben die Bewegung des Systems im abstrakten $2S$-dimensionalen

Phasenraum,

der durch die Variablen q_i und p_i aufgespannt wird.

Wir sollten uns noch etwas mit der physikalischen Bedeutung der Hamilton-Funktion beschäftigen. Dazu erinnern wir uns an die allgemeine Gestalt (1.41) der Lagrange-Funktion L:

$$L = T - V = L_2 + L_1 + L_0.$$

Die L_1 sind dabei homogene Funktionen der generalisierten Geschwindigkeiten $\dot{q}_j$ vom Grad i (1.45). Dies bedeutet (s. (1.163)):

$$\sum_{j=1}^{S} \frac{\partial L}{\partial \dot{q}_j} \dot{q}_j = 2L_2 + L_1. \tag{2.14}$$

Aus (2.8) folgt dann für die Hamilton-Funktion:

$$H = L_2 - L_0. \tag{2.15}$$

Sie enthält also nicht den Term L_1. Bei **skleronomen Zwangsbedingungen** (genauer bei $\partial \mathbf{r}_i / \partial t \equiv 0$) sind noch (1.38) und (1.39) $\alpha = \alpha_j = 0$. Dies bedeutet:

$$L_0 = -V, \quad L_1 = 0, \quad L_2 = T. \tag{2.16}$$

H ist dann mit der Gesamtenergie identisch:

$$H = T + V = E. \tag{2.17}$$

Wegen des fehlenden Terms L_1 gilt das nicht mehr bei **rheonomen Zwangsbedingungen**, die zu $\partial \mathbf{r}_i / \partial t \neq 0$ führen.

Für das totale Zeitdifferential von H finden wir:

$$\frac{dH}{dt} = \sum_{j=1}^{S} \left\{ \frac{\partial H}{\partial q_j} \dot{q}_j + \frac{\partial H}{\partial p_j} \dot{p}_j \right\} + \frac{\partial H}{\partial t} = \sum_{j=1}^{S} \left\{ \frac{\partial H}{\partial q_j} \frac{\partial H}{\partial p_j} - \frac{\partial H}{\partial p_j} \frac{\partial H}{\partial q_j} \right\} + \frac{\partial H}{\partial t}.$$

Totale und partielle Ableitungen von H nach der Zeit sind also identisch:

$$\frac{dH}{dt} = \frac{\partial H}{\partial t} = -\frac{\partial L}{\partial t}. \tag{2.18}$$

H ist demnach ein *Integral der Bewegung*, falls keine explizite Zeitabhängigkeit vorliegt:

$$H = \text{const.} \iff \frac{\partial H}{\partial t} = 0. \tag{2.19}$$

Nach (2.17) ist dies der Energiesatz, falls keine rheonomen Zwangsbedingungen vorliegen. Ist dies doch der Fall, so ist $L_1 \neq 0$ und damit H nicht die Gesamtenergie.

Der Hamilton-Formalismus wird insbesondere dann vorteilhaft, wenn zyklische Koordinaten vorliegen. Wir erinnern uns:

$$q_j \quad \text{zyklisch} \iff \frac{\partial L}{\partial q_j} = 0 \iff p_j = \text{const.} = c_j. \tag{2.20}$$

Dies bedeutet aber auch

$$\dot{p}_j = 0 = -\frac{\partial H}{\partial q_j}, \tag{2.21}$$

so daß eine zyklische Koordinate q_j auch in H nicht erscheint. Der zugehörige Impuls $p_j = c_j$ ist keine echte Variable, sondern durch Anfangsbedingungen festgelegt. H enthält nur noch $(2S - 2)$ Variable, die Zahl der Freiheitsgrade hat praktisch von S auf $(S - 1)$ abgenommen:

$$H = H\left(q_1, \ldots, q_{j-1}, q_{j+1}, \ldots, q_S, p_1, \ldots, p_{j-1}, p_{j+1}, \ldots, p_S, t | c_j\right). \tag{2.22}$$

Dagegen enthält die Lagrange-Funktion L noch **alle** $\dot{q}_j$, die Zahl der Freiheitsgrade bleibt unverändert:

$$L = L\left(q_1, \ldots, q_{j-1}, q_{j+1}, \ldots, q_S, \dot{q}_1, \ldots, \dot{q}_S, t\right). \tag{2.23}$$

Was den rechentechnischen Aspekt angeht, so kann man sagen, daß der Hamilton- gegenüber dem Lagrange-Formalismus eigentlich nur bei zyklischen Koordinaten einen wirklichen Vorteil bietet. Im sogenannten

Routh-Formalismus,

der eine Zwischenstellung zwischen Lagrange- und Hamilton-Formalismus einnimmt, wird die Legendre-Transformation $\{\mathbf{q}, \dot{\mathbf{q}}, t\} \rightarrow \{\mathbf{q}, \mathbf{p}, t\}$ deshalb nur für zyklische Koordinaten durchgeführt, da nur dann ein Vorteil erkennbar ist. Seien

$$q_1, q_2, \ldots, q_n \qquad \text{zyklische Koordinaten,}$$

dann sind $\dot{q}_1, \ldots, \dot{q}_n$ die aktiven und $q_1, \ldots q_S, \dot{q}_{n+1}, q \cdots \dot{q}_S$ die passiven Transformationsvariablen. Dies ergibt die

Routh-Funktion.

$$R(q_1 \ldots q_S,\, p_1, \ldots p_n,\, \dot{q}_{n+1}, \ldots \dot{q}_S,\, t) =$$
$$= \sum_{i=1}^{n} \left(\frac{\partial L}{\partial \dot{q}_i}\right) \dot{q}_i - L = \sum_{i=1}^{n} p_i \dot{q}_i - L = H - \sum_{i=n+1}^{S} p_i \dot{q}_i. \tag{2.24}$$

Für $n = S$ ist natürlich $R = H$ und für $n = 0$ ist $R = -L$. Die Bewegungsgleichungen bestimmen wir über das totale Differential der Routh-Funktion:

$$dR = \sum_{i=1}^{S} \left(\frac{\partial R}{\partial q_i}\right) dq_i + \sum_{i=1}^{n} \left(\frac{\partial R}{\partial p_i}\right) dp_i + \sum_{i=n+1}^{S} \left(\frac{\partial R}{\partial \dot{q}_i}\right) d\dot{q}_i + \left(\frac{\partial R}{\partial t}\right) dt =$$
$$= \sum_{i=1}^{n} (p_i\, d\dot{q}_i + \dot{q}_i\, dp_i) - \sum_{i=1}^{S} \left(\frac{\partial L}{\partial q_i}\right) dq_i - \sum_{i=1}^{S} \left(\frac{\partial L}{\partial \dot{q}_i}\right) d\dot{q}_i - \left(\frac{\partial L}{\partial t}\right) dt =$$
$$= \sum_{i=1}^{n} \dot{q}_i\, dp_i - \sum_{i=1}^{S} \left(\frac{\partial L}{\partial q_i}\right) dq_i - \sum_{i=n+1}^{S} \left(\frac{\partial L}{\partial \dot{q}_i}\right) d\dot{q}_i - \left(\frac{\partial L}{\partial t}\right) dt.$$

Der Koeffizientenvergleich ergibt:

$$\frac{\partial R}{\partial p_i} = \dot{q}_i, \qquad i = 1, \ldots, n, \tag{2.25}$$
$$\frac{\partial R}{\partial q_i} = -\frac{\partial L}{\partial q_i} = -\dot{p}_i, \qquad i = 1, \ldots, n, \tag{2.26}$$
$$\frac{\partial R}{\partial t} = -\frac{\partial L}{\partial t}. \tag{2.27}$$

Dies entspricht den Hamiltonschen Bewegungsgleichungen für die zyklischen Koordinaten.

$$\frac{\partial R}{\partial q_i} = -\frac{\partial L}{\partial q_i} = -\dot{p}_i, \qquad i = n+1, \dots, S, \tag{2.28}$$

$$\frac{\partial R}{\partial \dot{q}_i} = -\frac{\partial L}{\partial \dot{q}_i} = -p_i, \qquad i = n+1, \dots, S. \tag{2.29}$$

Diese beiden letzten Gleichungen lassen sich zu

$$\frac{d}{dt}\frac{\partial R}{\partial \dot{q}_i} - \frac{\partial R}{\partial q_i} = 0, \qquad i = n+1, \dots, S \tag{2.30}$$

zusammenfassen. Für die nicht-zyklischen Koordinaten ergeben sich also die Lagrangeschen Bewegungsgleichungen.

Da $\partial L/\partial q_i = 0$ für $i = 1, \dots, n$ gilt, ist auch

$$\frac{\partial R}{\partial q_i} = -\dot{p}_i = 0 \iff p_i = \text{const.}_i = c_i. \tag{2.31}$$

Zyklische Koordinaten erscheinen also weder in L oder H noch in R. Die zugehörigen Impulse treten nur als durch Anfangsbedingungen festgelegte Parameter auf:

$$R = R\big(q_{n+1}, \dots, q_S, \dot{q}_{n+1}, \dots, \dot{q}_S, t | c_1, \dots, c_n\big). \tag{2.32}$$

Der Routh-Formalismus bringt gegenüber der Hamilton-Formulierung keine entscheidenden rechentechnischen Vorteile. Er hat sich deshalb nicht durchsetzen können. Wir werden im Rahmen unserer Darstellung hier nicht weiter auf ihn eingehen.

2.2.2 Einfache Beispiele

Die Theorie des letzten Kapitels zur Lösung mechanischer Probleme im Rahmen des Hamilton-Formalismus läßt sich in dem folgenden Schema zusammenfassen:

1) Generalisierte Koordinaten festlegen:

$$\mathbf{q} \equiv \big(q_1, q_2, \dots q_S\big).$$

2) Transformationsgleichungen aufstellen:

$$\begin{aligned} \mathbf{r}_i &= \mathbf{r}_i\big(q_1, \dots, q_S, t\big), \\ \dot{\mathbf{r}}_i &= \dot{\mathbf{r}}_i\big(\mathbf{q}, \dot{\mathbf{q}}, t\big). \end{aligned} \qquad i = 1, 2, \dots, N$$

3) Kinetische und potentielle Energie in den Teilchenkoordinaten formulieren, dann 2) einsetzen:

$$L(\mathbf{q}, \dot{\mathbf{q}}, t) = T(\mathbf{q}, \dot{\mathbf{q}}, t) - V(\mathbf{q}, t) \qquad \text{(konservatives System).}$$

4) Generalisierte Impulse berechnen:

$$p_j = \frac{\partial L}{\partial \dot{q}_j} \implies p_j = p_j(\mathbf{q}, \dot{\mathbf{q}}, t), \qquad j = 1, 2, \ldots, S.$$

5) Auflösen nach $\dot{q}_j$:

$$\dot{q}_j = \dot{q}_j(\mathbf{q}, \mathbf{p}, t), \qquad j = 1, 2, \ldots, S.$$

6) Lagrange-Funktion:

$$L(\mathbf{q}, \dot{\mathbf{q}}(\mathbf{q}, \mathbf{p}, t), t) = \widetilde{L}(\mathbf{q}, \mathbf{p}, t).$$

7) Legendre-Transformation:

$$H(\mathbf{q}, \mathbf{p}, t) = \sum_{j=1}^{S} p_j \, \dot{q}_j(\mathbf{q}, \mathbf{p}, t) - \widetilde{L}(\mathbf{q}, \mathbf{p}, t).$$

8) Kanonische Gleichungen aufstellen und integrieren.

Wir wollen zur Übung nach diesem Schema die Hamilton-Funktionen und die Hamiltonschen Bewegungsgleichungen für ein paar sehr einfache Beispiele ableiten.

1) Pendelschwingung

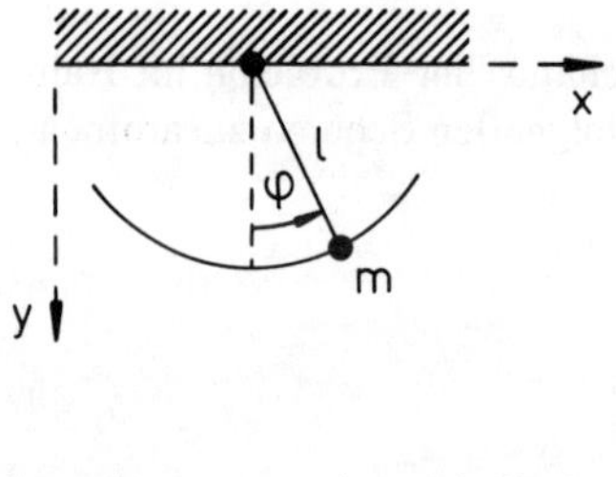

Der Massenpunkt m unterliegt den Zwangsbedingungen

$$z = \text{const.} = 0,$$
$$x^2 + y^2 = l^2 = \text{const.},$$

hat also genau einen Freiheitsgrad ($S = 1$). Mit der generalisierten Koordinate

$$q = \varphi$$

folgen die Transformationsformeln:

$$x = l \sin q; \quad y = l \cos q,$$
$$\dot{x} = l\,\dot{q} \cos q, \quad \dot{y} = -l\,\dot{q} \sin q.$$

Kinetische und potentielle Energie lauten dann:

$$T = \frac{1}{2} m(\dot{x}^2 + \dot{y}^2) = \frac{1}{2} m\, l^2 \dot{q}^2,$$
$$V = -m\, g\, y = -m\, g\, l \cos q$$
$$\Longrightarrow \quad L = T - V = \frac{1}{2} m\, l^2 \dot{q}^2 + m\, g\, l \cos q.$$

Daraus leiten wir den generalisierten Impuls p ab:

$$p = \frac{\partial L}{\partial \dot{q}} = m\, l^2\, \dot{q} \Longrightarrow \dot{q} = \frac{p}{m\, l^2}.$$

Dies setzen wir in $L(\mathbf{q}, \dot{\mathbf{q}})$ ein,

$$\widetilde{L}(\mathbf{q}, \mathbf{p}) = \frac{p^2}{2m\, l^2} + m\, g\, l \cos q,$$

und führen damit die Legendre-Transformationen durch:

$$H = p\,\dot{q} - L = \frac{p^2}{m\, l^2} - \widetilde{L}(\mathbf{q}, \mathbf{p})$$
$$\Longrightarrow \quad H = \frac{p^2}{2m\, l^2} - m\, g\, l \cos q. \tag{2.33}$$

Die Hamiltonschen Bewegungsgleichungen

$$\dot{q} = \frac{\partial H}{\partial p} = \frac{p}{m\, l^2} \quad \Longrightarrow \quad \dot{p} = m\, l^2 \ddot{q},$$
$$\dot{p} = -\frac{\partial H}{\partial q} = -m\, g\, l \sin q$$

ergeben zusammengesetzt die bekannte *Schwingungsgleichung*:

$$\ddot{q} + \frac{g}{l} \sin q = 0. \tag{2.34}$$

2) Harmonischer Oszillator

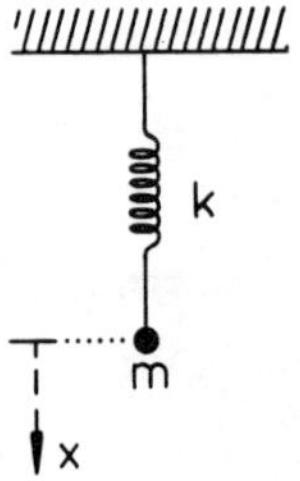

Wir denken an eine Feder mit der Federkonstanten k, die dem Hookeschen Gesetz

$$F = -k\,x$$

folgt, wenn x die Auslenkung aus der Ruhelage darstellt. Die Zwangsbedingungen

$$y = z \equiv 0$$

sorgen für eine eindimensionale Bewegung der Masse m. Mit der generalisierten Koordinate

$$q = x$$

folgt unmittelbar:

$$T = \frac{1}{2} m\,\dot{q}^2, \quad V = \frac{1}{2} k\,q^2, \quad L = \frac{1}{2} m\,\dot{q}^2 - \frac{1}{2} k\,q^2.$$

Wir ersetzen in der letzten Gleichung $\dot{q}$ durch den generalisierten Impuls

$$p = \frac{\partial L}{\partial \dot{q}} = m\,\dot{q}.$$

Mit

$$\widetilde{L}(q,p) = \frac{p^2}{2\,m} - \frac{1}{2}\,k\,q^2$$

finden wir die Hamilton-Funktionen $H = p\,\dot{q} - \widetilde{L}$ des harmonischen Oszillators:

$$H = \frac{p^2}{2\,m} + \frac{1}{2}\,m\,\omega_0^2 q^2, \qquad \omega_0^2 = \frac{k}{m}. \tag{2.35}$$

Es handelt sich um ein konservatives System mit skleronomen Zwangsbedingungen. Wegen

$$\frac{\partial H}{\partial t} = 0 \iff H = E = \text{const.}$$

ist H mit der konstanten Gesamtenergie E identisch. Formt man dann (2.35) noch etwas um,

$$\frac{p^2}{2\,m\,E} + \frac{q^2}{\frac{2\,E}{m\,\omega_0^2}} = 1, \tag{2.36}$$

so ergibt sich die Mittelpunktsgleichung einer Ellipse. Die Bahn des Systems im (q,p)-Phasenraum ist also eine Ellipse mit den Halbachsen

$$a = \sqrt{2\,m\,E} \qquad \text{und} \qquad b = \sqrt{\frac{2\,E}{m\,\omega_0^2}}.$$

Dic kanonischen Gleichungen

$$\dot{p} = -\frac{\partial H}{\partial q} = -m\,\omega_0^2 q,$$
$$\dot{q} = \frac{\partial H}{\partial p} = \frac{p}{m} \implies \dot{p} = m\,\ddot{q}$$

führen direkt zur Schwingungsgleichung:

$$\ddot{q} + \omega_0^2 q = 0. \tag{2.37}$$

3) Teilchen im elektromagnetischen Feld

Die Bewegung eines Teilchens der Masse m und der Ladung $\bar{q}$ im elektromagnetischen Feld haben wir bereits in Kapitel 1.2.3 untersucht. Das Teilchen unterliegt der nicht-konservativen *Lorentz-Kraft*

$$\mathbf{F} = \bar{q}(\mathbf{E} + \mathbf{v} \times \mathbf{B}),$$

wenn $\mathbf{v}$ seine Geschwindigkeit ist. Wir hatten mit (1.78) das verallgemeinerte Potential

$$U = \bar{q}(\varphi - \mathbf{v} \cdot \mathbf{A})$$

der Lorentz-Kraft abgeleitet, für das

$$Q_j = \mathbf{F} \cdot \frac{\partial \mathbf{r}}{\partial q_j} = F_j = \frac{d}{dt}\frac{\partial U}{\partial \dot{q}_j} - \frac{\partial U}{\partial q_j}$$

gilt, wenn man als generalisierte die kartesischen Koordinaten wählt. Für die Lagrange-Funktion ergab sich (1.79):

$$L = \frac{1}{2}\,m\,\dot{\mathbf{r}}^2 + \bar{q}(\dot{\mathbf{r}} \cdot \mathbf{A}) - \bar{q}\,\varphi = T - U.$$

Als generalisierten Impuls, der vom mechanischen Impuls zu unterscheiden ist, haben wir dann

$$\mathbf{p} = m\,\dot{\mathbf{r}} + \bar{q}\,\mathbf{A}(\mathbf{r},t). \tag{2.38}$$

Dies führt über

$$H = \mathbf{p} \cdot \dot{\mathbf{r}} - L = m\,\dot{\mathbf{r}}^2 + \bar{q}\,\mathbf{A} \cdot \dot{\mathbf{r}} - \frac{1}{2}m\,\dot{\mathbf{r}}^2 - \bar{q}(\dot{\mathbf{r}} \cdot \mathbf{A}) + \bar{q}\,\varphi$$

zur Hamilton-Funktion

$$H = \frac{1}{2m}\left(\mathbf{p} - \bar{q}\,\mathbf{A}(\mathbf{r},t)\right)^2 + \bar{q}\,\varphi(\mathbf{r},t), \tag{2.39}$$

die sich als mit der Gesamtenergie identisch erweist, was bei verallgemeinerten Potentialen durchaus nicht selbstverständlich ist. Der Ausdruck (2.39) wird uns in der Quantenmechanik, dann als Hamilton-**Operator**, noch ausführlich beschäftigen.

4) Teilchen ohne Zwang

Selbst wenn das Teilchen keinen Zwangsbedingungen unterliegt, kann die Symmetrie des Problems die Verwendung spezieller krummliniger Koordinaten nahelegen, zum Beispiel, um möglichst viele Koordinaten zyklisch werden zu lassen. Wir wollen deshalb für ein konservatives System die Hamilton-Funktion in den drei gebräuchlichsten Koordinatensystemen formulieren.

a) Kartesische Koordinaten (x, y, z)

Da keine Zwangsbedingungen vorliegen sollen, gilt natürlich $H = T + V$ bzw. $L = T - V$:

$$H = \frac{1}{2m}\left(p_x^2 + p_y^2 + p_z^2\right) + V(x, y, z). \tag{2.40}$$

Die generalisierten Impulse sind in diesem Fall mit den mechanischen Linearimpulsen identisch:

$$p_x = \frac{\partial L}{\partial \dot{x}} = m\,\dot{x}; \quad p_y = \frac{\partial L}{\partial \dot{y}} = m\,\dot{y}, \quad p_z = \frac{\partial L}{\partial \dot{z}} = m\,\dot{z}. \tag{2.41}$$

b) Zylinderkoordinaten (ρ, φ, z)

Nach ((1.253), Bd. 1) gelten die Transformationsformeln:

$$x = \rho\,\cos\varphi; \quad y = \rho\,\sin\varphi; \quad z = z.$$

Daraus ergeben sich die Geschwindigkeiten:

$$\dot{x} = \dot{\rho}\,\cos\varphi - \rho\,\dot{\varphi}\,\sin\varphi; \quad \dot{y} = \dot{\rho}\,\sin\varphi + \rho\,\dot{\varphi}\,\cos\varphi; \quad \dot{z} = \dot{z}.$$

Kinetische und potentielle Energie,

$$T = \frac{1}{2} m(\dot{x}^2 + \dot{y}^2 + \dot{z}^2) = \frac{1}{2} m \left(\dot{\rho}^2 + \rho^2 \dot{\varphi}^2 + \dot{z}^2\right),$$
$$V = V(\rho, \varphi, z),$$

führen über die Lagrange-Funktion $L = T - V$ zu den generalisierten Impulsen:

$$p_\rho = \frac{\partial L}{\partial \dot{\rho}} = m\,\dot{\rho}; \quad p_\varphi = \frac{\partial L}{\partial \dot{\varphi}} = m\,\rho^2\,\dot{\varphi}; \quad p_z = \frac{\partial L}{\partial \dot{z}} = m\,\dot{z}. \tag{2.42}$$

Mit

$$H = p_\rho\,\dot{\rho} + p_\varphi\,\dot{\varphi} + p_z\,\dot{z} - L$$

folgt für die Hamilton-Funktion:

$$H = \frac{1}{2m}\left(p_\rho^2 + \frac{p_\varphi^2}{\rho^2} + p_z^2\right) + V(\rho, \varphi, z). \tag{2.43}$$

c) Kugelkoordinaten (r, ϑ, φ)

Nach ((1.261), Bd. 1) lauten nun die Transformationsformeln:

$$x = r\,\sin\vartheta\,\cos\varphi; \quad y = r\,\sin\vartheta\,\sin\varphi; \quad z = r\,\cos\vartheta.$$

Damit berechnet man leicht:

$$T = \frac{1}{2} m\left(\dot{r}^2 + r^2\dot{\vartheta}^2 + r^2\sin^2\vartheta\,\dot{\varphi}^2\right); \quad V = V(r, \vartheta, \varphi).$$

Dies ergibt mit $L = T - V$ die generalisierten Impulse:

$$p_r = \frac{\partial L}{\partial \dot{r}} = m\,\dot{r}; \quad p_\vartheta = \frac{\partial L}{\partial \dot{\vartheta}} = m\,r^2\dot{\vartheta}; \quad p_\varphi = \frac{\partial L}{\partial \dot{\varphi}} = m\,r^2\sin^2\vartheta\;\dot{\varphi}. \tag{2.44}$$

Die Hamilton-Funktion lautet dann:

$$H = \frac{1}{2m}\left(p_r^2 + \frac{p_\vartheta^2}{r^2} + \frac{p_\varphi^2}{r^2\sin^2\vartheta}\right) + V(r, \vartheta, \varphi). \tag{2.45}$$

2.3 Wirkungsprinzipien

Wir haben in Kapitel 1.3.3 das Integralprinzip von Hamilton kennengelernt, aus dem wir die fundamentalen Lagrange-Gleichungen ableiten konnten. Typisch für **Integral**prinzipien ist der Vergleich von **endlichen** Bahnstücken, die das System in einer **endlichen** Zeitspanne durchläuft, mit ihren zugeordneten *gedachten* (*virtuellen*) Nachbar-Bahnstücken. Nach Art dieser Zuordnung unterscheidet man nun verschiedene Integralprinzipien, von denen wir die wichtigsten in diesem Abschnitt diskutieren und gegenüberstellen wollen.

2.3.1 Modifiziertes Hamiltonsches Prinzip

Wir wollen das in Kapitel 1.3 besprochene Hamiltonsche Prinzip, dessen Vorteil unter anderem auch darin besteht, daß es auch auf Systeme anwendbar ist, die nicht typisch mechanischer Natur sind, nun so umformulieren, daß die Äquivalenz zu den Hamiltonschen Bewegungsgleichungen klar ist. Dazu erinnern wir uns noch einmal kurz an die wesentlichen Elemente dieses Prinzips. Es besagt, daß die Systembewegung so erfolgt, daß das *Wirkungsfunktional*

$$S\{\mathbf{q}(t)\} = \int_{t_1}^{t_2} L(\mathbf{q}(t), \dot{\mathbf{q}}(t), t)\, dt \tag{2.46}$$

auf der Menge M der Konfigurationsbahnen $\mathbf{q}(t)$,

$$M \equiv \{\mathbf{q}(t) : \mathbf{q}(t_1) = \mathbf{q}_a, \mathbf{q}(t_2) = \mathbf{q}_e\}, \tag{2.47}$$

für die tatsächliche Bahn extremal wird:

$$(\delta S)_M \stackrel{!}{=} 0. \tag{2.48}$$

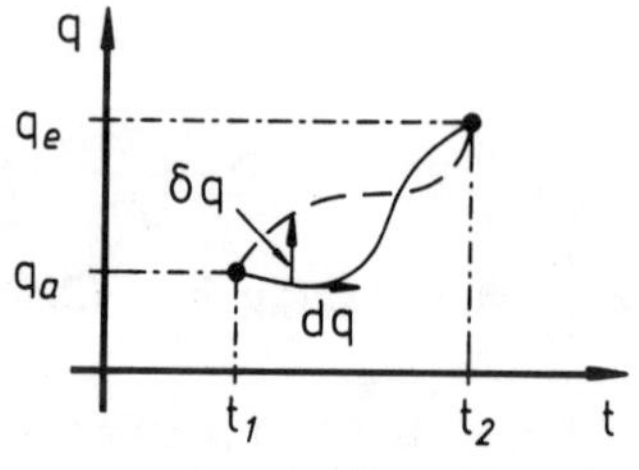

Von entscheidender Bedeutung für die Auswertung des Prinzips ist die **Variationsvorschrift:** Die Variation des Wirkungsfunktionals S erfolgt durch Variation des Bahnstücks zwischen den festen Endkonfigurationen $\mathbf{q}_a = \mathbf{q}(t_1)$ und $\mathbf{q}_e = \mathbf{q}(t_2)$. Die Bahnpunkte gehen durch virtuelle Verrückungen δq auseinander hervor, die stets bei festgehaltener Zeit ($\delta t = 0$) durchgeführt werden und deshalb nicht mit tatsächlichen Verrückungen $d\mathbf{q}$ identisch zu sein brauchen. Die Auswertung des Hamiltonschen Prinzips erfolgt über eine *Parameterdarstellung* der Konkurrenzbahnen:

$$q_{j\alpha}(t) = q_j(t) + \gamma_{j\alpha}(t), \qquad j = 1, 2, \ldots, S. \tag{2.49}$$

$q_j(t)$ ist die tatsächliche Bahn und $\gamma_{j\alpha}(t)$ eine hinreichend oft differenzierbare Funktion mit

$$\gamma_{j\alpha}(t_1) = \gamma_{j\alpha}(t_2) = 0 \quad \forall\alpha, \tag{2.50}$$

$$\gamma_{j\alpha=0}(t) \equiv 0. \tag{2.51}$$

Damit ist dann zu berechnen:

$$\delta S = S\{\mathbf{q}_{d\alpha}(t)\} - S\{\mathbf{q}_0(t)\} = \left(\frac{dS(\alpha)}{d\alpha}\right)_{\alpha=0} d\alpha, \tag{2.52}$$

$$\delta\mathbf{q} = \left(\frac{\partial\mathbf{q}_\alpha}{\partial\alpha}\right)_{\alpha=0} d\alpha. \tag{2.53}$$

Damit ist die δ-Variation durch gewöhnliches Differenzieren darstellbar:

$$\delta \iff d\alpha\frac{\partial}{\partial\alpha}. \tag{2.54}$$

Auf diese Weise haben wir aus dem Hamiltonschen Prinzip die Lagrangeschen Gleichungen abgeleitet.

Wir ersetzen nun formal im Wirkungsfunktional S die Lagrange-Funktion mit Hilfe des Ausdrucks (2.8) durch die Hamilton-Funktion:

Modifiziertes Hamiltonsches Prinzip

$$\delta S = \delta\int_{t_1}^{t_2} dt\left(\sum_{j=1}^{S} p_j\,\dot{q}_j - H(\mathbf{p},\mathbf{q},t)\right) \stackrel{!}{=} 0. \tag{2.55}$$

Neu ist nun, daß die Impulse p_j neben den q_j unabhängige, gleichberechtigte Variable sind. Die Bahnvariation hat deshalb im

Phasenraum

zu erfolgen, der durch die q_j und die p_j aufgespannt wird:

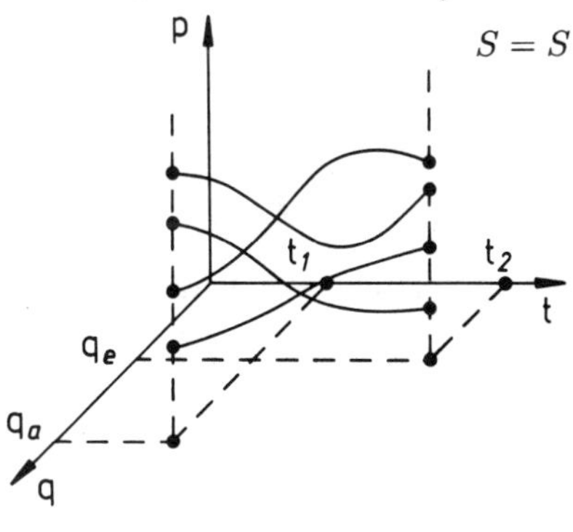

$$S = S\{\mathbf{q}(t),\, \mathbf{p}(t)\}. \tag{2.56}$$

Bezüglich der Koordinaten q_j gelten dieselben Bedingungen wie in der alten Version (2.47). Analog zu (2.49) führen wir nun auch für die Impulse eine *Parameterdarstellung* ein:

$$p_{j\alpha}(t) = p_j(t) + \hat{\gamma}_{j\alpha}(t), \quad j = 1, 2, \ldots, S. \tag{2.57}$$

Die Projektion der zugelassenen Phasenraumbahnen auf die $(\mathbf{q}, t)$-Ebene müssen für t_1 und t_2 übereinstimmen. Dagegen muß **nicht** notwendig $\hat{\gamma}_{j\alpha}(t_1) = \hat{\gamma}_{j\alpha}(t_2) = 0$ sein; lediglich

$$\hat{\gamma}_{j\alpha=0}(t) \equiv 0 \tag{2.58}$$

ist zu fordern.

Mit (2.54) und (2.55) haben wir nun auszuwerten:

$$\delta S = d\alpha \left\{ \frac{\partial}{\partial \alpha} \int_{t_1}^{t_2} dt \left(\sum_{j=1}^{S} p_{j\alpha}\, \dot{q}_{j\alpha} - H\big(\mathbf{p}_\alpha, \mathbf{q}_\alpha, t\big) \right) \right\}_{\alpha=0} \overset{!}{=} 0. \tag{2.59}$$

Die Zeiten werden nicht mitvariiert, so daß sich die Ableitung nach α in den Integranden ziehen läßt:

$$\begin{aligned} 0 = \delta S = d\alpha \int_{t_1}^{t_2} dt \sum_{j=1}^{S} \bigg(&\frac{\partial p_{j\alpha}}{\partial \alpha} \dot{q}_{j\alpha} + p_{j\alpha} \frac{\partial \dot{q}_{j\alpha}}{\partial \alpha} - \\ &- \frac{\partial H}{\partial q_{j\alpha}} \frac{\partial q_{j\alpha}}{\partial \alpha} - \frac{\partial H}{\partial p_{j\alpha}} \frac{\partial p_{j\alpha}}{\partial \alpha} \bigg)_{\alpha=0} . \end{aligned} \tag{2.60}$$

Wir nutzen

$$\frac{\partial \dot{q}_{j\alpha}}{\partial \alpha} = \frac{d}{dt} \frac{\partial q_{j\alpha}}{\partial \alpha}$$

aus und führen eine partielle Integration durch:

$$\begin{aligned} d\alpha \left\{ \int_{t_1}^{t_2} dt\, p_{j\alpha} \frac{\partial \dot{q}_{j\alpha}}{\partial \alpha} \right\}_{\alpha=0} &= d\alpha \left\{ p_{j\alpha} \frac{\partial q_{j\alpha}}{\partial \alpha} \right\}_{\alpha=0} \bigg|_{t_1}^{t_2} - \\ &\quad - d\alpha \left\{ \int_{t_1}^{t_2} dt\, \dot{p}_{j\alpha} \frac{\partial q_{j\alpha}}{\partial \alpha} \right\}_{\alpha=0} . \end{aligned}$$

Da die virtuellen Verrückungen δq_j an den Endpunkten nach Voraussetzung Null sind, verschwindet der erste Term. Mit (2.53) und dem analogen Ausdruck für die Impulse

$$\delta p_j = \left(\frac{\partial p_{j\alpha}}{\partial \alpha} \right)_{\alpha=0} d\alpha \tag{2.61}$$

folgt dann aus (2.59):

$$0 \stackrel{!}{=} \delta S = \int_{t_1}^{t_2} dt \sum_{j=1}^{S} \left[\delta p_j \left(\dot{q}_j - \frac{\partial H}{\partial p_j} \right) - \delta q_j \left(\dot{p}_j + \frac{\partial H}{\partial q_j} \right) \right].$$

δq_j, δp_j sind beliebig wählbar. Deswegen folgen aus diesem Ausdruck die Hamiltonschen Bewegungsgleichungen (2.11) und (2.12):

$$\dot{q}_j = \frac{\partial H}{\partial p_j}; \quad \dot{p}_j = -\frac{\partial H}{\partial q_j}, \qquad j = 1, 2, \ldots, S. \tag{2.62}$$

2.3.2 Prinzip der kleinsten Wirkung

Ein weiteres Prinzip geht auf Maupertius (1747) zurück, das von derselben Aussagekraft wie das Hamiltonsche Prinzip ist. Wir werden es hier formulieren und seine Äquivalenz zum Hamiltonschen Prinzip beweisen. Wir definieren:

Wirkung: $$A = \int_{t_1}^{t_2} \sum_{j=1}^{S} p_j \, \dot{q}_j \, dt. \tag{2.63}$$

A hat die Dimension *Energie · Zeit*. Wir formulieren das *Prinzip der kleinsten Wirkung* als

Satz:

Für konservative Systeme mit

$$H = T + V = E = const. \tag{2.64}$$

gilt:

$$\Delta A = \Delta \int_{t_1}^{t_2} dt \sum_{j=1}^{S} p_j \, \dot{q}_j = 0 \tag{2.65}$$

für die vom System tatsächlich durchlaufene Phasenbahn.

Um den Satz überhaupt verstehen zu können, muß die neue Bahnvariation Δ sehr sorgfältig definiert werden. Die im Hamiltonschen Prinzip (1.113) und (2.55) zur

δ – Variation

zugelassenen Bahnen gehen durch virtuelle Verrückungen δq, die bei festgehaltener Zeit durchgeführt werden, auseinander hervor. Alle Bahnen nehmen für t_1, t_2 dieselben Endkonfigurationen q_a, q_e an. Gemeinsames Merkmal aller Bahnen ist also dieselbe Durchlaufzeit! Auch bei der

$$\Delta - \text{Variation}$$

sollen die Endkonfigurationen fest sein:

$$\Delta \mathbf{q}_a = \Delta \mathbf{q}_e = 0. \tag{2.66}$$

Das gemeinsame Merkmal aller zur Variation zugelassenen Bahnen ist nun dieselbe Hamilton-Funktion:

$$\Delta H = 0 \iff \Delta T = -\Delta V. \tag{2.67}$$

Die *Durchlaufzeiten* für die verschiedenen Bahnstrecken brauchen dagegen nicht dieselben zu sein.

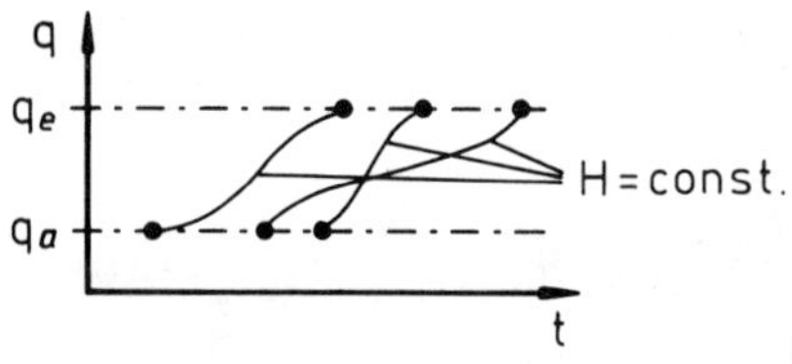

Es kann durchaus sein, daß gewisse Bahnen für beide Variationsverfahren (δ, Δ) zugelassen sind, wobei das System diese aber mit unterschiedlichen Geschwindigkeiten durchläuft, einmal um eine vorgegebene Durchlaufzeit zu realisieren (δ), zum anderen um $H=$ const. zu gewährleisten (Δ).

Da bei der Δ-Variation die Durchlaufzeiten nicht mehr gleich sein müssen, muß die Zeit nun mitvariiert werden. Wir benutzen auch diesmal eine *Parameterdarstellung* der zur Variation zugelassenen Bahnen:

$$\begin{aligned} \mathbf{q}_\alpha(t_\alpha) &: \quad t_{1\alpha} \le t_\alpha \le t_{2\alpha}, \\ \mathbf{q}(t) &: \quad \textit{tatsächliche}\ \text{Bahn}. \end{aligned} \tag{2.68}$$

Die Bahnen erfüllen die Randbedingungen:

$$\begin{aligned} \mathbf{q}_\alpha(t_{1\alpha}) &= \mathbf{q}(t_1) = \mathbf{q}_a \quad \forall \alpha, \\ \mathbf{q}_\alpha(t_{2\alpha}) &= \mathbf{q}(t_2) = \mathbf{q}_e \quad \forall \alpha. \end{aligned} \tag{2.69}$$

Über die Parameterdarstellung lassen sich die Bahnvariationen explizit formulieren:

$$\delta - \text{Verfahren}: \quad \delta q = d\alpha \left(\frac{\partial q_\alpha}{\partial \alpha} \right)_{\alpha=0}, \tag{2.70}$$

$$\Delta - \text{Verfahren}: \quad \Delta q = d\alpha \left(\frac{dq_\alpha}{d\alpha} \right)_{\alpha=0} = d\alpha \left(\frac{\partial q_\alpha}{\partial \alpha} + \dot{q}_\alpha \frac{dt_\alpha}{d\alpha} \right)_{\alpha=0}. \tag{2.71}$$

Dies kann man wie folgt zusammenfassen:

$$\Delta q = \delta q + \dot{q}\,\Delta t \qquad \text{mit} \qquad \Delta t = d\alpha \left.\frac{dt_\alpha}{d\alpha}\right|_{\alpha=0}. \tag{2.72}$$

Wir haben früher oft ausgenutzt, daß die δ-Variation und Zeitdifferentiationen miteinander vertauscht werden können:

$$\delta \frac{d}{dt} \equiv \frac{d}{dt}\,\delta. \tag{2.73}$$

Dies war erlaubt, da die Zeit nicht mitvariiert wurde. Dies trifft nun aber für die Δ-Variation nicht mehr zu. Im allgemeinen wird

$$\Delta \frac{d}{dt} \neq \frac{d}{dt}\,\Delta \tag{2.74}$$

sein. Darauf ist sorgfältig zu achten. Ansonsten wird auch das Symbol Δ wie ein ganz normales Differential behandelt:

$$\begin{aligned} f = f(\mathbf{q}, t) \implies \Delta f &= \sum_{j=1}^{S} \frac{\partial f}{\partial q_j}\,\Delta q_j + \frac{\partial f}{\partial t}\,\Delta t = \\ &= \sum_{j=1}^{S} \frac{\partial f}{\partial q_j}\,\delta q_j + \left(\sum_{j=1}^{S} \frac{\partial f}{\partial q_j}\,\dot{q}_j + \frac{\partial f}{\partial t} \right) \Delta t. \end{aligned}$$

Daran liest man ab:

$$\Delta f = \delta f + \dot{f}\,\Delta t. \tag{2.75}$$

Mit diesen Vorbereitungen können wir nun das Prinzip der kleinsten Wirkung (2.65) beweisen, wenn wir das Hamiltonsche Prinzip als bekannt voraussetzen. Zunächst gilt:

$$A = \int_{t_1}^{t_2} dt \sum_{j=1}^{S} p_j\,\dot{q}_j = \int_{t_1}^{t_2} (L + H)\,dt = \int_{t_1}^{t_2} L\,dt + H\big(t_2 - t_1\big). \tag{2.76}$$

Man beachte, daß für verschiedene Bahnen auch die Endzeiten t_1 und t_2 verschieden sind. Wir beweisen nun, daß A auf der tatsächlichen Bahn extremal wird. Für die Beweisführung ist dabei die tatsächliche Bahn die Bahn, für die das Hamiltonsche Prinzip erfüllt ist:

$$\Delta A = \Delta \int_{t_1}^{t_2} L\,dt + H\,\big(\Delta t_2 - \Delta t_1\big). \tag{2.77}$$

Δ kann im ersten Term nicht einfach unter das Integral gezogen werden, da t_1, t_2 mitvariiert werden müssen. H ist dagegen für alle Bahnen der Konkurrenzschar gleich. Wir setzen:

$$\int_{t_1}^{t_2} L\,dt = I(\mathbf{q}, t_2) - I(\mathbf{q}, t_1).$$

Für eine gegebene Bahn handelt es sich bei I um eine reine Zeitfunktion. Mit (2.75) folgt nun:

$$\begin{aligned}
\Delta \int_{t_1}^{t_2} L\,dt &= \Delta I(\mathbf{q}, t_2) - \Delta I(\mathbf{q}, t_1) = \\
&= \delta I(\mathbf{q}, t_2) - \delta I(\mathbf{q}, t_1) + \dot{I}(\mathbf{q}, t_2)\,\Delta t_2 - \dot{I}(\mathbf{q}, t_1)\,\Delta t_1 = \\
&= \delta \int_{t_1}^{t_2} L\,dt + [L(t)\Delta t]_{t_1}^{t_2}.
\end{aligned} \tag{2.78}$$

Der erste Term ist nicht etwa Null, wie vielleicht fälschlicherweise aus dem Hamiltonschen Prinzip gefolgert werden könnte. Letzteres fordert für die Endpunkte $\delta\mathbf{q}_{a,e} = 0$, während hier $\Delta\mathbf{q}_{a,e} = 0$ gilt. Es ist vielmehr:

$$\begin{aligned}
\delta \int_{t_1}^{t_2} L\,dt &= \int_{t_1}^{t_2} \delta L\,dt = \int_{t_1}^{t_2} \sum_{j=1}^{S} \left(\frac{\partial L}{\partial q_j}\delta q_j + \frac{\partial L}{\partial \dot{q}_j}\delta \dot{q}_j \right) dt = \\
&= \sum_{j=1}^{S} \int_{t_1}^{t_2} \left[\left(\frac{d}{dt}\frac{\partial L}{\partial \dot{q}_j} \right) \delta q_j + \frac{\partial L}{\partial \dot{q}_j}\frac{d}{dt}\delta q_j \right] dt = \\
&= \sum_{j=1}^{S} \int_{t_1}^{t_2} \frac{d}{dt} \left(\frac{\partial L}{\partial \dot{q}_j}\delta q_j \right) dt = \sum_{j=1}^{S} \frac{\partial L}{\partial \dot{q}_j}\delta q_j \Bigg|_{t_1}^{t_2} = \\
&= \sum_{j=1}^{S} \left(\frac{\partial L}{\partial \dot{q}_j}\Delta q_j - \frac{\partial L}{\partial \dot{q}_j}\dot{q}_j\,\Delta t \right) \Bigg|_{t_1}^{t_2}.
\end{aligned}$$

Mit $\Delta q_j\big|_{t_1}^{t_2} = 0$ folgt also:

$$\delta \int_{t_1}^{t_2} L\,dt = -\sum_{j=1}^{S} \frac{\partial L}{\partial \dot{q}_j}\dot{q}_j\,\Delta t \Bigg|_{t_1}^{t_2}.$$

Dies setzen wir in (2.78) ein:

$$\Delta \int_{t_1}^{t_2} L\, dt = \left(L - \sum_{j=1}^{S} \frac{\partial L}{\partial \dot{q}_j} \dot{q}_j\right) \Delta t \Bigg|_{t_1}^{t_2} .$$

Mit (2.77) ergibt sich schließlich:

$$\Delta A = \left(L - \sum_{j=1}^{S} p_j\, \dot{q}_j + H\right) \Delta t \Bigg|_{t_1}^{t_2} . \tag{2.79}$$

Setzen wir noch die Definition (2.8) für die Hamilton-Funktion H ein, so ist die Behauptung $\Delta A = 0$ bewiesen. Unter der Voraussetzung, daß die Lagrangeschen Bewegungsgleichungen gelten, die wir weiter oben ausgenutzt haben, legt also das Prinzip der kleinsten Wirkung (2.65) die tatsächliche Systembahn fest. Es besitzt damit dieselbe Aussagekraft wie das Hamiltonsche Prinzip.

2.3.3 Fermatsches Prinzip

Wir wollen das eben diskutierte Prinzip der kleinsten Wirkung noch auf einen Spezialfall, nämlich auf die

kräftefreie Bewegung $\iff$ $V = \text{const.}$,

anwenden. Da $H = T + V = \text{const.}$ vorausgesetzt war, gilt nun sogar:

$$\sum_{j=1}^{S} p_j\, \dot{q}_j = H + L = 2T = \text{const.} \tag{2.80}$$

Auf allen zugelassenen Bahnen ist demnach die kinetische Energie eine Konstante der Bewegung. Das Prinzip (2.65) vereinfacht sich dann zu der Aussage:

$$\Delta \int_{t_1}^{t_2} dt = \Delta(t_2 - t_1) \stackrel{!}{=} 0. \tag{2.81}$$

Bei einer kräftefreien Bewegung sucht das System stets die Bahn, auf der die Laufzeit extremal (minimal) wird. Dies ist das zuerst von Fermat formulierte

Prinzip der kürzesten Ankunft,

das in der geometrischen Optik als *Fermatsches Prinzip* bekannt ist. Es besagt dort, daß sich der Lichtstrahl zwischen zwei Raumpunkten so bewegt, daß die Laufzeit minimal wird. Es läßt sich zum Beispiel auf die Lichtbrechung (Reflexionsgesetz) anwenden.

Spezialisieren wir uns weiter auf einen

kräftefreien Massenpunkt,

dann gilt wegen $T = \text{const.}$ auch $v = \text{const.}$ und aus (2.81) wird:

$$\Delta \int_{t_1}^{t_2} dt = \Delta \int_{t_1}^{t_2} v dt = \Delta \int_1^2 ds \stackrel{!}{=} 0. \tag{2.82}$$

Dies ist das

Prinzip des kürzesten Weges.

Es bestimmt die kräftefreie Bewegung eines Massenpunktes auf einer krummen Fläche längs einer sogenannten *geodätischen Linie.* Allgemein versteht man darunter die kürzeste Verbindungslinie zwischen zwei Punkten auf einer gegebenen Fläche.

2.3.4 Jacobi-Prinzip

Manchmal erscheint es sinnvoll, die Zeit aus dem Prinzip der kleinsten Wirkung vollständig zu eliminieren, so daß sich die Variation nur noch auf die räumliche Beschaffenheit der Systembahn bezieht. Nach (2.65) gilt zunächst:

$$\Delta \int_{t_1}^{t_2} dt \sum_{j=1}^{S} p_j \dot{q}_j = \Delta \int_{t_1}^{t_2} 2T\, dt \stackrel{!}{=} 0. \tag{2.83}$$

Für ein N-Teilchensystem lautet die kinetische Energie:

$$T = \frac{1}{2} \sum_{i=1}^{N} m_i \left(\frac{d\mathbf{r}_i}{dt} \right)^2 \implies dt = \frac{1}{\sqrt{2T}} \sqrt{\sum_i m_i (d\mathbf{r}_i)^2}.$$

Mit $T = E - V$ folgt dann aus (2.83):

$$\Delta \int_1^2 \sqrt{2(E-V)} \sqrt{\sum_i m_i (d\mathbf{r}_i)^2} \stackrel{!}{=} 0. \tag{2.84}$$

In dieser Form betrifft die Variation dann tatsächlich nur noch den räumlichen Verlauf der Bahn; Durchlaufzeiten spielen keine Rolle mehr. Δ-Variation und δ-Variation sind dann identisch.

Wir suchen eine noch etwas allgemeinere Darstellung. Wegen $H = E = \text{const.}$, was insbesondere auch skleronome Zwangsbedingungen bedeutet, gilt nach (1.38) bis (1.42) für die kinetische Energie T:

$$T = \frac{1}{2} \sum_{j,l} \mu_{jl}\, \dot{q}_j\, \dot{q}_l. \tag{2.85}$$

μ_{jl} sind die *verallgemeinerten Massen* (1.40). Wir definieren:

$$(d\rho)^2 = \sum_{j,l} \mu_{jl}\, dq_j\, dq_l. \tag{2.86}$$

$d\rho$ ist die allgemeinste Form des Linienelements im S-dimensionalen Konfigurationsraum, dessen Koordinatenachsen die generalisierten Koordinatenachsen $q_1, \dots, q_S$ bilden. In diesem Sinne sind die μ_{jl} die Elemente des sogenannten

metrischen Tensors.

Darunter versteht man in der Differentialgeometrie die Transformationsmatrix zwischen dem Quadrat $(d\rho)^2$ des Linienelements im S-dimensionalen Raum und den infinitesimalen Koordinatenänderungen. Wir erläutern dies an bekannten Beispielen des dreidimensionalen Anschauungsraums:

$$(d\rho)^2 = (d\mathbf{r})^2 \implies \mu_{jl} = \frac{\partial \mathbf{r}}{\partial q_j} \cdot \frac{\partial \mathbf{r}}{\partial q_l}. \tag{2.87}$$

1) Kartesisch:

$$q_1 = x; \quad q_2 = y; \quad q_3 = z; \quad \mathbf{r} = (x, y, z)$$
$$\implies \mu_{jl} = \delta_{jl}. \tag{2.88}$$

2) Zylindrisch:

$$q_1 = \rho; \quad q_2 = \varphi; \quad q_3 = z; \quad \mathbf{r} \equiv (\rho \cos\varphi,\ \rho \sin\varphi,\ z)$$
$$\implies \frac{\partial \mathbf{r}}{\partial \rho} = (\cos\varphi,\ \sin\varphi,\ 0),$$
$$\frac{\partial \mathbf{r}}{\partial \varphi} = \rho\,(-\sin\varphi,\ \cos\varphi,\ 0),$$
$$\frac{\partial \mathbf{r}}{\partial z} = (0, 0, 1).$$

Die Nicht-Diagonalelemente des metrischen Tensors verschwinden offenbar. Das Koordinatensystem ist *krummlinig-orthogonal:*

$$\mu_{\rho\rho} = 1; \quad \mu_{\varphi\varphi} = \rho^2; \quad \mu_{zz} = 1. \tag{2.89}$$

Dies bedeutet:

$$(d\mathbf{r})^2 = (d\rho)^2 + \rho^2(d\varphi)^2 + (dz)^2. \tag{2.90}$$

3) Sphärisch:

$$\begin{aligned}
q_1 = r; \quad q_2 = \vartheta; \quad q_3 &= \varphi, \\
\mathbf{r} &\equiv r(\sin\vartheta\,\cos\varphi,\,\sin\vartheta\,\sin\varphi,\,\cos\vartheta) \\
\Longrightarrow\quad \frac{\partial\mathbf{r}}{\partial r} &= (\sin\vartheta\,\cos\varphi,\,\sin\vartheta\,\sin\varphi,\,\cos\vartheta), \\
\frac{\partial\mathbf{r}}{\partial\vartheta} &= r(\cos\vartheta\,\cos\varphi,\,\cos\vartheta\,\sin\varphi,\,-\sin\vartheta), \\
\frac{\partial\mathbf{r}}{\partial\varphi} &= r(-\sin\vartheta\,\sin\varphi,\,\sin\vartheta\,\cos\varphi,\,0).
\end{aligned}$$

Auch die Kugelkoordinaten stellen ein *krummlinig-orthogonales* Koordinatensystem dar. Die Nicht-Diagonalelemente des metrischen Tensors sind also Null:

$$\mu_{rr} = 1; \quad \mu_{\vartheta\vartheta} = r^2; \quad \mu_{\varphi\varphi} = r^2\,\sin^2\vartheta. \tag{2.91}$$

Das Quadrat des Linienelements lautet damit:

$$(d\mathbf{r})^2 = (dr)^2 + r^2(d\vartheta)^2 + r^2\sin^2\vartheta(d\varphi)^2. \tag{2.92}$$

Die Metrik des Konfigurationsraums ist in der Regel nicht-kartesisch, sondern krummlinig mit im allgemeinen nicht-verschwindenden Nicht-Diagonalelementen. Nach (2.85) und (2.86) gilt:

$$T = \frac{1}{2}\,\frac{(d\rho)^2}{dt^2} \iff dt = \frac{d\rho}{\sqrt{2T}}. \tag{2.93}$$

Damit wird aus (2.83) das

Jacobi-Prinzip

$$\Delta\int_1^2 \sqrt{E - V(\mathbf{q})}\,d\rho \stackrel{!}{=} 0. \tag{2.94}$$

Für den Spezialfall der *kräftefreien* Bewegung gilt:

$$\Delta \int_1^2 d\rho \stackrel{!}{=} 0. \tag{2.95}$$

Das System sucht die kürzeste Konfigurationsbahn, bewegt sich längs einer *geodätischen Linie* im Konfigurationsraum. Das muß in diesem abstrakten Raum nicht notwendig *geradlinig* heißen.

Anwendungsbeispiele:

1) Bahn eines kräftefreien Teilchens im dreidimensionalen Anschauungsraum

Da im Jacobi-Prinzip die Zeit nicht mehr vorkommt, sind die Δ- und δ-Variationsverfahren identisch:

$$\Delta \int_1^2 d\rho = \delta \int_1^2 d\rho \stackrel{!}{=} 0. \tag{2.96}$$

Wir haben somit zu berechnen:

$$\delta \int_1^2 \sqrt{m(dx^2 + dy^2 + dz^2)} \stackrel{!}{=} 0.$$

Dies ist gleichbedeutend mit

$$\delta \int_{x_1}^{x_2} \sqrt{1 + y'^2 + z'^2}\, dx \stackrel{!}{=} 0.$$

Die Variation führen wir über die Euler-Lagrangeschen Differentialgleichungen (1.139) aus:

$$f(x, y, z, y', z') \equiv \sqrt{1 + y'^2 + z'^2}$$

$$\Longrightarrow \quad \frac{\partial f}{\partial y} - \frac{d}{dx}\frac{\partial f}{\partial y'} \stackrel{!}{=} 0 = -\frac{d}{dx}\frac{y'}{\sqrt{1 + y'^2 + z'^2}},$$

$$\frac{\partial f}{\partial z} - \frac{d}{dx}\frac{\partial f}{\partial z'} \stackrel{!}{=} 0 = -\frac{d}{dx}\frac{z'}{\sqrt{1 + y'^2 + z'^2}}.$$

Daran liest man ab:

$$y'^2 = c_1\left(1 + z'^2\right); \quad z'^2 = c_2\left(1 + y'^2\right)$$

$$\Longrightarrow \quad y'^2 = \text{const.}_1; \quad z'^2 = \text{const.}_2.$$

Die Teilchenbahn ist also – nicht überraschend – eine Gerade:

$$\begin{aligned} y(x) &= c\,x + \bar{c}, \\ z(x) &= d\,x + \bar{d}. \end{aligned} \qquad (c, d, \bar{c}, \bar{d} = \text{const.}) \tag{2.97}$$

2) Elektronenoptisches Brechungsgesetz

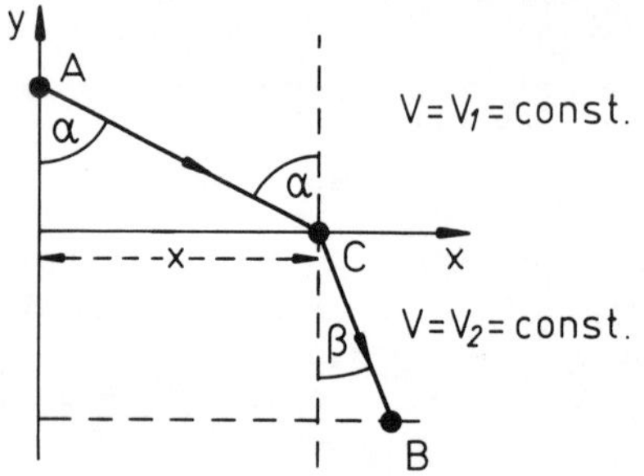

Die x-Achse sei der Ort eines Potentialsprungs von $V_1 = \text{const.}$ nach $V_2 = \text{const.}$ In beiden Halbebenen führt das Elektron eine kräftefreie Bewegung aus, die nach Beispiel 1) geradlinig verläuft. Wir fragen uns: Wie müssen C und x gewählt werden, damit das Elektron von A nach B gelangt? Ausgangspunkt ist (2.94):

$$\Delta \int_A^B \sqrt{2mT}\,\sqrt{dx^2 + dy^2} =$$

$$= \Delta \int_A^C \sqrt{2\,m(E - V_1)}\; ds + \Delta \int_C^B \sqrt{2\,m(E - V_2)}\; ds =$$

$$= \sqrt{2\,m(E - V_1)}\,\Delta\left(\sqrt{x^2 + y_A^2}\right) +$$

$$+ \sqrt{2\,m(E - V_2)}\;\Delta\left(\sqrt{(x_B - x)^2 + y_B^2}\right) =$$

$$= \sqrt{2\,m(E - V_1)}\left(\frac{d}{dx}\sqrt{x^2 + y_A^2}\right)\Delta x +$$

$$+ \sqrt{2\,m(E - V_2)}\left(\frac{d}{dx}\sqrt{(x_B - x)^2 + y_B^2}\right)\Delta x \overset{!}{=}$$

$$\overset{!}{=} 0.$$

Mit $\Delta x \neq 0$ folgt dann:

$$0 = \sqrt{E - V_1} \frac{x}{\sqrt{x^2 + y_A^2}} - \sqrt{E - V_2} \frac{x_B - x}{\sqrt{(x_B - x)^2 + y_B^2}} =$$
$$= \sqrt{E - V_1} \sin \alpha - \sqrt{E - V_2} \sin \beta.$$

Damit ergibt sich schließlich:

$$\frac{\sin \alpha}{\sin \beta} = \sqrt{\frac{E - V_2}{E - V_1}} = \sqrt{\frac{T_2}{T_1}} = \frac{v_2}{v_1}. \tag{2.98}$$

2.4 Poisson-Klammer

2.4.1 Darstellungsräume

Wir wollen in diesem Kapitel einige abstrakte Begriffe diskutieren, die für die weiteren Überlegungen nützlich sein werden. Ein paar von ihnen haben wir bereits wiederholt benutzt. Wir beginnen mit einer Klassifikation der Darstellungsräume.

1) Konfigurationsraum

Dieser uns schon bekannte Darstellungsraum hat die

Dimension: S

und als

Achsen: $\mathbf{q} = (q_1, q_2, \dots, q_S)$.

Beispiel: Linearer, harmonischer Oszillator (s. Beispiel 2) in Kapitel 2.2.2)

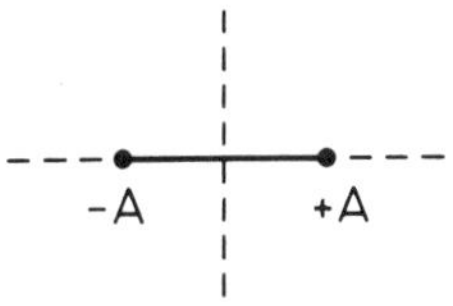

Der Konfigurationsraum ist hier die x-Achse. Die *Konfigurationsbahn* wird von allen x gebildet, für die $|x| \leq A$ gilt.

Durch Angabe der Konfigurationsbahn ist ein mechanisches Problem noch nicht gelöst, da unbekannt bleibt, wo sich das System zu einem bestimmten Zeitpunkt befindet.

2) Ereignisraum

Dimension: $S + 1$,
Achsen: $\mathbf{q} = (q_1, q_2, \dots q_S)$ und t.

Die *Ereignisbahn* $(\mathbf{q}, t)$ ist konkret bestimmbar bei Vorgabe von $2S$ Anfangsbedingungen. Das können die Konfigurationen zu zwei verschiedenen Zeitpunkten sein, $(\mathbf{q}(t_1), \mathbf{q}(t_2))$, oder aber S generalisierte Koordinaten und die zugehörigen S generalisierten Geschwindigkeiten zu einem bestimmten Zeitpunkt t_0, $(\mathbf{q}(t_0), \dot{\mathbf{q}}(t_0))$:

Lagrange-Formalismus $\Longleftrightarrow$ Ereignisraum.

Beispiel: Linearer, harmonischer Oszillator

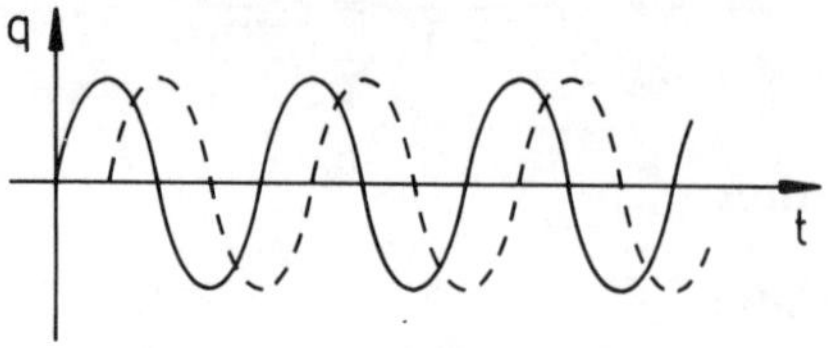

Wegen $S = 1$ sind zwei Anfangsbedingungen vonnöten, um die Ereignisbahn eindeutig festzulegen.

3) Phasenraum

Dimension: $2S$,
Achsen: $\mathbf{q} = (q_1, q_2, \ldots, q_S)$; $\mathbf{p} = (p_1, p_2, \ldots, p_S)$.

Da die Koordinaten q_j und die Impulse p_j als gleichberechtigte Variable aufzufassen sind, faßt man sie bisweilen auch zu einer *Phase* bzw. zu einem *Phasenvektor* zusammen:

$$\boldsymbol{\pi} = (\pi_1, \pi_2, \ldots, \pi_{2S}) \equiv (q_1, \ldots, q_S, p_1, \ldots, p_S)\,. \tag{2.99}$$

Als *Phasenbahn* oder *Phasentrajektorie* bezeichnet man die Menge aller Phasen $\boldsymbol{\pi}$, die das physikalische System im Laufe der Zeit annehmen kann.

Beispiel: Linearer, harmonischer Oszillator

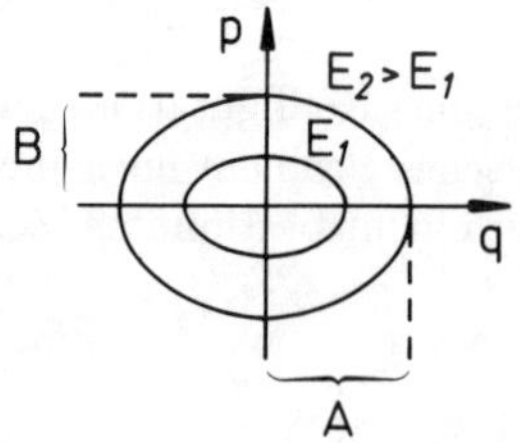

Nach (2.36) sind die Phasenbahnen nun Ellipsen

$$\frac{p^2}{2\,m\,E} + \frac{q^2}{\dfrac{2\,E}{m\,\omega_0^2}} = 1$$

mit energieabhängigen Halbachsen:

$$A = \sqrt{\frac{2\,E}{m\,\omega_0^2}}\,; \quad B = \sqrt{2\,m\,E}\,.$$

4) Zustandsraum

Dimension: $2S+1$,
Achsen: $\mathbf{q} = (q_1, \dots, q_S)$; $\mathbf{p} = (p_1, \dots, p_S)$ und t.

Dies ist der allgemeinste Darstellungsraum (*Phasenraum mit Zeitbelegung*). Alle anderen Räume sind Spezialfälle, d.h. Projektionen des Zustandsraums auf bestimmte Ebenen oder Achsen.

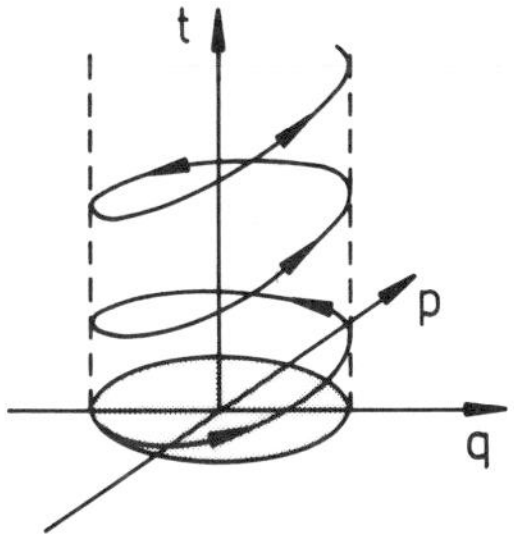

Beispiel: Linearer, harmonischer Oszillator

Die Bahn $\boldsymbol{\pi}(t)$ ist nun eine Spirallinie, die bei Vorgabe einer

Anfangsphase

$$\boldsymbol{\pi}_0 = \left(q_1^{(0)}, \dots, p_S^{(0)}\right) = \boldsymbol{\pi}(t_0)$$

für alle Zeiten eindeutig festgelegt ist.

Da die Phasentrajektorie $\boldsymbol{\pi}(t)$ durch Lösung der Hamiltonschen Bewegungsgleichungen gewonnen wird, also aus Differentialgleichungen **erster** Ordung abgeleitet wird, genügt die Kenntnis des Phasenpunktes des mechanischen Systems zu einem einzigen Zeitpunkt, um die Phase $\boldsymbol{\pi}(t)$ für alle Zeiten festzulegen:

Hamilton-Formalismus $\Longleftrightarrow$ Zustandsraum.

Bei der Besprechung des Zustandsraums sind wir auf einen Begriff gestoßen, der für die gesamte Physik von Bedeutung ist:

Definition:

Zustand ψ:

Minimaler, aber vollständiger Satz von Bestimmungsstücken, der ausreicht, um alle Eigenschaften des Systems daraus ableiten zu können.

Dies ist eine sehr abstrakte Definition, die für jede physikalische Theorie konkretisiert und interpretiert werden muß, da für jede Disziplin die tatsächlich interessierenden Eigenschaften andere sein können.

Welche *Minimalinformation* legt die mechanischen Eigenschaften des Massenpunktes fest? Interessant wären Aussagen über Ort, Impuls, Drehimpuls, Energie u.s.w. Sie brauchen aber nicht alle gleichzeitig gemessen zu werden. Ort und Impuls reichen aus, um die anderen Größen festzulegen. Allerdings müssen auch wirklich **beide** gemessen werden, eine Größe allein ist nicht genug:

Jede mechanische Eigenschaft des Massenpunktes $\Longleftrightarrow$ $f(\mathbf{r}, \mathbf{p})$.

In gleicher Weise sind die mechanischen Eigenschaften eines allgemeinen N-Teilchen-Systems durch generalisierte Koordinaten und generalisierte Impulse festgelegt:

$$\begin{array}{c}\text{Jede mechanische Eigenschaft}\\ \text{eines physikalischen Systems}\end{array} \iff f(\mathbf{q},\mathbf{p}) = f(\boldsymbol{\pi}).$$

Dies bedeutet:

$$\begin{array}{c}\text{Zustand } \psi \text{ eines mecha-}\\ \text{nischen Systems}\end{array} \iff \begin{array}{c}\text{Punkt } \boldsymbol{\pi} \text{ im}\\ \text{Zustandsraum.}\end{array}$$

Nach unserer Definition des Begriffs *Zustand* muß auch dessen Zeitentwicklung durch Vorgabe eines minimalen Satzes von Bestimmungsstücken zu irgendeinem Zeitpunkt t_0 $\big(\psi_0 = \psi(t_0)\big)$ bereits eindeutig festgelegt sein:

$$\psi(t) = \psi\big(t;\psi_0\big). \tag{2.100}$$

Mathematisch muß $\psi(t)$ deshalb aus einer Differentialgleichung 1. Ordnung in der Zeit folgen:

$$\dot{\psi}(t) = \widetilde{f}\big(\psi(t)\big). \tag{2.101}$$

Dies bedeutet für die Mechanik:

$$\dot{\boldsymbol{\pi}}(t) = \widetilde{f}\big(\boldsymbol{\pi}(t)\big). \tag{2.102}$$

Die Hamiltonschen Bewegungsgleichungen sind in der Tat von dieser Art. Damit ist auch klar, daß die Konfiguration $\mathbf{q}(t)$ selbst noch kein *Zustand* sein kann, denn die Differentialgleichungen, nach denen sich ihre zeitliche Entwicklung gestaltet, sind von 2. Ordnung in der Zeit (Lagrangesche Bewegungsgleichungen).

2.4.2 Fundamentale Poisson-Klammern

Wir wollen nun das Konzept der Poisson-Klammern einführen. Dieses erlaubt eine besonders prägnante Formulierung der klassischen Bewegungsgleichungen und der Erhaltungssätze, die wir nun ableiten wollen.

Nach den Vorüberlegungen des letzten Abschnitts wissen wir, daß jede beliebige mechanische Observable als Phasenfunktion

$$f(\boldsymbol{\pi},t) = f(\mathbf{q},\mathbf{p},t)$$

darstellbar ist. Wir wollen ihre Bewegungsgleichung untersuchen:

$$\begin{aligned}\frac{df}{dt} &= \sum_{j=1}^{S}\left(\frac{\partial f}{\partial q_j}\dot{q}_j + \frac{\partial f}{\partial p_j}\dot{p}_j\right) + \frac{\partial f}{\partial t}\\ &= \sum_{j=1}^{S}\left(\frac{\partial f}{\partial q_j}\frac{\partial H}{\partial p_j} - \frac{\partial f}{\partial p_j}\frac{\partial H}{\partial q_j}\right) + \frac{\partial f}{\partial t}.\end{aligned} \tag{2.103}$$

Definition:

$f = f(\mathbf{q}, \mathbf{p}, t), \quad g = g(\mathbf{q}, \mathbf{p}, t):$ skalare Funktionen
der Vektorpaare $\mathbf{q} = (q_1, \dots, q_S)$, $\mathbf{p} = (p_1, \dots p_S)$.

$$\{f, g\}_{\mathbf{q},\mathbf{p}} \equiv \sum_{j=1}^{S} \left(\frac{\partial f}{\partial q_j} \frac{\partial g}{\partial p_j} - \frac{\partial f}{\partial p_j} \frac{\partial g}{\partial q_j} \right). \tag{2.104}$$

Poisson-Klammer von f mit g.

An dem Klammersymbol auf der linken Seite ist auf die Variablen Bezug genommen, nach denen differenziert wird. Wir werden später zeigen, daß dieses unnötig ist. Die Poisson-Klammer wird sich als unabhängig von der Wahl der kanonischen Variablen herausstellen, in denen sie berechnet wird.

Aus der Bewegungsgleichung (2.103) wird damit:

$$\frac{df}{dt} = \{f, H\}_{\mathbf{q},\mathbf{p}} + \frac{\partial f}{\partial t}. \tag{2.105}$$

Dies ist zunächst nur eine abkürzende Schreibweise. Von Bedeutung wird dieses Ergebnis erst, wenn wir gezeigt haben, daß die Poisson-Klammer von der $(\mathbf{q}, \mathbf{p})$-Wahl unabhängig ist.

An (2.104) und (2.105) liest man leicht die folgenden Spezialfälle ab:

$$\dot{q}_j = \{q_j, H\}_{\mathbf{q},\mathbf{p}}, \tag{2.106}$$

$$\dot{p}_j = \{p_j, H\}_{\mathbf{q},\mathbf{p}}. \tag{2.107}$$

Die nächsten drei Beziehungen bezeichnet man als

fundamentale Poisson-Klammer:

$$\{q_i, q_j\}_{\mathbf{q},\mathbf{p}} = 0, \tag{2.108}$$

$$\{p_i, p_j\}_{\mathbf{q},\mathbf{p}} = 0, \tag{2.109}$$

$$\{q_i, p_j\}_{\mathbf{q},\mathbf{p}} = \delta_{ij}. \tag{2.110}$$

Wir begründen nur (2.110). Dazu setzen wir in die Definition (2.104) $f = q_i$ und $g = p_j$ ein:

$$\{q_i, p_j\}_{\mathbf{q},\mathbf{p}} = \sum_{k=1}^{S} \left(\frac{\partial q_i}{\partial q_k} \frac{\partial p_j}{\partial p_k} - \frac{\partial q_i}{\partial p_k} \frac{\partial p_j}{\partial q_k} \right) =$$

$$= \sum_{k=1}^{S} (\delta_{ik} \delta_{jk} - 0) = \delta_{ij} \quad \text{q.e.d.}$$

Im nächsten Schritt zeigen wir nun, daß die fundamentalen Klammern von der speziellen Wahl der kanonischen Variablen unabhängig sind.

Satz:

Seien $(\mathbf{q}, \mathbf{p})$ *und* $(\mathbf{Q}, \mathbf{P})$ *zwei kanonisch konjugierte Variablensätze, für die jeweils die Hamiltonschen Bewegungsgleichungen gelten mit:*

$$H(\mathbf{q}, \mathbf{p}) = \widetilde{H}(\mathbf{Q}, \mathbf{P}).$$

Dabei soll sich $\widetilde{H}(\mathbf{Q}, \mathbf{P})$ *aus* $H(\mathbf{q}, \mathbf{p})$ *durch Einsetzen von* $\mathbf{q} = \mathbf{q}(\mathbf{Q}, \mathbf{P})$ *und* $\mathbf{p} = \mathbf{p}(\mathbf{Q}, \mathbf{P})$ *ergeben. Dann gilt:*

$$\left\{Q_i,\, Q_j\right\}_{\mathbf{q},\mathbf{p}} = 0; \quad \left\{P_i,\, P_j\right\}_{\mathbf{q},\mathbf{p}} = 0, \tag{2.111}$$

$$\left\{Q_i,\, P_j\right\}_{\mathbf{q},\mathbf{p}} = \delta_{ij}. \tag{2.112}$$

Beweis:

$$\begin{aligned}
\dot{Q}_i &= \frac{d}{dt} Q_i(\mathbf{q}, \mathbf{p}) = \sum_{k=1}^{S} \left(\frac{\partial Q_i}{\partial q_k} \dot{q}_k + \frac{\partial Q_i}{\partial p_k} \dot{p}_k \right) = \sum_{k=1}^{S} \left(\frac{\partial Q_i}{\partial q_k} \frac{\partial H}{\partial p_k} - \frac{\partial Q_i}{\partial p_k} \frac{\partial H}{\partial q_k} \right) = \\
&= \sum_{k,l} \left[\frac{\partial Q_i}{\partial q_k} \left(\frac{\partial \widetilde{H}}{\partial Q_l} \frac{\partial Q_l}{\partial p_k} + \frac{\partial \widetilde{H}}{\partial P_l} \frac{\partial P_l}{\partial p_k} \right) - \frac{\partial Q_i}{\partial p_k} \left(\frac{\partial \widetilde{H}}{\partial Q_l} \frac{\partial Q_l}{\partial q_k} + \frac{\partial \widetilde{H}}{\partial P_l} \frac{\partial P_l}{\partial q_k} \right) \right] = \\
&= \sum_{k,l} \left[\frac{\partial \widetilde{H}}{\partial Q_l} \left(\frac{\partial Q_i}{\partial q_k} \frac{\partial Q_l}{\partial p_k} - \frac{\partial Q_i}{\partial p_k} \frac{\partial Q_l}{\partial q_k} \right) + \frac{\partial \widetilde{H}}{\partial P_l} \left(\frac{\partial Q_i}{\partial q_k} \frac{\partial P_l}{\partial p_k} - \frac{\partial Q_i}{\partial p_k} \frac{\partial P_l}{\partial q_k} \right) \right] = \\
&= \sum_{l} \left(-\dot{P}_l \left\{Q_i,\, Q_l\right\}_{\mathbf{q},\mathbf{p}} + \dot{Q}_l \left\{Q_i,\, P_l\right\}_{\mathbf{q},\mathbf{p}} \right).
\end{aligned}$$

Der Vergleich liefert:

$$\left\{Q_i,\, Q_l\right\}_{\mathbf{q},\mathbf{p}} = 0; \qquad \left\{Q_i,\, P_l\right\}_{\mathbf{q},\mathbf{p}} = \delta_{il}.$$

Über $\dot{P}_i$ findet man ganz analog die dritte Klammer.

Satz:

Der Wert einer Poisson-Klammer ist unabhängig von dem Satz kanonischer Koordinaten, der als Basis verwendet wurde.

Beweis:

F und G seien beliebige Phasenfunktionen und $(\mathbf{q}, \mathbf{p})$, $(\mathbf{Q}, \mathbf{P})$ zwei Sätze kanonischer Variabler, für die

$$\mathbf{q} = \mathbf{q}(\mathbf{Q}, \mathbf{P}); \qquad \mathbf{p} = \mathbf{p}(\mathbf{Q}, \mathbf{P}),$$
$$\mathbf{Q} = \mathbf{Q}(\mathbf{q}, \mathbf{p}); \qquad \mathbf{P} = \mathbf{P}(\mathbf{q}, \mathbf{p})$$

gilt.

$$\begin{aligned}
\{F, G\}_{\mathbf{q},\mathbf{p}} &= \sum_{j=1}^{S} \left(\frac{\partial F}{\partial q_j} \frac{\partial G}{\partial p_j} - \frac{\partial F}{\partial p_j} \frac{\partial G}{\partial q_j} \right) = \\
&= \sum_{j,l} \left[\frac{\partial F}{\partial q_j} \left(\frac{\partial G}{\partial Q_l} \frac{\partial Q_l}{\partial p_j} + \frac{\partial G}{\partial P_l} \frac{\partial P_l}{\partial p_j} \right) - \right. \\
&\quad \left. - \frac{\partial F}{\partial p_j} \left(\frac{\partial G}{\partial Q_l} \frac{\partial Q_l}{\partial q_j} + \frac{\partial G}{\partial P_l} \frac{\partial P_l}{\partial q_j} \right) \right] = \\
&= \sum_{l} \left(\frac{\partial G}{\partial Q_l} \{F, Q_l\}_{\mathbf{q},\mathbf{p}} + \frac{\partial G}{\partial P_l} \{F, P_l\}_{\mathbf{q},\mathbf{p}} \right) .
\end{aligned}$$

An diesem Ausdruck können wir zwei nützliche Zwischenergebnisse ablesen. Setzen wir speziell $F = Q_k$ und nutzen (2.111) und (2.112) aus, so folgt:

$$\{G, Q_k\}_{\mathbf{q},\mathbf{p}} = -\frac{\partial G}{\partial P_k}. \tag{2.113}$$

Setzen wir dagegen $F = P_k$, so ergibt sich:

$$\{G, P_k\}_{\mathbf{q},\mathbf{p}} = \frac{\partial G}{\partial Q_k}. \tag{2.114}$$

Diese beiden Zwischenergebnisse werden oben eingesetzt:

$$\{F, G\}_{\mathbf{q},\mathbf{p}} = \sum_{l} \left(\frac{\partial G}{\partial Q_l} \left(-\frac{\partial F}{\partial P_l} \right) + \frac{\partial G}{\partial P_l} \frac{\partial F}{\partial Q_l} \right) = \{F, G\}_{\mathbf{Q},\mathbf{P}}.$$

Dies war zu beweisen. Wir können somit ab jetzt die Indizes am Klammersymbol weglassen. Die Basis kann aus **irgendwelchen** kanonisch konjugierten Variablen bestehen.

2.4.3 Formale Eigenschaften

Bis jetzt bedeutete die Einführung der Poisson-Klammer lediglich eine Vereinfachung der Schreibweise, die uns der Lösung eines praktischen Problems zunächst keinen Schritt näherbringt. Wichtig sind jedoch einige algebraische Eigenschaften der Klammer, die eine über die Klassische Mechanik hinausgehende Verallgemeinerung zulassen. Wir listen diese jetzt auf und bringen den Beweis, falls nicht offensichtlich, anschließend:

Antisymmetrie:

$$\{f,\, g\} = -\{g,\, f\}; \qquad \{f,\, f\} = 0 \qquad \forall f. \tag{2.115}$$

Linearität:

$$\{c_1 f_1 + c_2 f_2,\, g\} = c_1\{f_1,\, g\} + c_2\{f_2,\, g\}, \qquad c_1, c_2 : \text{ Konstante.} \tag{2.116}$$

Nullelement:

$$\{c,\, g\} = 0 \qquad \forall g = g(\mathbf{q}, \mathbf{p}), \qquad c : \text{ Konstante.} \tag{2.117}$$

Produktregel:

$$\{f,\, g\,h\} = g\,\{f,\, h\} + \{f,\, g\}\,h. \tag{2.118}$$

Jacobi-Identität:

$$\big\{f,\, \{g,\, h\}\big\} + \big\{g,\, \{h,\, f\}\big\} + \big\{h,\, \{f,\, g\}\big\} = 0. \tag{2.119}$$

(2.115) bis (2.117) folgen unmittelbar aus der Definition (2.104) der Klammer. Dasselbe gilt auch für (2.118), wenn man die Produktregel für Differentiationen beachtet. (2.119) beweist man etwas langwierig durch Einsetzen oder eleganter wie folgt:

Wir drücken zunächst die Poisson-Klammer durch einen Differentialoperator aus:

$$\{g, h\} = D_g\, h,$$

wobei

$$D_g = \sum_{j=1}^{S} \left(\frac{\partial g}{\partial q_j} \frac{\partial}{\partial p_j} - \frac{\partial g}{\partial p_j} \frac{\partial}{\partial q_j} \right) \equiv \sum_{i=1}^{2S} \alpha_i(g) \frac{\partial}{\partial \pi_i}.$$

Damit können wir schreiben:

$$\begin{aligned}
&\{f,\{g,h\}\} + \{g,\{h,f\}\} \\
&= \{f,\{g,h\}\} - \{g,\{f,h\}\} = D_f(D_g h) - D_g(D_f h) = \\
&= \sum_{i,j} \left[\beta_i(f)\frac{\partial}{\partial \pi_i}\left(\alpha_j(g)\frac{\partial h}{\partial \pi_j}\right) - \alpha_j(g)\frac{\partial}{\partial \pi_j}\left(\beta_i(f)\frac{\partial h}{\partial \pi_i}\right)\right] = \\
&= \sum_j \left[\sum_i \left(\beta_i(f)\frac{\partial}{\partial \pi_i}\alpha_j(g)\right) - \left(\alpha_i(g)\frac{\partial}{\partial \pi_i}\beta_j(f)\right)\right]\frac{\partial h}{\partial \pi_j}.
\end{aligned}$$

Der Ausdruck in der eckigen Klammer hängt von f und g, nicht aber von h ab:

$$\{f,\{g,h\}\} + \{g,\{h,f\}\} = \sum_{j=1}^{S}\left(A_j\frac{\partial h}{\partial q_j} + B_j\frac{\partial h}{\partial p_j}\right).$$

A_j, B_j sind unabhängig von h. Sie lassen sich deshalb über eine spezielle Wahl von h berechnen:

$h = q_i$:

$$A_i = \{f,\{g,q_i\}\} + \{g,\{q_i,f\}\} = -\left\{f,\frac{\partial g}{\partial p_i}\right\} + \left\{g,\frac{\partial f}{\partial p_i}\right\} = -\frac{\partial}{\partial p_i}\{f,g\}.$$

Hier haben wir (2.113) ausgenutzt, im nächsten Schritt verwenden wir (2.114):

$h = p_i$:

$$B_i = \{f,\{g,p_i\}\} + \{g,\{p_i,f\}\} = \left\{f,\frac{\partial g}{\partial q_i}\right\} - \left\{g,\frac{\partial f}{\partial q_i}\right\} = \frac{\partial}{\partial q_i}\{f,g\}.$$

Dies setzen wir oben ein:

$$\begin{aligned}
\{f,\{g,h\}\} + \{g,\{h,f\}\} &= \sum_{j=1}^{S}\left(-\frac{\partial}{\partial p_j}\{f,g\}\frac{\partial h}{\partial q_j} + \frac{\partial}{\partial q_j}\{f,g\}\frac{\partial h}{\partial p_j}\right) = \\
&= \{\{f,g\},h\}.
\end{aligned}$$

Das war zu beweisen.

2.4.4 Integrale der Bewegung

Nach (2.105) ist die zeitliche Änderung einer Zustandsgröße im wesentlichen durch die Poisson-Klammer dieser Größe mit der Hamilton-Funktion H gegeben. Dies macht noch einmal die Bedeutung von H klar. Die Hamilton-Funktion bestimmt die zeitliche Entwicklung mechanischer Observabler.

Es sei

$$F = F(\mathbf{q}, \mathbf{p}, t)$$

eine physikalische Größe, die für alle Zeiten denselben Wert hat:

$$\frac{dF}{dt} = 0 \iff F : \textit{Integral der Bewegung.} \tag{2.120}$$

Nach (2.105) ist dies genau dann erfüllt, wenn

$$\{H, F\} \stackrel{!}{=} \frac{\partial F}{\partial t} \tag{2.121}$$

gilt. Die Konstante der Bewegung kann also durchaus selbst noch explizit von der Zeit abhängen. Ist dies nicht der Fall, so verschwindet die Poisson-Klammer von H mit F. Wir haben damit ein *kompaktes* Kriterium für die Entscheidung, ob ein Integral der Bewegung vorliegt oder nicht. Man vergleiche dies mit der ursprünglichen Definition (1.154) für die Bewegung im Ereignisraum.

Für H gilt:

$$\frac{dH}{dt} = \{H, H\} + \frac{\partial H}{\partial t} = \frac{\partial H}{\partial t}. \tag{2.122}$$

Dies entspricht dem früheren Ergebnis (2.18). Hängt H nicht explizit von der Zeit ab, so handelt es sich um ein Integral der Bewegung, das, wie wir wissen, bei skleronomen Zwangsbedingungen mit dem Energiesatz identisch ist.

Poissonscher Satz:

Die Poisson-Klammer zweier Integrale der Bewegung ist selbst wieder ein Integral der Bewegung.

Beweis:

f, g seien Integrale der Bewegung. Das heißt nach (2.121):

$$\{H, f\} = \frac{\partial f}{\partial t}; \quad \{H, g\} = \frac{\partial g}{\partial t}.$$

Wir nutzen die Jacobi-Identität (2.119) aus:

$$\begin{aligned} 0 &= \{f, \{g, H\}\} + \{g, \{H, f\}\} + \{H, \{f, g\}\} = \\ &= -\left\{f, \frac{\partial g}{\partial t}\right\} + \left\{g, \frac{\partial f}{\partial t}\right\} + \{H, \{f, g\}\}. \end{aligned}$$

Dies bedeutet:

$$\{H, \{f, g\}\} = \frac{\partial}{\partial t}\{f, g\},$$

so daß mit (2.121) die Behauptung folgt. $\{f, g\}$ ist ebenfalls ein Integral der Bewegung.

Mitunter ist es möglich, durch Anwendung des Poissonschen Theorems eine ganze Folge von Integralen der Bewegung zu konstruieren. Dies bedeutet dann natürlich einen wichtigen Schritt in Richtung Lösung des Bewegungsproblems. Bisweilen führt die Poisson-Klammer zweier Bewegungsintegrale aber auch nur auf eine triviale Konstante oder einfach auf eine Funktion der Ausgangsintegrale. Das stellt dann natürlich kein neues Bewegungsintegral dar.

2.4.5 Bezug zur Quantenmechanik

Wir wollen für den Moment die konkrete Definition der klassischen Poisson-Klammer vergessen und die

abstrakte Klammer: $\{\dots, \dots\}$

mit den Eigenschaften (2.115) bis (2.119) zum

Axiomensystem einer abstrakten mathematischen Struktur

erklären. Eine mögliche **konkrete** Realisierung wäre dann die klassische Poisson-Klammer (2.104). Es gibt aber auch andere denkbare Realisierungen. Eine weitere wichtige betrifft

die linearen Operatoren $\widehat{A}$, $\widehat{B}$, $\widehat{C}, \dots$,
dargestellt durch quadratische Matrizen.

Man definiert für diese den sogenannten

Kommutator

$$[\widehat{A}, \widehat{B}]_- \equiv \widehat{A}\,\widehat{B} - \widehat{B}\,\widehat{A}. \tag{2.123}$$

Da die Reihenfolge von Operatoren nicht beliebig ist, ist der Kommutator in der Regel von Null verschieden und selbst wieder ein Operator. Versteht man unter *konstantem* $\widehat{A}$ ein Vielfaches der Einheitsmatrix und achtet in (2.118) streng auf die Reihenfolge der Operatoren, dann erfüllt der Kommutator die Axiome (2.115) bis (2.119). Die Realisierung der abstrakten Klammer durch den Kommutator (2.123) bestimmt entscheidend die sogenannte

Quantenmechanik.

Klassische Mechanik und Quantenmechanik werden in diesem Sinne von derselben übergeordneten, abstrakten mathematischen Struktur regiert. Es handelt sich *lediglich* um unterschiedliche Realisierungen der *abstrakten Klammer*. Die Realisierung *Quantenmechanik* läßt sich in dem folgenden konkretisieren:

1) Meßbare, physikalische Größe A (*Observable*) $\Longleftrightarrow$ hermitescher, linearer Operator $\widehat{A}$, dargestellt durch eine quadratische Matrix in einem speziellen Vektorraum (*Hilbert-Raum*).

2) Meßwerte $\Longleftrightarrow$ Eigenwerte oder Erwartungswerte dieser Operatoren.

3) $\{\ldots,\ldots\} \Longleftrightarrow \frac{1}{i\hbar}[\widehat{A},\widehat{B}]_-$,
wobei $\hbar = \dfrac{h}{2\pi}$ und $h = 6.626 \cdot 10^{-34}$ Js: Plancksches Wirkungsquantum.

4) Fundamentalklammern:

$$[\hat{q}_i, \hat{p}_j]_- = i\,\hbar\,\delta_{ij}, \tag{2.124}$$
$$[\hat{q}_i, \hat{q}_j]_- = [\hat{p}_i, \hat{p}_j]_- = 0. \tag{2.125}$$

5) Hamilton-Funktion $H(\mathbf{q},\mathbf{p},t) \Longleftrightarrow$ Hamilton-Operator $\widehat{H}(\hat{\mathbf{q}},\hat{\mathbf{p}},t)$.

6) Bewegungsgleichung $\Longleftrightarrow$ $$\frac{d}{dt}\widehat{A} = \frac{1}{i\hbar}[\widehat{A},\widehat{H}]_- + \frac{\partial}{\partial t}\widehat{A}. \tag{2.126}$$

Wir wollen zum Schluß an einem einfachen Beispiel demonstrieren, wie sich mit Hilfe der *abstrakten Klammer* physikalische Probleme lösen lassen, ohne auf eine spezielle Realisierung der Klammer Bezug zu nehmen.

Wir suchen die Bewegungsgleichung des *harmonischen Oszillators*, nach (2.35) definiert durch

$$H = \frac{p^2}{2m} + \frac{1}{2}m\,\omega_0^2 q^2.$$

Wegen $\partial H/\partial t = 0$ gilt zunächst:

$$\begin{aligned}\dot{p} = \{p,H\} &= \frac{1}{2m}\{p,p^2\} + \frac{1}{2}m\,\omega_0^2\{p,q^2\} = \\ &= \frac{1}{2m}\left(p\,\{p,p\} + \{p,p\}\,p\right) + \frac{1}{2}m\,\omega_0^2\left(q\{p,q\} + \{p,q\}\,q\right) = \\ &= -m\,\omega_0^2 q.\end{aligned}$$

Ganz analog findet man

$$\dot{q} = \{q,H\} = \frac{p}{m}.$$

Dies sind aber genau die Hamiltonschen Bewegungsgleichungen,

$$\dot{p} = -\frac{\partial H}{\partial q}; \qquad \dot{q} = \frac{\partial H}{\partial p},$$

ohne daß wir an irgendeiner Stelle die spezielle Definition der abstrakten Klammern als klassische Poisson-Klammer verwendet hätten. Folgerichtig müssen

$$\dot{\hat{p}} = -m\,\omega_0^2 \hat{q}, \tag{2.127}$$

$$\dot{\hat{q}} = \frac{1}{m}\,\hat{p}. \tag{2.128}$$

auch in der Quantenmechanik die Bewegungsgleichungen des harmonischen Oszillators sein, wenn man $\hat{q}$, $\hat{p}$ nach den Vorschriften der Quantenmechanik als Operatoren interpretiert.

2.5 Kanonische Transformationen

2.5.1 Motivation

Die Klassische Mechanik kennt vier äquivalente Formulierungen:

1) Newton (Bd. 1),

2) Lagrange (Kap. 1),

3) Hamilton (Kap. 2),

4) Hamilton-Jacobi (Kap. 3).

Der Übergang vom Lagrange- zum Hamilton-Formalismus wurde mathematisch mit Hilfe einer Legendre-Transformation vollzogen. Die Hamilton-Jacobi-Theorie werden wir im nächsten Abschnitt mit Hilfe einer sogenannten *kanonischen Transformation* auf der in diesem Kapitel diskutierten Hamilton-Mechanik aufbauen. Dazu sind einige Vorüberlegungen angebracht.

Wir haben früher gezeigt, daß im Lagrange-Formalismus die Wahl der generalisierten Koordinaten $q_1, \ldots, q_S$ an sich beliebig ist, nur ihre Gesamtzahl S liegt fest. Die Lagrange-Gleichungen,

$$\frac{d}{dt}\frac{\partial L}{\partial \dot{q}_j} - \frac{\partial L}{\partial q_j} = 0, \qquad j = 1, 2, \ldots, S,$$

sind im Konfigurationsraum nämlich *forminvariant gegenüber Punkttransformationen.* Das haben wir in Kapitel 1.2.1 bewiesen. Für die Transformation

$$(q_1, \ldots, q_S) \Longleftrightarrow (\bar{q}_1, \ldots, \bar{q}_S)$$

mit

$$\bar{q}_j = \bar{q}_j(\mathbf{q}, t); \quad q_j = q_j(\bar{\mathbf{q}}, t), \qquad j = 1, 2, \ldots, S$$

folgen formal unveränderte Lagrange-Gleichungen,

$$\frac{d}{dt}\frac{\partial \bar{L}}{\partial \dot{\bar{q}}_j} - \frac{\partial \bar{L}}{\partial \bar{q}_j} = 0, \qquad j = 1, 2, \ldots, S,$$

wobei die *neue* Lagrange-Funktion $\bar{L}$ aus der *alten* einfach durch Einsetzen der Transformationsformeln hervorgeht:

$$\bar{L} = L\big(\mathbf{q}(\bar{\mathbf{q}}, t), \dot{\mathbf{q}}(\bar{\mathbf{q}}, \dot{\bar{\mathbf{q}}}, t)\, t\big) = \bar{L}(\bar{\mathbf{q}}, \dot{\bar{\mathbf{q}}}, t).$$

Die Lagrange-Gleichungen sind außerdem invariant gegenüber sogenannten *mechanischen Eichtransformationen* (1.84):

$$L \Rightarrow L + L_0; \qquad L_0 = \frac{d}{dt} f(\mathbf{q}, t).$$

f darf dabei eine fast beliebige Funktion von $\mathbf{q}$ und t sein. Die eigentliche Ursache für diese Invarianzen liegt im Wirkungsfunktional $S\{\mathbf{q}(t)\}$ (1.112), das stets für dieselbe Bahn aus M (1.110) extremal wird, unabhängig von der speziellen Koordinatenwahl. Andererseits folgen aber aus der Forderung $\delta S = 0$ die Lagrangeschen Bewegungsgleichungen.

Nun haben wir mit dem *modifizierten Hamiltonschen Prinzip* (2.48) eine solche Formulierung kennengelernt, aus der die Hamiltonschen Bewegungsgleichungen ableitbar sind, wenn man nur die Koordinaten $\mathbf{q}$ und die Impulse $\mathbf{p}$ als selbständige Variable behandelt und unabhängig voneinander variiert. Folgerichtig sind auch die kanonischen Gleichungen gegenüber Punkttransformationen forminvariant, wenn man die Impulse gemäß ihrer Definition

$$p_j = \frac{\partial L}{\partial \dot{q}_j}$$

passend mittransformiert.

Auch von der *mechanischen Eichtransformation* (1.84) kann man zeigen, daß sie nicht nur eine äquivalente Lagrange-, sondern auch eine äquivalente Hamilton-Funktion liefert. *Äquivalent* soll dabei heißen, daß die kanonischen Gleichungen, die die Dynamik des Systems bestimmen, ebenso wie die Lagrange-Gleichungen unter dieser Eichtransformation forminvariant bleiben. Das sieht man wie folgt ein: Wegen

$$\bar{p}_j = \frac{\partial \bar{L}}{\partial \dot{q}_j} = \frac{\partial L}{\partial \dot{q}_j} + \frac{\partial}{\partial \dot{q}_j}\frac{d}{dt} f(\mathbf{q}, t) =$$

$$= \frac{\partial L}{\partial \dot{q}_j} + \frac{\partial}{\partial \dot{q}_j}\left(\frac{\partial}{\partial t} f(\mathbf{q}, t) + \sum_{l=1}^{S} \frac{\partial f}{\partial q_l}\dot{q}_l\right)$$

ergeben sich aus der mechanischen Eichtransformation die folgenden neuen Variablen:

$$\bar{q}_j = q_j; \qquad \bar{p}_j = p_j + \frac{\partial f}{\partial q_j}. \tag{2.129}$$

Damit konstruieren wir die neue Hamilton-Funktion:

$$\begin{aligned}\bar{H} &= \sum_j \bar{p}_j \, \dot{\bar{q}}_j - \bar{L} = \sum_j \left(p_j + \frac{\partial f}{\partial q_j}\right) \dot{q}_j - L - \frac{d}{dt} f = \\ &= H + \sum_j \frac{\partial f}{\partial q_j} \dot{q}_j - \sum_l \frac{\partial f}{\partial q_l} \dot{q}_l - \frac{\partial f}{\partial t}.\end{aligned}$$

Mit der so transformierten Hamilton-Funktion,

$$\bar{H} = H\big(\mathbf{q}, \mathbf{p}(\bar{\mathbf{p}}, \mathbf{q}, t), t\big) - \frac{\partial f(\mathbf{q}, t)}{\partial t}, \tag{2.130}$$

überprüfen wir die kanonischen Gleichungen:

$$\begin{aligned}\frac{\partial \bar{H}}{\partial \bar{q}_j} = \frac{\partial \bar{H}}{\partial q_j} &= \frac{\partial H}{\partial q_j} + \sum_l \frac{\partial H}{\partial p_l} \frac{\partial p_l}{\partial q_j} - \frac{\partial^2 f}{\partial q_j \partial t} = \\ &= -\dot{p}_j - \sum_l \dot{q}_l \frac{\partial^2 f}{\partial q_j \partial q_l} - \frac{\partial^2 f}{\partial q_j \partial t} = \\ &= -\dot{p}_j - \frac{d}{dt} \frac{\partial}{\partial q_j} f(\mathbf{q}, t).\end{aligned}$$

Mit (2.129) bleibt:

$$\frac{\partial \bar{H}}{\partial \bar{q}_j} = -\, \dot{\bar{p}}_j \; . \tag{2.131}$$

Analog findet man:

$$\begin{aligned}\frac{\partial \bar{H}}{\partial \bar{p}_j} &= \sum_{l=1}^{S} \frac{\partial H}{\partial p_l} \frac{\partial p_l}{\partial \bar{p}_j} = \sum_{l=1}^{S} \frac{\partial H}{\partial p_l} \delta_{jl} = \dot{q}_j, \\ \frac{\partial \bar{H}}{\partial \bar{p}_j} &= \dot{\bar{q}}_j \; .\end{aligned} \tag{2.132}$$

(2.131) und (2.132) zeigen die Forminvarianz der kanonischen Gleichungen. Die obige Ableitung enthält ein sehr wichtiges Detail. Wir haben nämlich zeigen können, daß neben dem Variablensatz

$$q_j, p_j, \qquad j = 1, 2, \ldots, S$$

auch

$$q_j, p_j + \frac{\partial}{\partial q_j} f(\mathbf{q}, t), \qquad j = 1, 2, \ldots, S$$

mit beliebigem $f(\mathbf{q}, t)$ ein *kanonisch konjugiertes* Variablenpaar ist. Vorgabe von $\mathbf{q}$ legt also die dazu kanonisch konjugierten Impulse nicht eindeutig fest.

Dies ist typisch für die Hamiltonsche Formulierung der Klassischen Mechanik, für die die Impulse p_j neben den Koordinaten q_j gleichberechtigte Variable sind. Die Klasse der *erlaubten* Transformationen, bei denen Lagrangesche und Hamiltonsche Bewegungsgleichungen invariant bleiben, ist deshalb wesentlich größer als in der Lagrange-Mechanik. Darin liegt ein Vorteil der Hamilton-Mechanik, den wir im folgenden genauer untersuchen und ausnutzen wollen.

Unter einer

Phasentransformation

$$\bar{q}_j = \bar{q}_j(\mathbf{q}, \mathbf{p}, t); \qquad \bar{p}_j = \bar{p}_j(\mathbf{q}, \mathbf{p}, t), \qquad j = 1, 2, \ldots, S \tag{2.133}$$

versteht man eine Punkttransformation im Phasenraum. Während **alle** Punkttransformationen im Konfigurationsraum zu einer *äquivalenten* Lagrange-Funktion führen, bleiben nicht bei jeder Phasentransformation die Hamiltonschen Bewegungsgleichungen forminvariant. Andererseits sind aber nur solche Transformationen der Hamiltonschen Mechanik interessant, die die Form der Bewegungsgleichungen nicht verändern. Man bezeichnet sie als *kanonische Transformationen.*

Definition:

Die Phasentransformation

$$(\mathbf{q}, \mathbf{p}) \longrightarrow (\bar{\mathbf{q}}, \bar{\mathbf{p}})$$

heißt **kanonisch**, falls es eine Funktion

$$\bar{H} = \bar{H}(\bar{\mathbf{q}}, \bar{\mathbf{p}}, t) \tag{2.134}$$

gibt, für die

$$\dot{\bar{q}}_j = \frac{\partial \bar{H}}{\partial \bar{p}_j}; \quad \dot{\bar{p}}_j = -\frac{\partial \bar{H}}{\partial \bar{q}_j}, \qquad j = 1, 2, \ldots, S \tag{2.135}$$

gelten.

Wie dabei $\bar{H}$ aus H hervorgeht, ist eigentlich unwesentlich. Bei dem Invarianzbeweis der Lagrangeschen Gleichungen hatte sich $\bar{L}$ aus L einfach durch Einsetzen ergeben. Ist das bei $\bar{H}$ auch der Fall, gilt also

$$\bar{H} = \bar{H}\big(\mathbf{q}(\bar{\mathbf{q}}, \bar{\mathbf{p}}, t), \, \mathbf{p}(\bar{\mathbf{q}}, \bar{\mathbf{p}}, t), t\big), \tag{2.136}$$

so nennt man die Transformation *kanonisch im engeren Sinne.*

Bevor wir uns praktische Kriterien für kanonische Transformationen erarbeiten, sollen zwei spezielle Beispiele zeigen, was kanonische Transformationen leisten können.

1) Die Phasentransformation

$$\bar{q}_j = \bar{q}_j(\mathbf{q}, \mathbf{p}, t) = -p_j, \tag{2.137}$$

$$\bar{p}_j = \bar{p}_j(\mathbf{q}, \mathbf{p}, t) = q_j \tag{2.138}$$

ist *kanonisch im engeren Sinne*, denn mit

$$H = H(\mathbf{q}, \mathbf{p}, t),$$

$$\bar{H} = \bar{H}(\bar{\mathbf{q}}, \bar{\mathbf{p}}, t) = H(\bar{\mathbf{p}}, -\bar{\mathbf{q}}, t) \tag{2.139}$$

folgt:

$$\frac{\partial \bar{H}}{\partial \bar{p}_j} = \frac{\partial H(\bar{\mathbf{p}}, -\bar{\mathbf{q}}, t)}{\partial \bar{p}_j} = \frac{\partial H(\mathbf{q}, \mathbf{p}, t)}{\partial q_j} = -\dot{p}_j = \dot{\bar{q}}_j,$$

$$\frac{\partial \bar{H}}{\partial \bar{q}_j} = \frac{\partial H(\bar{\mathbf{p}}, -\bar{\mathbf{q}}, t)}{\partial \bar{q}_j} = -\frac{\partial H(\mathbf{q}, \mathbf{p}, t)}{\partial p_j} = -\dot{q}_j = -\dot{\bar{p}}_j\,.$$

Die kanonischen Gleichungen bleiben also bei der Transformation (2.137) und (2.138) forminvariant. Diese Phasentransformation vertauscht *Orte* und *Impulse* und macht damit eindrucksvoll klar, daß die begriffliche Zuordnung $\mathbf{q} \Longleftrightarrow$ *Ort* und $\mathbf{p} \Longleftrightarrow$ *Impuls* im Rahmen der Hamiltonschen Mechanik ziemlich wertlos geworden ist. Man sollte $\mathbf{q}$ und $\mathbf{p}$ als abstrakte, völlig gleichberechtigte, unabhängige Variable ansehen.

2) Zyklische Koordinaten

Wir haben bereits mehrfach erkennen können, daß die *richtige* Wahl der generalisierten Koordinaten q_j ganz entscheidend wichtig für die praktische Lösbarkeit eines mechanischen Problems sein kann. Falls es uns gelänge, die Wahl so zu treffen, daß

alle q_j zyklisch

sind, dann ließe sich das Problem trivial lösen, wenn auch noch

$$\frac{\partial H}{\partial t} = 0 \qquad (H\text{: Konstante der Bewegung})$$

angenommen werden darf. "Alle q_j zyklisch" bedeutet:

$$\frac{\partial H}{\partial q_j} = 0 \qquad \forall j \Longleftrightarrow H = H(\mathbf{p}). \tag{2.140}$$

Es gilt dann:

$$\dot{p}_j = 0 \quad \forall j \iff p_j = \text{const.} = c_j. \tag{2.141}$$

Aus der anderen kanonischen Gleichung ergibt sich demnach:

$$\dot{q}_j = \frac{\partial H}{\partial p_j} = \dot{q}_j(p_1, \dots, p_S) = \dot{q}_j(c_1, \dots, c_S).$$

Dies bedeutet aber

$$\dot{q}_j = \text{const.} = \alpha_j \qquad \forall j, \tag{2.142}$$

was sich leicht integrieren läßt:

$$q_j = \alpha_j\, t + d_j, \qquad j = 1, 2, \dots, S. \tag{2.143}$$

Die α_j sind nach (2.142) und die c_j, d_j sind über die Anfangsbedingungen bekannt. Durch (2.141) und (2.143) ist das Problem somit elementar gelöst.

Die Frage ist natürlich, ob sich die obige Annahme "alle q_j zyklisch" wirklich realisieren läßt. Das ist in der Tat im Prinzip möglich und wird in der Hamilton-Jacobi-Theorie (Kapitel 3) zur Lösungsmethode ausgebaut. Es ist allerdings zu erwarten, daß die physikalisch *plausiblen*, d.h. naheliegenden Koordinaten diese Bedingung nicht erfüllen, sondern zunächst passend kanonisch transformiert werden müssen. Die eingehende Untersuchung kanonischer Transformationen dürfte damit ausreichend motiviert sein.

2.5.2 Die erzeugende Funktion

Ausgangspunkt für die folgenden Überlegungen ist das *modifizierte Hamiltonsche Prinzip* (2.55). Dieses besagt, daß die Systembewegung so erfolgt, daß das Wirkungsfunktional

$$S\{\mathbf{q}(t), \mathbf{p}(t)\} = \int_{t_1}^{t_2} dt \left(\sum_{j=1}^{S} p_j \dot{q}_j - H(\mathbf{p}, \mathbf{q}, t) \right) \tag{2.144}$$

auf der Menge der Phasenbahnen,

$$M = \left\{ \big(\mathbf{q}(t), \mathbf{p}(t)\big) : \mathbf{q}(t_1) = \mathbf{q}_a, \mathbf{q}(t_2) = \mathbf{q}_e;\ \mathbf{p}(t_1), \mathbf{p}(t_2) \text{ beliebig} \right\}, \tag{2.145}$$

für die tatsächliche Bahn extremal wird. Was ist nun bezüglich dieses Prinzips zu beachten, wenn wir eine Phasentransformation

$$(\mathbf{q}, \mathbf{p}) \longrightarrow (\bar{\mathbf{q}}, \bar{\mathbf{p}})$$

durchführen?

1) Die Randbedingungen können sich ändern! Nach der Transformation haben die Bahnen, die zu M gehören, nicht notwendig alle dieselben Anfangs- und Endkonfigurationen, da

$$\bar{\mathbf{q}}(t_1) = \bar{\mathbf{q}}(\mathbf{q}_a,\ \mathbf{p}(t_1),\ t_1), \tag{2.146}$$
$$\bar{\mathbf{q}}(t_2) = \bar{\mathbf{q}}(\mathbf{q}_e,\ \mathbf{p}(t_2),\ t_2) \tag{2.147}$$

von $\mathbf{p}(t_1)$ bzw. $\mathbf{p}(t_2)$ abhängen und damit verschieden sein können.

2) Wenn die Transformation zudem kanonisch sein soll, so muß auch für die neuen Variablen ein modifiziertes Hamiltonsches Prinzip gelten:

$$\delta \int_{t_1}^{t_2} dt \left(\sum_{j=1}^{S} \bar{p}_j \dot{\bar{q}}_j - \bar{H}(\bar{\mathbf{q}}, \bar{\mathbf{p}}, t) \right) \stackrel{!}{=} 0. \tag{2.148}$$

Dabei trifft die Variation unter Umständen andere Bahnen als die der ursprünglichen Konkurrenzschar (2.145), nämlich solche, die feste Anfangs- und Endkonfigurationen $\bar{\mathbf{q}}_a$ und $\bar{\mathbf{q}}_e$ gemeinsam haben.

Dazu beweisen wir folgenden Satz:

Satz:

Die Phasentransformation $(\mathbf{q}, \mathbf{p}) \longrightarrow (\bar{\mathbf{q}}, \bar{\mathbf{p}})$ *ist*

kanonisch, *falls*

$$\sum_{j=1}^{S} p_j \dot{q}_j - H = \sum_{j=1}^{S} \bar{p}_j \dot{\bar{q}}_j - \bar{H} + \frac{dF_1}{dt} \tag{2.149}$$

gilt. Dabei ist

$$F_1 = F_1(\mathbf{q}, \bar{\mathbf{q}}, t) \tag{2.150}$$

eine beliebige, hinreichend oft differenzierbare Funktion der "alten" und der "neuen" Koordinaten.

Beweis:

Wir zeigen zunächst, daß F_1 die Transformation und auch $\bar{H}$ vollständig festlegt, so daß die Bezeichnung

$$F_1 = F_1(\mathbf{q}, \bar{\mathbf{q}}, t) \iff \textbf{Erzeugende} \text{ der Transformation}$$

gerechtfertigt erscheinen wird. — Wir beginnen mit:

$$dF_1 = \sum_{j=1}^{S} \left(\frac{\partial F_1}{\partial q_j} \, dq_j + \frac{\partial F_1}{\partial \bar{q}_j} \, d\bar{q}_j \right) + \frac{\partial F_1}{\partial t} \, dt.$$

Zum Vergleich schreiben wir (2.149) um:

$$dF_1 = \sum_{j=1}^{S} (p_j \, dq_j - \bar{p}_j \, d\bar{q}_j) + (\bar{H} - H) \, dt.$$

Bezüglich F_1 sind $\mathbf{q}$, $\bar{\mathbf{q}}$ und t als unabhängige Variable aufzufassen; deshalb folgt durch Koeffizientenvergleich:

$$p_j = \frac{\partial F_1}{\partial q_j}; \quad \bar{p}_j = -\frac{\partial F_1}{\partial \bar{q}_j}; \quad \bar{H} = H + \frac{\partial F_1}{\partial t}. \tag{2.151}$$

Dadurch ist die Transformation bereits vollständig bestimmt. Sind nämlich $\mathbf{q}$, $\mathbf{p}$ und F_1 vorgegeben, so löst man

$$p_j = \frac{\partial F_1}{\partial q_j} = p_j(\mathbf{q}, \bar{\mathbf{q}}, t)$$

nach $\bar{q}$ auf und erhält damit die erste Hälfte der Transformationsgleichungen:

$$\bar{q}_j = \bar{q}_j(\mathbf{q}, \mathbf{p}, t).$$

Das setzen wir in

$$\bar{p}_j = -\frac{\partial F_1}{\partial \bar{q}_j} = \bar{p}_j(\mathbf{q}, \bar{\mathbf{q}}, t)$$

ein und erhalten dann:

$$\bar{p}_j = \bar{p}_j(\mathbf{q}, \mathbf{p}, t).$$

Diese Überlegung setzt wie üblich voraus, daß die Funktion $F_1(\mathbf{q}, \bar{\mathbf{q}}, t)$ alle notwendigen Voraussetzungen bezüglich der Differenzierbarkeit und Invertierbarkeit erfüllt.

Auch die neue Hamilton-Funktion ist durch $F_1(\mathbf{q}, \bar{\mathbf{q}}, t)$ vollständig festgelegt:

$$\bar{H}(\bar{\mathbf{q}}, \bar{\mathbf{p}}, t) = H\big(\mathbf{q}(\bar{\mathbf{q}}, \bar{\mathbf{p}}, t), \, \mathbf{p}(\bar{\mathbf{q}}, \bar{\mathbf{p}}, t), t\big) + \frac{\partial}{\partial t} F_1\big(\mathbf{q}(\bar{\mathbf{q}}, \bar{\mathbf{p}}, t), \bar{\mathbf{q}}, t\big). \tag{2.152}$$

Wir zeigen nun im zweiten Schritt, daß die von $F_1(\mathbf{q}, \bar{\mathbf{q}}, t)$ *erzeugte* Phasentransformation in der Tat kanonisch ist. Dazu betrachten wir das Wirkungsfunktional:

$$S = \int_{t_1}^{t_2} dt \left(\sum_{j=1}^{S} p_j \dot{q}_j - H(\mathbf{q}, \mathbf{p}, t) \right) = \int_{t_1}^{t_2} dt \left(\sum_{j=1}^{S} \bar{p}_j \dot{\bar{q}}_j - \bar{H}(\bar{\mathbf{q}}, \bar{\mathbf{p}}, t) + \frac{dF_1}{dt} \right) =$$

$$= \int_{t_1}^{t_2} dt \left(\sum_{j=1}^{S} \bar{p}_j \dot{\bar{q}}_j - \bar{H}(\bar{\mathbf{q}}, \bar{\mathbf{p}}, t) \right) + F_1\big(\mathbf{q}_e, \bar{\mathbf{q}}(t_2), t_2\big) - F_1\big(\mathbf{q}_a, \bar{\mathbf{q}}(t_1), t_1\big).$$

S muß nun statt nach $\mathbf{q}$ und $\mathbf{p}$ nach $\bar{\mathbf{q}}$ und $\bar{\mathbf{p}}$ variiert werden, wobei das oben unter Punkt 1) Gesagte zu beachten ist:

$$0 \stackrel{!}{=} \delta S = \delta\big\{F_1(\mathbf{q}_e, \bar{\mathbf{q}}(t_2), t_2) - F_1(\mathbf{q}_a, \bar{\mathbf{q}}(t_1), t_1)\big\} +$$

$$+ \int_{t_1}^{t_2} dt \left[\sum_{j=1}^{S} \left(\delta\bar{p}_j \dot{\bar{q}}_j + \bar{p}_j\, \delta\dot{\bar{q}}_j - \frac{\partial \bar{H}}{\partial \bar{q}_j} \delta\bar{q}_j - \frac{\partial \bar{H}}{\partial \bar{p}_j} \delta\bar{p}_j \right) \right].$$

Da $\mathbf{q}_a$, $\mathbf{q}_e$ für die Variation fest sind, gilt:

$$\delta\{F_1\big(\mathbf{q}_e, \bar{\mathbf{q}}(t_2), t_2\big) - F_1\big(\mathbf{q}_a, \bar{\mathbf{q}}(t_1), t_1\big)\} = \sum_{j=1}^{S} \frac{\partial F_1}{\partial \bar{q}_j} \delta\bar{q}_j \Bigg|_{t_1}^{t_2}.$$

Wenn wir dann noch umformen,

$$\int_{t_1}^{t_2} dt\, \bar{p}_j\, \delta\dot{\bar{q}}_j = \bar{p}_j\, \delta\bar{q}_j \,\big|_{t_1}^{t_2} - \int_{t_1}^{t_2} dt\, \dot{\bar{p}}_j\, \delta\bar{q}_j,$$

so bleibt:

$$0 \stackrel{!}{=} \delta S = \sum_{j=1}^{S} \left(\bar{p}_j + \frac{\partial F_1}{\partial \bar{q}_j} \right) \delta\bar{q}_j \Bigg|_{t_1}^{t_2} +$$

$$+ \int_{t_1}^{t_2} dt \sum_{j=1}^{S} \left[\delta\bar{p}_j \left(\dot{\bar{q}}_j - \frac{\partial \bar{H}}{\partial \bar{p}_j} \right) - \delta\bar{q}_j \left(\dot{\bar{p}}_j + \frac{\partial \bar{H}}{\partial \bar{q}_j} \right) \right]. \tag{2.153}$$

Nach unseren Vorüberlegungen können wir für den ersten Summanden **nicht** schließen, daß $\delta\bar{q}_j$ bei t_1 oder bei t_2 verschwindet. Wegen (2.151) ist aber bereits die Klammer Null. Wegen der Unabhängigkeit der neuen Variablen $\bar{q}_j$, $\bar{p}_j$ folgen dann aus (2.153) die Hamiltonschen Bewegungsgleichungen:

$$\dot{\bar{q}}_j = \frac{\partial \bar{H}}{\partial \bar{p}_j}; \qquad \dot{\bar{p}}_j = -\frac{\partial \bar{H}}{\partial \bar{q}_j}. \tag{2.154}$$

Die durch $F_1(\mathbf{q}, \bar{\mathbf{q}}, t)$ *erzeugte* Transformation ist also in der Tat kanonisch.

2.5.3 Äquivalente Formen der erzeugenden Funktion

Die $(\mathbf{q}, \bar{\mathbf{q}})$-Abhängigkeit der Erzeugenden F_1 ist eigentlich durch nichts ausgezeichnet. Mit Hilfe von Legendre-Transformationen lassen sich drei weitere Typen von Erzeugenden finden:

$$F_2 = F_2(\mathbf{q}, \bar{\mathbf{p}}, t), \tag{2.155}$$
$$F_3 = F_3(\mathbf{p}, \bar{\mathbf{q}}, t), \tag{2.156}$$
$$F_4 = F_4(\mathbf{p}, \bar{\mathbf{p}}, t). \tag{2.157}$$

Die *Erzeugenden* verknüpfen jeweils eine *neue* und eine *alte* Koordinate. Die aktuelle Problemstellung entscheidet, welche Form am günstigsten ist. Für alle drei Funktionen gilt ein Satz wie der für F_1 in (2.149) und (2.150), den wir im letzten Abschnitt bewiesen haben. Das wollen wir im folgenden noch etwas genauer untersuchen.

$\boxed{F_2 = F_2(\mathbf{q}, \bar{\mathbf{p}}, t)}$

F_2 erhält man aus F_1 durch eine Legendre-Transformation bezüglich $\bar{\mathbf{q}}$:

$$F_2(\mathbf{q}, \bar{\mathbf{p}}, t) = F_1(\mathbf{q}, \bar{\mathbf{q}}, t) - \sum_{j=1}^{S} \frac{\partial F_1}{\partial \bar{q}_j} \bar{q}_j = F_1(\mathbf{q}, \bar{\mathbf{q}}, t) + \sum_{j=1}^{S} \bar{p}_j \bar{q}_j. \tag{2.158}$$

Mit der (2.151) entsprechenden Beziehung

$$dF_1 = \sum_{j=1}^{S} (p_j \, dq_j - \bar{p}_j \, d\bar{q}_j) + (\bar{H} - H) \, dt \tag{2.159}$$

ergibt sich für F_2:

$$dF_2 = dF_1 + \sum_{j=1}^{S} (\bar{p}_j \, d\bar{q}_j + \bar{q}_j \, d\bar{p}_j) = \sum_{j=1}^{S} (p_j \, dq_j + \bar{q}_j \, d\bar{p}_j) + (\bar{H} - H) \, dt. \tag{2.160}$$

Dies bedeutet:

$$p_j = \frac{\partial F_2}{\partial q_j}; \quad \bar{q}_j = \frac{\partial F_2}{\partial \bar{p}_j}; \quad \bar{H} = H + \frac{\partial F_2}{\partial t}. \tag{2.161}$$

Durch Invertieren und Auflösen zeigt man, wie für F_1 im letzten Kapitel explizit vorgeführt, daß aus (2.161) die Transformationsgleichungen $(\mathbf{q}, \mathbf{p}) \longrightarrow (\bar{\mathbf{q}}, \bar{\mathbf{p}})$ folgen.

Um zu demonstrieren, daß auch F_2 eine kanonische Phasentransformation vermittelt, haben wir zunächst den Ausdruck (2.149) mit (2.160) umzuformen:

$$\sum_{j=1}^{S} p_j \dot{q}_j - H = \sum_{j=1}^{S} \bar{p}_j \dot{\bar{q}}_j - \bar{H} + \frac{dF_1}{dt} =$$
$$= \sum_{j=1}^{S} \bar{p}_j \dot{\bar{q}}_j - \bar{H} + \frac{dF_2}{dt} - \sum_{j=1}^{S} (\bar{p}_j \dot{\bar{q}}_j + \bar{q}_j \dot{\bar{p}}_j).$$

Setzt man nun statt (2.149)

$$\sum_{j=1}^{S} p_j \dot{q}_j - H = -\sum_{j=1}^{S} \bar{q}_j \dot{\bar{p}}_j - \bar{H} + \frac{dF_2}{dt} \tag{2.162}$$

in das modifizierte Hamiltonsche Prinzip ein und variiert nach $\bar{\mathbf{q}}$ und $\bar{\mathbf{p}}$, so erkennt man, daß auch F_2 eine kanonische Phasentransformation erzeugt.

$F_3 = F_3(\mathbf{p}, \bar{\mathbf{q}}, t)$

F_3 erhält man aus F_1 durch eine Legendre-Transformation bezüglich $\mathbf{q}$:

$$F_3(\mathbf{p}, \bar{\mathbf{q}}, t) = F_1(\mathbf{q}, \bar{\mathbf{q}}, t) - \sum_{j=1}^{S} \frac{\partial F_1}{\partial q_j} q_j = F_1(\mathbf{q}, \bar{\mathbf{q}}, t) - \sum_{j=1}^{S} p_j q_j. \tag{2.163}$$

Wir bilden wieder das totale Differential:

$$dF_3 = dF_1 - \sum_{j=1}^{S} (dp_j\, q_j + p_j\, dq_j).$$

Mit (2.159) für dF_1 folgt weiter:

$$dF_3 = -\sum_{j=1}^{S} (q_j\, dp_j + \bar{p}_j\, d\bar{q}_j) + (\bar{H} - H)\, dt. \tag{2.164}$$

Daran liest man ab:

$$q_j = -\frac{\partial F_3}{\partial p_j}; \quad \bar{p}_j = -\frac{\partial F_3}{\partial \bar{q}_j}; \quad \bar{H} = H + \frac{\partial F_3}{\partial t}. \tag{2.165}$$

Wenn wir diese Ausdrücke invertieren und nach $\bar{\mathbf{q}}$, $\bar{\mathbf{p}}$ auflösen, so erhalten wir die expliziten, durch F_3 vermittelten Transformationsformeln.

Wir formen den Ausdruck (2.149) mit Hilfe von (2.164) um:

$$\sum_{j=1}^{S} p_j \dot{q}_j - H = \sum_{j=1}^{S} \bar{p}_j \dot{\bar{q}}_j - \bar{H} + \frac{dF_1}{dt} =$$

$$= \sum_{j=1}^{S} \bar{p}_j \dot{\bar{q}}_j - \bar{H} + \frac{dF_3}{dt} + \sum_{j=1}^{S} (\dot{p}_j q_j + p_j \dot{q}_j).$$

Setzt man in diesem Fall nun

$$\sum_{j=1}^{S} p_j \dot{q}_j - H = \sum_{j=1}^{S} (\bar{p}_j \dot{\bar{q}}_j + \dot{p}_j q_j + p_j \dot{q}_j) - \bar{H} + \frac{dF_3}{dt} \tag{2.166}$$

anstelle von (2.149) in das modifizierte Hamiltonsche Prinzip ein und variiert das Wirkungsfunktional nach $\bar{\mathbf{q}}$, $\bar{\mathbf{p}}$, so ergeben sich wieder die Hamiltonschen Bewegungsgleichungen in der Form (2.154).

$\boxed{F_4 = F_4(\mathbf{p}, \bar{\mathbf{p}}, t)}$

F_4 folgt aus F_1 durch eine doppelte Legendre-Transformation bezüglich der beiden Variablen $\mathbf{q}$ und $\bar{\mathbf{q}}$:

$$F_4(\mathbf{p}, \bar{\mathbf{p}}, t) = F_1(\mathbf{q}, \bar{\mathbf{q}}, t) - \sum_{j=1}^{S} \left(\frac{\partial F_1}{\partial q_j} q_j + \frac{\partial F_1}{\partial \bar{q}_j} \bar{q}_j \right) =$$

$$= F_1(\mathbf{q}, \bar{\mathbf{q}}, t) + \sum_{j=1}^{S} (\bar{p}_j \bar{q}_j - p_j q_j). \tag{2.167}$$

Am totalen Differential

$$dF_4 = dF_1 + \sum_j (d\bar{p}_j \bar{q}_j + \bar{p}_j d\bar{q}_j - dp_j q_j - p_j dq_j) =$$

$$= \sum_{j=1}^{S} (p_j dq_j - \bar{p}_j d\bar{q}_j) + (\bar{H} - H) dt +$$

$$+ \sum_j (d\bar{p}_j \bar{q}_j + \bar{p}_j d\bar{q}_j - dp_j q_j - p_j dq_j) =$$

$$= \sum_{j=1}^{S} (\bar{q}_j d\bar{p}_j - q_j dp_j) + (\bar{H} - H) dt \tag{2.168}$$

können wir wieder die partiellen Ableitungen ablesen:

$$\bar{q}_j = \frac{\partial F_4}{\partial \bar{p}_j}; \quad q_j = -\frac{\partial F_4}{\partial p_j}; \quad \bar{H} = H + \frac{\partial F_4}{\partial t}. \tag{2.169}$$

Daraus folgen dann wieder durch Invertieren und Auflösen nach $\bar{\mathbf{q}}$, $\bar{\mathbf{p}}$ die expliziten, durch F_4 vermittelten Transformationsformeln. Zum Beweis der Kanonizität der Phasentransformation setzen wir nun

$$\sum_j p_j\,\dot{q}_j - H = \sum_j \bar{p}_j\,\dot{\bar{q}}_j - \bar{H} + \frac{dF_1}{dt} =$$

$$= \sum_j \bar{p}_j\,\dot{\bar{q}}_j - \bar{H} + \frac{dF_4}{dt} - \sum_j (\dot{\bar{p}}_j\,\bar{q}_j + \bar{p}_j\,\dot{\bar{q}}_j - \dot{p}_j\,q_j - p_j\,\dot{q}_j)$$

und damit

$$\sum_{j=1}^{S} p_j\dot{q}_j - H = \sum_{j=1}^{S} \left(\dot{p}_j q_j + p_j\dot{q}_j - \dot{\bar{p}}_j\bar{q}_j\right) - \bar{H} + \frac{dF_4}{dt} \tag{2.170}$$

in das modifizierte Hamiltonsche Prinzip ein, variieren nach $\bar{\mathbf{q}}$, $\bar{\mathbf{p}}$ und verifizieren damit die Hamiltonschen Bewegungsgleichungen. (Dies wird explizit als Aufgabe 2.6.6 durchgeführt!)

Zur besseren Übersicht stellen wir die abgeleiteten Transformationsformeln noch einmal in einer Tabelle zusammen:

	$\bar{q}$	$\bar{p}$
q	$F_1(\mathbf{q},\bar{\mathbf{q}},t)$ $p_j = \frac{\partial F_1}{\partial q_j};\ \bar{p}_j = -\frac{\partial F_1}{\partial \bar{q}_j}$	$F_2(\mathbf{q},\bar{\mathbf{p}},t)$ $p_j = \frac{\partial F_2}{\partial q_j};\ \bar{q}_j = \frac{\partial F_2}{\partial \bar{p}_j}$
p	$F_3(\mathbf{p},\bar{\mathbf{q}},t)$ $q_j = -\frac{\partial F_3}{\partial p_j};\ \bar{p}_j = -\frac{\partial F_3}{\partial \bar{q}_j}$	$F_4(\mathbf{p},\bar{\mathbf{p}},t)$ $q_j = -\frac{\partial F_4}{\partial p_j};\ \bar{q}_j = \frac{\partial F_4}{\partial \bar{p}_j}$

Die Zeitabhängigkeit ist in allen vier Fällen gleich:

$$\bar{H} = H + \frac{\partial F_i}{\partial t}, \qquad i = 1,2,3,4. \tag{2.171}$$

2.5.4 Beispiele kanonischer Transformationen

Wir wollen ein paar charakteristische Anwendungen des bislang noch abstrakten Formalismus diskutieren.

1) Vertauschung von Impulsen und Orten

Wir wählen

$$F_1(\mathbf{q}, \bar{\mathbf{q}}, t) = -\sum_{j=1}^{S} q_j \, \bar{q}_j \tag{2.172}$$

und haben dann mit

$$p_j = \frac{\partial F_1}{\partial q_j} = -\bar{q}_j; \qquad \bar{p}_j = -\frac{\partial F_1}{\partial \bar{q}_j} = q_j \tag{2.173}$$

eine Vertauschung von *Impulsen* und *Orten erzeugt*:

$$(\mathbf{q}, \mathbf{p}) \xrightarrow{F_1} (\bar{\mathbf{p}}, -\bar{\mathbf{q}}). \tag{2.174}$$

Diese Transformation haben wir bereits als vorbereitendes Beispiel mit (2.137) und (2.138) kennengelernt. Derselbe Effekt läßt sich offenbar auch mit

$$F_4(\mathbf{p}, \bar{\mathbf{p}}, t) = -\sum_{j=1}^{S} p_j \bar{p}_j \tag{2.175}$$

erzielen.

2) Identische Transformation

Wir wählen

$$F_2(\mathbf{q}, \bar{\mathbf{p}}, t) = \sum_{j=1}^{S} q_j \bar{p}_j \tag{2.176}$$

und finden dann mit (2.161):

$$p_j = \frac{\partial F_2}{\partial q_j} = \bar{p}_j; \quad \bar{q}_j = \frac{\partial F_2}{\partial \bar{p}_j} = q_j. \tag{2.177}$$

Es handelt sich also offensichtlich um die identische Transformation, die man auch durch

$$F_3(\mathbf{p}, \bar{\mathbf{q}}, t) = -\sum_{j=1}^{S} p_j \bar{q}_j \tag{2.178}$$

hätte erzeugen können.

3) Punkttransformation

Wählen wir

$$F_2(\mathbf{q}, \bar{\mathbf{p}}, t) = \sum_{j=1}^{S} f_j(\mathbf{q}, t)\bar{p}_j, \tag{2.179}$$

so folgt:

$$\bar{q}_j = \frac{\partial F_2}{\partial \bar{p}_j} = f_j(\mathbf{q}, t), \tag{2.180}$$

was einer *Punkttransformation* im Konfigurationsraum entspricht, von der wir bereits in Kapiel 2.5.1 behauptet haben, daß sie kanonisch ist.

Als kanonisch konjugierte Variable sind natürlich auch die Impulse von der Punkttransformation betroffen:

$$p_j = \frac{\partial F_2}{\partial q_j} = \sum_{l=1}^{S} \frac{\partial f_l}{\partial q_j}\bar{p}_l. \tag{2.181}$$

Diese Beziehungen sind nach den $\bar{p}_l$ aufzulösen!

4) Harmonischer Oszillator

Wir demonstrieren mit diesem Beispiel, daß eine geeignet gewählte kanonische Transformation tatsächlich die Integration der Bewegungsgleichungen stark vereinfachen, bisweilen sogar überflüssig machen kann.

Nach (2.35) lautet die Hamilton-Funktion des harmonischen Oszillators:

$$H = \frac{p^2}{2m} + \frac{1}{2}m\,\omega_0^2 q^2.$$

Wir wählen die folgende *Erzeugende*:

$$F_1(q, \bar{q}) = \frac{1}{2}m\,\omega_0 q^2 \cot\bar{q}. \tag{2.182}$$

Die Transformationsformeln (2.151) ergeben dann:

$$p = \frac{\partial F_1}{\partial q} = m\,\omega_0 q \cot\bar{q}, \tag{2.183}$$

$$\bar{p} = -\frac{\partial F_1}{\partial \bar{q}} = \frac{1}{2}m\,\omega_0 q^2 \frac{1}{\sin^2\bar{q}}. \tag{2.184}$$

Die eigentlichen Transformationsgleichungen erhalten wir durch Auflösen nach q und p:

$$q = \sqrt{\frac{2\bar{p}}{m\,\omega_0}}\,\sin\bar{q}, \tag{2.185}$$

$$p = \sqrt{2\bar{p}\,m\,\omega_0}\,\cos\bar{q}. \tag{2.186}$$

Wegen $\partial F_1/\partial t = 0$ gilt für die *neue* Hamilton-Funktion:

$$\bar{H}(\bar{q},\bar{p}) = H\big(q(\bar{q},\bar{p}),\, p(\bar{q},\bar{p})\big) = \\ = \frac{1}{2m}2\bar{p}\,m\,\omega_0\,\cos^2\bar{q} + \frac{1}{2}m\,\omega_0^2\frac{2\bar{p}}{m\,\omega_0}\,\sin^2\bar{q}.$$

Sie nimmt damit eine besonders einfache Gestalt an:

$$\bar{H}(\bar{q},\bar{p}) = \omega_0\bar{p}. \tag{2.187}$$

Die Koordinate $\bar{q}$ ist nun zyklisch. Dies bedeutet:

$$\bar{p}(t) = \bar{p}_0 = \text{const}. \tag{2.188}$$

Außerdem gilt:

$$\dot{\bar{q}} = \frac{\partial\bar{H}}{\partial\bar{p}} = \omega_0,$$

$$\bar{q}(t) = \omega_0 t + \bar{q}_0. \tag{2.189}$$

Die Lösung ist vollständig, wenn wir noch (2.188) und (2.189) in die Transformationsformeln (2.185) und (2.186) einsetzen:

$$q(t) = \sqrt{\frac{2\bar{p}_0}{m\,\omega_0}}\,\sin(\omega_0 t + \bar{q}_0), \tag{2.190}$$

$$p(t) = \sqrt{2\bar{p}_0\,m\,\omega_0}\,\cos(\omega_0 t + \bar{q}_0). \tag{2.191}$$

Das ist die bekannte Lösung des harmonischen Oszillators. $\bar{q}_0$ und $\bar{p}_0$ sind durch die Anfangsbedingungen festgelegt. Dieses Beispiel verdeutlicht, daß man ein physikalisches Problem durch eine passende kanonische Transformation entscheidend vereinfachen kann, wenn diese z.B. alle Koordinaten zyklisch macht. Die neuen Impulse sind dann sämtlich Integrale der Bewegung. Das alles andere als triviale Problem besteht natürlich darin, die richtige Erzeugende (2.182) zu finden. Dies ist im übrigen die zentrale Problemstellung der Hamilton-Jacobi-Theorie (s. Kapitel 3).

5) Mechanische Eichtransformation

Von dieser haben wir bereits in Kapitel 2.5.1 gezeigt, daß sie kanonisch ist. Sie führt mit (2.129) auf die folgenden Transformationsformeln:

$$\bar{q}_j = q_j; \quad \bar{p}_j = p_j + \frac{\partial f}{\partial q_j}; \quad \bar{H} = H - \frac{\partial f}{\partial t}. \tag{2.192}$$

Dabei ist

$$f = f(\mathbf{q}, t)$$

eine beliebige Funktion der Koordinaten und der Zeit. Die Transformation (2.192) entspricht der bereits mehrfach diskutierten Umeichung der Lagrange-Funktion,

$$L \longrightarrow \bar{L} = L + \frac{df}{dt},$$

die die Lagrangeschen Bewegungsgleichungen invariant läßt. Sie wird erzeugt durch:

$$F_2(\mathbf{q}, \bar{\mathbf{p}}) = \sum_{j=1}^{S} q_j \bar{p}_j - f(\mathbf{q}, t). \tag{2.193}$$

Mit (2.161) folgt nämlich:

$$\bar{q}_j = \frac{\partial F_2}{\partial \bar{p}_j} = q_j; \quad p_j = \frac{\partial F_2}{\partial q_j} = \bar{p}_j - \frac{\partial f}{\partial q_j},$$

$$\bar{H} = H + \frac{\partial F_2}{\partial t} = H - \frac{\partial f}{\partial t}.$$

Dies entspricht exakt (2.192).

2.5.5 Kriterien für Kanonizität

Wie erkennt man nun, ob eine Phasentransformation

$$\bar{q}_j = \bar{q}_j(\mathbf{q}, \mathbf{p}, t); \quad \bar{p}_j = \bar{p}_j(\mathbf{q}, \mathbf{p}, t), \qquad j = 1, 2, \ldots, S \tag{2.194}$$

kanonisch ist, wenn die zugehörige erzeugende Funktion nicht explizit bekannt ist? Wir diskutieren dazu zwei Verfahren.

1) Wir lösen (2.194) nach $\mathbf{p}$ und $\bar{\mathbf{p}}$ auf:

$$p_j = p_j(\mathbf{q}, \bar{\mathbf{q}}, t); \quad \bar{p}_j = \bar{p}_j(\mathbf{q}, \bar{\mathbf{q}}, t). \tag{2.195}$$

Falls die Transformation kanonisch ist, muß es eine erzeugende Funktion $F_1(\mathbf{q}, \bar{\mathbf{q}}, t)$ geben mit

$$p_j = \frac{\partial F_1}{\partial q_j}; \quad \bar{p}_j = -\frac{\partial F_1}{\partial \bar{q}_j}, \qquad j = 1, 2, \ldots, S.$$

Dies bedeutet aber auch:

$$\frac{\partial p_j}{\partial \bar{q}_m} = \frac{\partial^2 F_1}{\partial \bar{q}_m \partial q_j} = \frac{\partial^2 F_1}{\partial q_j \partial \bar{q}_m} = -\frac{\partial \bar{p}_m}{\partial q_j}.$$

Wir untersuchen also, ob

$$\left(\frac{\partial p_j}{\partial \bar{q}_m}\right)_{\substack{q,t \\ \bar{q}_l,\, l \neq m}} \stackrel{!}{=} -\left(\frac{\partial \bar{p}_m}{\partial q_j}\right)_{\substack{\bar{q},t \\ q_l,\, l \neq j}} \tag{2.196}$$

für alle Indexpaare (j,m) gilt. Analog dazu muß natürlich auch gelten:

$$\left(\frac{\partial p_j}{\partial q_m}\right)_{\substack{\bar{q},t \\ q_l,\, l \neq m}} \stackrel{!}{=} \left(\frac{\partial p_m}{\partial q_j}\right)_{\substack{\bar{q},t \\ q_l,\, l \neq j}}, \tag{2.197}$$

$$\left(\frac{\partial \bar{p}_j}{\partial \bar{q}_m}\right)_{\substack{q,t \\ \bar{q}_l,\, l \neq m}} \stackrel{!}{=} \left(\frac{\partial \bar{p}_m}{\partial \bar{q}_j}\right)_{\substack{q,t \\ \bar{q}_l,\, l \neq j}}. \tag{2.198}$$

Es leuchtet unmittelbar ein, daß trotz des einfachen Konzepts die praktische Handhabung dieser Formeln recht mühsam sein wird. Das anschließend zu besprechende zweite Verfahren wird sich als wesentlich bequemer herausstellen.

Die Auflösung der Transformationsformeln (2.194) nach $\mathbf{p}$ und $\bar{\mathbf{p}}$ wie in (2.195) ist natürlich nicht zwingend. Wichtig bei der Auflösung ist nur, daß sie nach einer *alten* und einer *neuen* Koordinate erfolgt. Möglich sind deshalb auch:

$$q_j = q_j(\mathbf{p}, \bar{\mathbf{p}}, t); \quad \bar{q}_j = \bar{q}_j(\mathbf{p}, \bar{\mathbf{p}}, t) \iff F_4(\mathbf{p}, \bar{\mathbf{p}}, t), \tag{2.199}$$

$$q_j = q_j(\mathbf{p}, \bar{\mathbf{q}}, t); \quad \bar{p}_j = \bar{p}_j(\mathbf{p}, \bar{\mathbf{q}}, t) \iff F_3(\mathbf{p}, \bar{\mathbf{q}}, t), \tag{2.200}$$

$$p_j = p_j(\mathbf{q}, \bar{\mathbf{p}}, t); \quad \bar{q}_j = \bar{q}_j(\mathbf{q}, \bar{\mathbf{p}}, t) \iff F_2(\mathbf{q}, \bar{\mathbf{p}}, t). \tag{2.201}$$

2) Das zweite Verfahren zur Überprüfung der Kanonizität einer Phasentransformation führen wir mit einem Satz ein:

Satz:

Die Phasentransformation (2.194) ist genau dann kanonisch, wenn die fundamentalen Poisson-Klammern in den neuen Variabeln,

$$\{\bar{q}_i, \bar{p}_j\} = \delta_{ij}, \tag{2.202}$$

$$\{\bar{q}_i, \bar{q}_j\} = \{\bar{p}_i, \bar{p}_j\} = 0, \tag{2.203}$$

erfüllt sind.

Beweis:

Wir führen den Beweis für **nicht** explizit zeitabhängige Phasentransformationen,

$$\frac{\partial F}{\partial t} = 0 \iff \bar{H}(\bar{\mathbf{q}}, \bar{\mathbf{p}}, t) = H\big(\mathbf{q}(\bar{\mathbf{q}}, \bar{\mathbf{p}}), \mathbf{p}(\bar{\mathbf{q}}, \bar{\mathbf{p}}), t\big),$$

die wir also auf *Kanonizität im engeren Sinne* untersuchen. Nach dem in Kapitel 2.4.2 bewiesenen Satz ist die Poisson-Klammer unabhängig von dem Satz kanonischer Variabler, der als Basis verwendet wird. Wir nehmen hier die *alten* Variablen $\mathbf{q}$ und $\mathbf{p}$. Nach (2.105), der allgemeinen Bewegungsgleichung, gilt zunächst:

$$\dot{\bar{q}}_j = \{\bar{q}_j, H\}_{\mathbf{q},\mathbf{p}} = \sum_{l=1}^{S} \left(\frac{\partial \bar{q}_j}{\partial q_l} \frac{\partial H}{\partial p_l} - \frac{\partial \bar{q}_j}{\partial p_l} \frac{\partial H}{\partial q_l} \right),$$

$$\dot{\bar{p}}_j = \{\bar{p}_j, H\}_{\mathbf{q},\mathbf{p}} = \sum_{l=1}^{S} \left(\frac{\partial \bar{p}_j}{\partial q_l} \frac{\partial H}{\partial p_l} - \frac{\partial \bar{p}_j}{\partial p_l} \frac{\partial H}{\partial q_l} \right).$$

Die partiellen Ableitungen der Hamilton-Funktion H lassen sich wie folgt schreiben:

$$\frac{\partial H}{\partial p_l} = \sum_{k=1}^{S} \left(\frac{\partial \bar{H}}{\partial \bar{q}_k} \frac{\partial \bar{q}_k}{\partial p_l} + \frac{\partial \bar{H}}{\partial \bar{p}_k} \frac{\partial \bar{p}_k}{\partial p_l} \right),$$

$$\frac{\partial H}{\partial q_l} = \sum_{k=1}^{S} \left(\frac{\partial \bar{H}}{\partial \bar{q}_k} \frac{\partial \bar{q}_k}{\partial q_l} + \frac{\partial \bar{H}}{\partial \bar{p}_k} \frac{\partial \bar{p}_k}{\partial q_l} \right).$$

Das setzen wir oben ein:

$$\dot{\bar{q}}_j = \sum_{l,k} \left[\frac{\partial \bar{q}_j}{\partial q_l} \left(\frac{\partial \bar{H}}{\partial \bar{q}_k} \frac{\partial \bar{q}_k}{\partial p_l} + \frac{\partial \bar{H}}{\partial \bar{p}_k} \frac{\partial \bar{p}_k}{\partial p_l} \right) - \frac{\partial \bar{q}_j}{\partial p_l} \left(\frac{\partial \bar{H}}{\partial \bar{q}_k} \frac{\partial \bar{q}_k}{\partial q_l} + \frac{\partial \bar{H}}{\partial \bar{p}_k} \frac{\partial \bar{p}_k}{\partial q_l} \right) \right].$$

Dies läßt sich wie folgt zusammenfassen:

$$\dot{\bar{q}}_j = \sum_{k} \left[\frac{\partial \bar{H}}{\partial \bar{q}_k} \{\bar{q}_j, \bar{q}_k\}_{\mathbf{q},\mathbf{p}} + \frac{\partial \bar{H}}{\partial \bar{p}_k} \{\bar{q}_j, \bar{p}_k\}_{\mathbf{q},\mathbf{p}} \right]. \tag{2.204}$$

Auf die gleiche Weise findet man:

$$\dot{\bar{p}}_j = \sum_{k} \left[-\frac{\partial \bar{H}}{\partial \bar{q}_k} \{\bar{q}_k, \bar{p}_j\}_{\mathbf{q},\mathbf{p}} + \frac{\partial \bar{H}}{\partial \bar{p}_k} \{\bar{p}_j, \bar{p}_k\}_{\mathbf{q},\mathbf{p}} \right]. \tag{2.205}$$

Die Hamiltonschen Bewegungsgleichungen,

$$\dot{\bar{q}}_j = \frac{\partial \bar{H}}{\partial \bar{p}_j}; \quad \dot{\bar{p}}_j = -\frac{\partial \bar{H}}{\partial \bar{q}_j}, \tag{2.206}$$

gelten also genau dann, wenn (2.202) und (2.203) erfüllt sind. Genau dies aber war zu beweisen.

Der Satz (2.202), (2.203) stellt ein recht handliches Kriterium für die Kanonizität der betreffenden Phasentransformation dar.

2.6 Aufgaben

Aufgabe 2.6.1

Bestimmen Sie die Legendre-Transformierte

1) $g(u)$ der Funktion $f(x) = \alpha\, x^2$,

2) $g(x, v)$ der Funktion $f(x, y) = \alpha\, x^2 y^3$.

Aufgabe 2.6.2

Bestimmen Sie die Routh-Funktion und die Routhschen Bewegungsgleichungen für das in Kapitel 1.4 behandelte Zweikörperproblem (Massen m_1, m_2 mit abstandsabhängiger Paarwechselwirkung im ansonsten kräftefreien Raum).

Aufgabe 2.6.3

Die potentielle Energie eines Teilchens der Masse m sei in Zyklinderkoordinaten (ρ, φ, z) formuliert:

$$V(\rho) = V_0 \ln \frac{\rho}{\rho_0}; \quad V_0 = \text{const.}, \rho_0 = \text{const.}$$

1) Wie lautet die Hamilton-Funktion?

2) Stellen Sie die Hamiltonschen Bewegungsgleichungen auf.

3) Finden Sie drei Erhaltungssätze.

Aufgabe 2.6.4

1) Bestimmen Sie die Poisson-Klammern, die aus den kartesischen Komponenten des Impulses $\mathbf{p}$ und des Drehimpulses $\mathbf{L} = \mathbf{r} \times \mathbf{p}$ eines Massenpunktes gebildet sind.

2) Bestimmen Sie die Poisson-Klammern, die aus den Komponenten von $\mathbf{L}$ bestehen.

Aufgabe 2.6.5

Zeigen Sie, daß für die Funktionen

$$f = f(\mathbf{q}, \mathbf{p}, t); \quad g = g(\mathbf{q}, \mathbf{p}, t); \quad h = h(\mathbf{q}, \mathbf{p}, t)$$

die folgenden Beziehungen gelten:

$$\begin{aligned}
&1) \quad \frac{\partial}{\partial t}\{f, g\} = \left\{\frac{\partial f}{\partial t}, g\right\} + \left\{f, \frac{\partial g}{\partial t}\right\},\\
&2) \quad \frac{d}{dt}\{f, g\} = \left\{\frac{df}{dt}, g\right\} + \left\{f, \frac{dq}{dt}\right\},\\
&3) \quad \{f, g \cdot h\} = g\{f, h\} + \{f, g\}h.
\end{aligned}$$

Aufgabe 2.6.6

$(\mathbf{q}, \mathbf{p}) \longrightarrow (\bar{\mathbf{q}}, \bar{\mathbf{p}})$ sei eine Phasentransformation, für die

$$\sum_{j=1}^{S} p_j \dot{q}_j - H = \sum_{j=1}^{S} (\dot{p}_j q_j + p_j \dot{q}_j - \dot{\bar{p}}_j \, \bar{q}_j) - \bar{H} + \frac{dF_4}{dt}$$

gilt, wobei $F_4 = F_4(\mathbf{p}, \bar{\mathbf{p}}, t)$ eine beliebige Funktion der *alten* und der *neuen* Impulse ist. Zeigen Sie:

1) $\bar{H}$ und die Phasentransformation

$$\bar{q}_j = \bar{q}_j(\mathbf{q}, \mathbf{p}, t); \quad \bar{p}_j = \bar{p}_j(\mathbf{q}, \mathbf{p}, t)$$

sind vollständig durch die *Erzeugende* F_4 festgelegt.

2) Die durch F_4 vermittelte Transformation ist kanonisch.

Aufgabe 2.6.7

Können zwei Komponenten des Drehimpulses (z.B. L_x, L_y) gleichzeitig als kanonische Impulse auftreten?

Aufgabe 2.6.8

Untersuchen Sie, ob die folgende Transformation kanonisch ist:

$$\bar{q} = \ln\left(\frac{\sin p}{q}\right); \quad \bar{p} = q \cot p.$$

Aufgabe 2.6.9

q, p seien kanonisch konjugierte Variable. Durch die Transformation

$$\bar{q} = \ln(1 + \sqrt{q}\,\cos p),$$
$$\bar{p} = 2(1 + \sqrt{q}\,\cos p)\,\sqrt{q}\,\sin p$$

werden neue Koordinaten $\bar{q}, \bar{p}$ definiert.

1) Zeigen Sie, daß die Transformation kanonisch ist.

2) Zeigen Sie, daß die Transformation durch

$$F_3(p, \bar{q}, t) = -(e^{\bar{q}} - 1)^2 \tan p$$

erzeugt wird.

Aufgabe 2.6.10

Gegeben seien ein mechanisches System mit der Hamilton-Funktion

$$H = \frac{1}{2m} p^2 q^4 + \frac{k}{2q^2}$$

und die *Erzeugende* einer kanonischen Transformation:

$$F_1(q, \bar{q}) = -\sqrt{m\,k}\,\frac{\bar{q}}{q}.$$

1) Wie lauten die Transformationsformeln

$$p = p(\bar{q}, \bar{p}); \quad q = q(\bar{q}, \bar{p})\,?$$

2) Wie lautet die *neue* Hamilton-Funktion

$$\bar{H} = \bar{H}(\bar{q}, \bar{p})\,?$$

3) Geben Sie die Lösung des Problems in den Variablen $\bar{q}, \bar{p}$ an.

Aufgabe 2.6.11

Für welche Werte α und β ist die Phasentransformation

$$\bar{q} = q^{\alpha} \cos(\beta\,p); \quad \bar{p} = q^{\alpha} \sin(\beta\,p)$$

kanonisch?

2.7 Kontrollfragen

Zu Kapitel 2.1

1) Worin besteht die Zielsetzung der Hamilton-Mechanik?

2) Stellen Sie die Vor- und Nachteile der Newtonschen und der Lagrangeschen Formulierung der Klassischen Mechanik gegenüber.

3) Welche Variablentransformation findet beim Übergang von der Lagrange- zur Hamilton-Mechanik statt?

4) Wie ist die Legendre-Transformierte der Funktion $f(x, y)$ bezüglich der Variablen y definiert?

Zu Kapitel 2.2

1) Was sind die aktiven, was die passiven Variablen bei der Transformation von der Lagrange- auf die Hamilton-Funktion?

2) Formulieren Sie die Hamiltonschen Bewegungsgleichungen.

3) Unter welchen Voraussetzungen ist H mit der Gesamtenergie des Systems identisch?

3) Zeigen Sie, daß totales und partielles Zeitdifferential von H identisch sind.

5) Welchen Vorteil bringen zyklische Koordinaten im Hamilton-Formalismus?

6) Was ist die Idee des Routh-Formalismus? Wie hängt die Routh- mit der Hamilton-Funktion zusammen?

7) Wie findet man die Hamilton-Funktion eines physikalischen Systems?

8) Wie lautet die Hamilton-Funktion des harmonischen Oszillators?

9) Welcher Hamilton-Funktion unterliegt die Bewegung eines Teilchens der Masse m und der Ladung $\bar{q}$ im elektromagnetischen Feld?

10) Formulieren Sie die Hamilton-Funktionen in Zylinder- und in Kugelkoordinaten für ein Teilchen der Masse m, das einer konservativen Kraft, aber keinen Zwangsbedingungen unterliegt.

Zu Kapitel 2.3

1) Nennen und kommentieren Sie die wichtigsten Integralprinzipien der Klassischen Mechanik.

2) Was versteht man unter dem *modifizierten Hamiltonschen Prinzip*?

3) Formulieren Sie präzise die Variationsvorschrift für das *modifizierte Hamiltonsche Prinzip*.

4) Worin sehen Sie charakteristische Unterschiede zwischen dem *ursprünglichen* und dem *modifizierten* Hamiltonschen Prinzip?

5) Wie ist die *Wirkung A* definiert?

6) Was besagt das *Prinzip der kleinsten Wirkung*?

7) Wodurch unterscheiden sich die Variationsvorschriften für das Hamiltonsche Prinzip und das Prinzip der kleinsten Wirkung?

8) Welchen Spezialfall betrifft das *Fermatsche Prinzip*?

9) Was versteht man unter dem *Prinzip der kürzesten Ankunft*, was unter dem *Prinzip des kürzesten Weges*?

10) Wie unterscheidet sich das Jacobi-Prinzip vom *Prinzip der kleinsten Wirkung*?

11) Was versteht man unter dem *metrischen Tensor*?

12) Formulieren Sie das Jacobi-Prinzip für die kräftefreie Bewegung.

Zu Kapitel 2.4

1) Ist durch Angabe der Konfigurationsbahn ein mechanisches Problem gelöst? Begründen Sie Ihre Antwort.

2) Was versteht man unter dem *Ereignisraum*?

3) In welchen Darstellungsräumen spielen sich Lagrange- und Hamilton-Formalismus ab?

4) Wie sieht die *Ereignisbahn* des linearen, harmonischen Oszillators aus, wie seine *Phasenbahn*?

5) Definieren Sie den Zustandsraum.

6) Was bedeutet der Begriff *Zustand* ψ?

7) Welche Minimalinformation wird benötigt, um sämtliche mechanischen Eigenschaften eines allgemeinen N-Teilchensystems festzulegen?

8) Warum muß die Zeitentwicklung eines Zustands ψ aus einer Differentialgleichung erster Ordnung folgen?

9) Warum ist die Konfiguration $\mathbf{q}(t)$ eines mechanischen Systems noch kein *Zustand*?

10) Wie ist die Poisson-Klammer definiert?

11) Formulieren Sie die Bewegungsgleichung einer beliebigen Phasenfunktion $f(\mathbf{q}, \mathbf{p}, t)$ mit Hilfe der Poisson-Klammer.

12) In welcher Weise hängt die Poisson-Klammer von der Wahl der kanonischen Variablen $(\mathbf{q}, \mathbf{p})$ ab?

13) Wie lauten die *fundamentalen Poisson-Klammern*?

14) Zählen Sie einige formale Eigenschaften der Poisson-Klammer auf.

15) Wie lautet die Jacobi-Identität?

16) Wie kann man die Poisson-Klammer benutzen, um zu sehen, daß $F(\mathbf{q}, \mathbf{p}, t)$ ein Integral der Bewegung darstellt?

17) Was besagt der *Poissonsche Satz*?

18) Erläutern Sie, warum man die Klassische Mechanik und die Quantenmechanik als verschiedene Realisierungen derselben mathematischen Struktur auffassen kann.

Zu Kapitel 2.5

1) Was ist die tiefere Ursache für die Invarianz der Lagrangeschen Bewegungsgleichungen gegenüber Punkttransformationen im Konfigurationsraum und gegenüber mechanischen Eichtransformationen?

2) Wie ändert sich die Hamilton-Funktion bei einer mechanischen Eichtransformation? Was passiert dabei mit den kanonischen Bewegungsgleichungen?

3) Sind durch die generalisierten Koordinaten $q_1, \ldots, q_s$ die generalisierten Impulse p_j eindeutig festgelgt?

4) Was versteht man unter einer Phasentransformation?

5) Welche Bedeutung haben kanonische Transformationen? Wann nennt man sie *kanonisch im engeren Sinne*?

6) Nennen Sie im Zusammenhang mit dem modifizierten Hamiltonschen Prinzip ein erstes Kriterium dafür, daß eine Phasentransformation $(\mathbf{q}, \mathbf{p}) \longrightarrow (\bar{\mathbf{q}}, \bar{\mathbf{p}})$ kanonisch ist.

7) Was versteht man unter der *Erzeugenden* einer kanonischen Transformation?

8) Welche Typen von erzeugenden Funktionen für kanonische Transformationen kennen Sie? Was ist deren gemeinsames Merkmal?

9) Nennen Sie mindestens zwei erzeugende Funktionen für eine Phasentransformation, die Impulse und Orte miteinander vertauscht.

10) Welche *Erzeugende* vermittelt eine identische Transformation?

11) Wie sieht die *Erzeugende* für eine Punkttransformation im Konfigurationsraum aus? Was passiert dabei mit den kanonischen Impulsen?

12) Nennen Sie mindestens zwei Kriterien für die Kanonizität einer Phasentransformation.

3 HAMILTON-JACOBI-THEORIE

Die Überlegungen des letzten Abschnitts zu den kanonischen Transformationen lassen eine solche Mannigfaltigkeit an Transformationsmöglichkeiten erkennen, daß sich daraus eigentlich auch ergiebige

allgemeine Lösungsverfahren für mechanische Probleme

konstruieren lassen sollten. Wir untersuchen deshalb nun, auf welche Weise eine Hamilton-Funktion H transformiert werden muß, damit die Lösung des physikalischen Problems möglichst einfach, vielleicht sogar trivial wird. Die folgenden Methoden böten sich zum Beispiel an:

1) Man wähle die Transformation so, daß in den neuen Variablen $\bar{\mathbf{q}}$, $\bar{\mathbf{p}}$ die transformierte Hamilton-Funktion $\bar{H}$ ein bekanntes, bereits gelöstes Problem formuliert (z.B. harmonischer Oszillator, s. Aufgabe 2.6.10!).

2) Man wähle die Transformation so, daß alle neuen Koordinaten $\bar{q}_j$ zyklisch sind.

In Kapitel 2.5.1 hatten wir bereits gezeigt, daß dann die Integration der Bewegungsgleichungen trivial wird, wenn wir noch

$$\frac{\partial H}{\partial t} = 0$$

annehmen dürfen. Es bleibt dann lediglich:

$$\bar{p}_j = \alpha_j = \text{ const.}, \qquad j = 1, \ldots, S,$$
$$\bar{H} = \bar{H}(\alpha); \qquad \omega_j = \frac{\partial \bar{H}}{\partial \alpha_j},$$
$$\bar{q}_j = \omega_j\, t + \beta_j, \qquad j = 1, 2, \ldots, S.$$

Die $2S$ Konstanten α_j, β_j sind schließlich durch die Anfangsbedingungen festgelegt.

3) Man wähle die Transformation so, daß

$$\bar{q}_j = \beta_j = \text{const.}; \quad \bar{p}_j = \alpha_j = \text{const.}, \quad j = 1, 2, \ldots, S.$$

Die Lösung ergibt sich dann *einfach* durch Umkehrung der Transformation,

$$\mathbf{q} = \mathbf{q}(\boldsymbol{\beta}, \boldsymbol{\alpha}, t); \quad \mathbf{p} = \mathbf{p}(\boldsymbol{\beta}, \boldsymbol{\alpha}, t),$$

wobei die β_j, α_j erneut durch Anfangsbedingungen bestimmt sind.

Das Problem ist nur, wie findet man die zu 1) bis 3) passenden kanonischen Transformationen?

3.1 Hamilton-Jacobi-Gleichung

Das Verfahren 1) ist natürlich sehr speziell und nur im Einzelfall durchführbar. Die Verfahren 2) und 3) sind allgemeiner, wobei 3) gegenüber 2) den Vorteil besitzt, auch für Systeme mit expliziter Zeitabhängigkeit der Hamilton-Funktion anwendbar zu sein. Wir wollen uns deshalb hier auf das Verfahren 3) konzentrieren:

Gesucht ist also eine kanonische Transformation, durch die die *neuen* Variablen $\bar{\mathbf{q}}$ und $\bar{\mathbf{p}}$ zeitlich konstant werden. Das gilt sicher, wenn die Transformation für die *neue* Hamilton-Funktion

$$\bar{H} = H + \frac{\partial F}{\partial t} \equiv 0 \tag{3.1}$$

erreicht. Das würde nämlich trivialerweise

$$\dot{\bar{q}}_j = \frac{\partial \bar{H}}{\partial p_j} = 0 \implies \bar{q}_j = \beta_j = \text{const.}, \qquad j = 1, 2, \ldots S,$$

$$\dot{\bar{p}}_j = -\frac{\partial \bar{H}}{\partial q_j} = 0 \implies \bar{p}_j = \alpha_j = \text{const.} \qquad j = 1, 2, \ldots, S$$

bedeuten. Es ist zweckmäßig, aber keinesfalls notwendig, die Erzeugende F vom Typ F_2,

$$F_2 = F_2(\mathbf{q}, \bar{\mathbf{p}}, t),$$

zu wählen. Dann gilt nach (2.161):

$$p_j = \frac{\partial F_2}{\partial q_j}; \quad \bar{q}_j = \frac{\partial F_2}{\partial \bar{p}_j}.$$

Setzen wir dies in (3.1) ein, so ergibt sich die

Hamilton-Jacobi-Differentialgleichung

$$H\left(q_1, \ldots, q_S, \frac{\partial F_2}{\partial q_1}, \ldots, \frac{\partial F_2}{\partial q_S}, t\right) + \frac{\partial F_2}{\partial t} = 0. \tag{3.2}$$

Aus dieser Gleichung muß die Erzeugende F_2 bestimmt werden. Wir wollen diese Gleichung ein wenig diskutieren, um dann ein praktikables Lösungsverfahren formulieren zu können.

1) Die Lösung heißt aus Gründen, die später klar werden:

Hamiltonsche Wirkungsfunktion $F_2 = S$.

2) Die Hamilton-Jacobi-Differentialgleichung (HJD) stellt eine

nicht-lineare, partielle Differentialgleichung 1. Ordnung für F_2 **in** $(S+1)$ **Variablen** $q_1, \dots, q_S, t$

dar und ist damit im allgemeinen mathematisch nicht ganz einfach zu behandeln. *Nicht-linear* ist sie, da H quadratisch von den Impulsen und damit von $\partial F_2/\partial q_j$ abhängt. Es treten nur partielle Ableitungen 1. Ordnung nach den q_j und nach t auf.

3) Die HJD enthält $(S+1)$ verschiedene Ableitungen der gesuchten Funktion F_2. Es treten nach der Integration demnach $(S+1)$ Integrationskonstanten auf. Da die HJD F_2 aber nur in der Form $\partial F_2/\partial q_j$ oder $\partial F_2/\partial t$ enthält, ist mit F_2 auch stets $F_2 + C$ Lösung. Von den Integrationskonstanten ist also eine trivial additiv:

Lösung:

$$F_2(q_1, \dots, q_S, t \,|\, \alpha_1, \alpha_2, \dots, \alpha_S) + \alpha_{S+1}. \tag{3.3}$$

α_{S+1} ist unwichtig, da in die Transformationsformeln (2.161) nur die Ableitungen von F_2 eingehen. Man nennt (3.3) eine **vollständige Lösung** der HJD.

4) Die HJD bestimmt nur die $\mathbf{q}$- und t-Abhängigkeiten der Lösung $F_2 = F_2(\mathbf{q}, \bar{\mathbf{p}}, t)$ und macht damit keine Aussage über die Impulse $\bar{p}_j$. Wir wollen aber, daß die $\bar{p}_j = \text{const.}$ sind, haben deshalb die Freiheit, die Integrationskonstanten mit den neuen Impulsen zu identifizieren:

$$\bar{p}_j = \alpha_j, \qquad j = 1, 2, \dots, S. \tag{3.4}$$

Mit diesen Überlegungen konstruieren wir nun das folgende **Lösungsverfahren:**

a) Man formuliere $H = H(\mathbf{q}, \mathbf{p}, t)$, setze $p_j = \frac{\partial F_2}{\partial q_j}$ ein und stelle die HJD auf.

b) Man löse die HJD für F_2,

$$F_2 = S(q_1, \dots, q_S, t \,|\, \alpha_1, \dots, \alpha_S), \tag{3.5}$$

und identifiziere die Integrationskonstanten mit den *neuen* Impulsen:

$$\bar{p}_j = \alpha_j, \qquad j = 1, \dots, S. \tag{3.6}$$

c) Man setze:

$$\bar{q}_j = \frac{\partial S(\mathbf{q}, t \,|\, \boldsymbol{\alpha})}{\partial \alpha_j} = \bar{q}_j(\mathbf{q}, t \,|\, \boldsymbol{\alpha}) = \beta_j, \qquad j = 1, \dots, S. \tag{3.7}$$

Das sind S Gleichungen, dic nach den Koordinaten $q_1, \dots, q_S$ aufzulösen sind:

$$q_j = q_j(t \,|\, \beta_1, \dots, \beta_S, \, \alpha_1, \dots \alpha_S) = q_j(t \,|\, \boldsymbol{\beta}, \boldsymbol{\alpha}), \qquad j = 1, \dots, S. \tag{3.8}$$

d) Man berechne die Impulse aus

$$p_j = \frac{\partial S(\mathbf{q}, t \,|\, \boldsymbol{\alpha})}{\partial q_j} = p_j(\mathbf{q}, t \,|\, \boldsymbol{\alpha}), \qquad j = 1, \dots, S \tag{3.9}$$

und setze die Koordinaten aus (3.8) darin ein:

$$p_j = p_j(t \,|\, \beta_1, \dots, \beta_S, \, \alpha_1, \dots, \alpha_S) = p_j(t \,|\, \boldsymbol{\beta}, \boldsymbol{\alpha}), \quad j = 1, \dots, S. \tag{3.10}$$

e) Die Anfangsbedingungen

$$q_j^{(0)} = q_j(t = t_0); \quad p_j^{(0)} = p_j(t = t_0), \qquad j = 1, \dots, S$$

liefern mit (3.9):

$$\boldsymbol{\alpha} = \boldsymbol{\alpha}\left(t_0; \mathbf{p}^{(0)}, \, \mathbf{q}^{(0)}\right). \tag{3.11}$$

Über (3.8) ist dann auch $\boldsymbol{\beta}$ bestimmt:

$$\boldsymbol{\beta} = \boldsymbol{\beta}\left(t_0; \mathbf{p}^{(0)}, \, \mathbf{q}^{(0)}\right). \tag{3.12}$$

f) Die so bestimmten $\boldsymbol{\alpha}$ und $\boldsymbol{\beta}$ werden in (3.8) und (3.10) eingesetzt, womit das mechanische Problem gelöst ist.

Wir wollen zum Schluß noch die

physikalische Bedeutung der HJD-Lösung

diskutieren. Bisher war $F_2 = S(\mathbf{q}, \bar{\mathbf{p}}, t)$ lediglich die Erzeugende einer speziellen kanonischen Transformation, die für $\bar{H} \equiv 0$ sorgt, oder gleichbedeutend damit für

$$\boldsymbol{\pi} \equiv (\mathbf{q}, \mathbf{p}) \xrightarrow{\;S\;} \bar{\boldsymbol{\pi}} \equiv (\boldsymbol{\beta}, \boldsymbol{\alpha}) = \text{const.} \tag{3.13}$$

Die totale zeitliche Ableitung von S macht die physikalische Bedeutung klarer:

$$\frac{dF_2}{dt} = \sum_{j=1}^{S} \left(\frac{\partial F_2}{\partial q_j} \dot{q}_j + \frac{\partial F_2}{\partial \bar{p}_j} \dot{\bar{p}}_j \right) + \frac{\partial F_2}{\partial t}.$$

Für $F_2 = S$ gilt speziell:

$$\frac{\partial F_2}{\partial q_j} = p_j; \quad \dot{\bar{p}}_j \equiv 0; \quad \frac{\partial F_2}{\partial t} = \bar{H} - H = -H.$$

Damit bleibt:

$$\frac{dS}{dt} = \sum_{j=1}^{S} p_j \dot{q}_j - H = L. \tag{3.14}$$

S ist also gerade die vom Hamiltonschen Prinzip her bekannte *Wirkungsfunktion*

$$S = \int L\, dt + \text{const.} \tag{3.15}$$

für ein System, das zur Zeit $t = t_0$ die Anfangsbedingungen $\mathbf{q} = \mathbf{q}^{(0)}$, $\mathbf{p} = \mathbf{p}^{(0)}$ erfüllt. (3.15) dient hier natürlich nur der physikalischen Interpretation der HJD-Lösung, kann nicht etwa zur Bestimmung von S verwendet werden. Dazu müßten $\mathbf{q}(t)$ und $\dot{\mathbf{q}}(t)$ für die tatsächliche Systembewegung bekannt sein, um in L eingesetzt werden zu können. Dann wäre das Problem aber bereits vollständig gelöst.

Es ist interessant festzustellen, daß wir früher aus dem Hamiltonschen Prinzip mit Hilfe des **bestimmten** Wirkungsintegrals

$$\int_{t_1}^{t_2} L\, dt$$

die Lagrangeschen und die Hamiltonschen Bewegungsgleichungen ableiten konnten. Diese legen dann über eine Anfangsphase $\boldsymbol{\pi}^{(0)}$ die gesamte Phasenbahn $\boldsymbol{\pi}(t)$ fest:

$$\boldsymbol{\pi}^{(0)} \equiv \left(\mathbf{q}^{(0)}, \mathbf{p}^{(0)}\right) \xrightarrow{\int_{t_1}^{t_2} L\, dt} \boldsymbol{\pi}(t) \equiv \left(\mathbf{q}(t), \mathbf{p}(t)\right), \tag{3.16}$$

Die Lösung der HJD ist dagegen das **unbestimmte** Wirkungsintegral (3.15), das nun praktisch als Erzeugende für die Umkehrtransformation zu (3.16) interpretiert werden kann:

$$\boldsymbol{\pi}(t) \equiv \left(\mathbf{q}(t), \mathbf{p}(t)\right) \xrightarrow{\int L\, dt + \text{const.}} \bar{\boldsymbol{\pi}} \equiv (\boldsymbol{\beta}, \boldsymbol{\alpha}). \tag{3.17}$$

3.2 Die Lösungsmethode

Wir wollen am einfachen Beispiel des linearen harmonischen Oszillators das im letzten Abschnitt entwickelte Hamilton-Jacobi-Verfahren illustrieren. Das soll zur besonderen Verdeutlichung streng nach dem dort dargestellten Muster erfolgen.

Zu a):

Die Hamilton-Funktion des harmonischen Oszillators lautet nach (2.35):

$$H = \frac{p^2}{2m} + \frac{1}{2} m \omega_0^2 q^2. \tag{3.18}$$

Gesucht wird die kanonische Transformation, aus der sich $\bar{H} = 0$ ergibt. Die zugehörige Erzeugende sei von der Form

$$F_2 = F_2(q, \bar{p}, t) = S(q, \bar{p}, t) \tag{3.19}$$

mit

$$p = \frac{\partial S}{\partial q}. \tag{3.20}$$

Nach (3.2) lautet dann die Hamilton-Jacobi-Differentialgleichung:

$$\frac{1}{2m}\left(\frac{\partial S}{\partial q}\right)^2 + \frac{1}{2} m \omega_0^2 q^2 + \frac{\partial S}{\partial t} = 0. \tag{3.21}$$

Zu b):

Wir wählen den folgenden Lösungsansatz:

$$S(q, \bar{p}, t) = W(q \,|\, \bar{p}) + V(t \,|\, \bar{p}). \tag{3.22}$$

Einsetzen in die HJD liefert:

$$\frac{1}{2m}\left(\frac{\partial W}{\partial q}\right)^2 + \frac{1}{2} m \omega_0^2 q^2 = -\frac{\partial V}{\partial t}.$$

Der Ansatz (3.22), den man auch einen **Separationsansatz** nennt, führt also dazu, daß wir die HJD in einen nur von q abhängigen Anteil (linke Seite) und einen nur von t abhängigen Anteil (rechte Seite) zerlegen können. Beide Seiten der Gleichung müssen dann aber notwendig für sich bereits konstant sein. Die ursprüngliche, partielle Differentialgleichung zerfällt damit in zwei gewöhnliche Differentialgleichungen:

$$\frac{1}{2m}\left(\frac{dW}{dq}\right)^2 + \frac{1}{2} m \omega_0^2 q^2 = \alpha, \tag{3.23}$$

$$\frac{dV}{dt} = -\alpha. \tag{3.24}$$

(3.24) liefert unmittelbar,

$$V(t) = -\alpha\, t + V_0, \tag{3.25}$$

wobei die additive Konstante V_0 unbedeutend ist. Aus (3.23) folgt:

$$\left(\frac{dW}{dq}\right)^2 = m^2\omega_0^2\left(\frac{2\alpha}{m\,\omega_0^2} - q^2\right). \tag{3.26}$$

Die gesuchte Erzeugende lautet damit:

$$S(q,\alpha,t) = m\,\omega_0\int dq\,\sqrt{\frac{2\alpha}{m\,\omega_0^2} - q^2} - \alpha\, t. \tag{3.27}$$

Das unbestimmte Integral liefert die unwesentliche Konstante α_{S+1}. Es handelt sich um ein Standardintegral, so daß die Integration ohne Schwierigkeiten ausgeführt werden kann:

$$S(q,\alpha,t) = m\,\omega_0\left[\frac{1}{2}\,q\,\sqrt{\frac{2\alpha}{m\,\omega_0^2} - q^2} + \right.$$
$$\left. + \frac{\alpha}{m\,\omega_0^2}\,\arcsin\left(q\sqrt{\frac{m\,\omega_0^2}{2|\alpha|}}\right)\right] - \alpha\, t + C. \tag{3.28}$$

Das ist an dieser Stelle aber unnötig, da uns später nur die partiellen Ableitungen von S interessieren werden.

Wir identifizieren die Konstante α mit dem *neuen* Impuls:

$$\bar{p} = \alpha. \tag{3.29}$$

Zu c):

Wir setzen:

$$\bar{q} = \frac{\partial S}{\partial \alpha} \stackrel{!}{=} \text{const.} = \beta. \tag{3.30}$$

Dies bedeutet nach (3.27):

$$\beta = \frac{1}{\omega_0}\int dq\left\{\frac{2\alpha}{m\,\omega_0^2} - q^2\right\}^{-1/2} - t.$$

Es handelt sich wiederum um ein Standard-Integral:

$$\beta + t = \frac{1}{\omega_0}\,\arcsin\left(q\,\omega_0\sqrt{\frac{m}{2\alpha}}\right). \tag{3.31}$$

Die Auflösung nach q ergibt:

$$q = \frac{1}{\omega_0}\sqrt{\frac{2\alpha}{m}}\,\sin\bigl(\omega_0(t+\beta)\bigr) = q(t\,|\,\beta,\alpha). \tag{3.32}$$

Die *neue* Koordinate $\bar{q} = \beta$ hat offensichtlich die Dimension *Zeit.*

Zu d):

Wir benutzen nun (3.9) und (3.26),

$$p = \frac{\partial S}{\partial q} = \frac{dW}{dq} = m\,\omega_0\sqrt{\frac{2\alpha}{m\,\omega_0^2} - q^2}, \tag{3.33}$$

und setzen darin (3.32) ein:

$$p = \sqrt{2\,\alpha\,m}\,\cos\bigl(\omega_0(t+\beta)\bigr) = p(t\,|\,\beta,\alpha). \tag{3.34}$$

Zu e):

Um konkret sein zu können, wählen wir die folgenden Anfangsbedingungen:

$$t = t_0 = 0: \quad p^{(0)} = 0; \quad q^{(0)} = q_0 \neq 0. \tag{3.35}$$

Damit können wir über (3.33) α festlegen:

$$\alpha = \frac{1}{2}\,m\,\omega_0^2 q_0^2. \tag{3.36}$$

Da das System am Umkehrpunkt q_0 nur potentielle Energie besitzt ($p^{(0)} = 0$), ist

$$\alpha = E = \text{Gesamtenergie.}$$

Wir setzen nun (3.35) und (3.36) in (3.31) ein:

$$\beta = \frac{1}{\omega_0}\,\arcsin(1) = \frac{\pi}{2\,\omega_0}. \tag{3.37}$$

Die Wirkungsfunktion S erzeugt also in diesem Bereich eine kanonische Transformation, die auf einen generalisierten Impuls $\bar{p} = \alpha$ führt, der mit der Gesamtenergie E identisch ist, und auf eine generalisierte Koordinate $\bar{q} = \beta$, die eine (konstante) Zeit darstellt. Energie und Zeit sind also offenbar kanonisch konjugierte Variable!

Zu f):

Die vollständige Lösung erhalten wir schließlich, indem wir α und β in (3.32) und (3.34) einsetzen:

$$q(t) = \sqrt{\frac{2\,E}{m\,\omega_0^2}}\cos\omega_0 t; \quad p(t) = -\sqrt{2\,E\,m}\,\sin\omega_0 t. \tag{3.38}$$

Das ist die bekannte Lösung des harmonischen Oszillators.

Wir wollen an diese Diskussion noch zwei Zusatzüberlegungen anschließen:

1) Die Lösung der HJD ist eine Erzeugende vom Typ $F_2(q, \bar{p}, t)$. Wir wollen einmal mit Hilfe der obigen Resultate die Aufstellung eines anderen Typs von Erzeugender demonstrieren. Es handele sich um $F_1 = F_1(q, \bar{q}, t)$. Zunächst gilt mit (3.29) und (3.32):

$$\bar{p} = \alpha = \frac{1}{2}\,m\,\omega_0^2 q^2 \sin^{-2}\bigl(\omega_0(t+\bar{q})\bigr) \stackrel{!}{=} -\frac{\partial F_1}{\partial \bar{q}}. \tag{3.39}$$

Dies setzen wir in (3.34) ein:

$$p = m\,\omega_0\,q\,\cot\bigl(\omega_0(t+\bar{q})\bigr) \stackrel{!}{=} \frac{\partial F_1}{\partial q}. \tag{3.40}$$

Eine erste Integration von (3.40) liefert:

$$F_1(q, \bar{q}, t) = \frac{1}{2}\,m\,\omega_0\,q^2\,\cot\bigl(\omega_0(t+\bar{q})\bigr) + f_1(\bar{q}, t). \tag{3.41}$$

Diesen Ausdruck leiten wir partiell nach $\bar{q}$ ab und vergleichen ihn mit (3.39). Dann folgt notwendig:

$$\frac{\partial f_1}{\partial \bar{q}} = 0.$$

F_1 muß außerdem die HJD (3.2) erfüllen:

$$-\frac{\partial F_1}{\partial t} = \frac{1}{2m}\left(\frac{\partial F_1}{\partial q}\right)^2 + \frac{1}{2}\,m\,\omega_0^2 q^2.$$

Dies bedeutet mit (3.40) und (3.41),

$$-\frac{\partial f_1}{\partial t} + \frac{\frac{1}{2}\,m\,\omega_0^2 q^2}{\sin^2\bigl(\omega_0(t+\bar{q})\bigr)} = \frac{1}{2}\,m\,\omega_0^2 q^2\bigl(\cot^2\bigl(\omega_0(t+\bar{q})\bigr) + 1\bigr),$$

was sich wiederum nur durch

$$\frac{\partial f_1}{\partial t} = 0$$

erfüllen läßt. Bis auf eine unwesentliche additive Konstante bleibt also als Erzeugende:

$$F_1(q, \bar{q}, t) = \frac{1}{2} m \omega_0 q^2 \cot\big(\omega_0(t + \bar{q})\big). \tag{3.42}$$

Bis auf die Zeitabhängigkeit haben wir diesen Ausdruck bereits in (2.182) als Erzeugende einer kanonischen Transformation für den harmonischen Oszillator kennengelernt.

2) Wir hatten in (3.15) festgestellt, daß die Lösung der HJD mit dem unbestimmten Wirkungsintegral identisch ist. Dies wollen wir einmal am harmonischen Oszillator überprüfen. Mit (3.33) in (3.27) gilt zunächst:

$$S(q, \alpha, t) = \int dq\, p - \alpha t.$$

Wir setzen (3.38) ein:

$$S(q, \alpha, t) = 2E \int dt\, \sin^2 \omega_0 t - E\, t, \qquad (\alpha = E). \tag{3.43}$$

Andererseits gilt für die Oszillatorbahn nach (3.38):

$$L = T - V = \frac{p^2}{2m} - \frac{1}{2} m \omega_0^2 q^2 = E(\sin^2 \omega_0 t - \cos^2 \omega_0 t) = 2E \sin^2 \omega_0 t - E.$$

Damit folgt aus (3.43) das erwartete Ergebnis:

$$S = \int L\, dt + C.$$

3.3 Hamiltonsche charakteristische Funktion

Die Integration der Hamilton-Jacobi-Differentialgleichung des harmonischen Oszillators im letzten Abschnitt wurde vor allem durch den *Separationsansatz* (3.22) möglich, der $q-$ und $t-$Abhängigkeiten additiv voneinander trennt. Eine solche Separation ist immer dann sinnvoll, wenn die *alte* Hamilton-Funktion die Zeit nicht explizit enthält:

$$\frac{\partial H}{\partial t} = 0 \iff H : \textbf{Integral der Bewegung.}$$

Dann lautet die HJD (3.2):

$$H\left(\mathbf{q}, \frac{\partial S}{\partial q_1}, \ldots, \frac{\partial S}{\partial q_s}\right) + \frac{\partial S}{\partial t} = 0. \tag{3.44}$$

Die gesamte Zeitabhängigkeit steckt nun im zweiten Summanden, so daß der Ansatz

$$S(\mathbf{q}, \bar{\mathbf{p}}, t) = W(\mathbf{q} \,|\, \bar{\mathbf{p}}) - Et \tag{3.45}$$

naheliegt, durch den die Zeitabhängigkeit vollständig aus der HJD (3.44) eliminiert wird:

$$H\left(\mathbf{q}, \frac{\partial W}{\partial q_1}, \ldots, \frac{\partial W}{\partial q_s}\right) = E. \tag{3.46}$$

Die Konstante E ist in der Regel, bei skleronomen Zwangsbedingungen nämlich, die Gesamtenergie des Systems. Die Funktion $W(\mathbf{q} \,|\, \bar{\mathbf{p}})$ wird

Hamiltonsche charakteristische Funktion

genannt. E ist natürlich von den *neuen* Impulsen $\bar{p}_j = \alpha_j$ abhängig:

$$E = E(\alpha_1, \ldots, \alpha_S). \tag{3.47}$$

Die durch die Funktion S aus (3.45) erzeugte kanonische Transformation ist dann durch

$$\bar{q}_j = \frac{\partial W}{\partial \alpha_j} - \frac{\partial E}{\partial \alpha_j} t; \quad p_j = \frac{\partial W}{\partial q_j} \tag{3.48}$$

gegeben.

Man kann aber $W(\mathbf{q} \,|\, \bar{\mathbf{p}})$ auch als eigenständige Erzeugende einer kanonischen Transformation (*im engeren Sinne*) auffassen, d.h. nicht mehr nur als Teil von $S(\mathbf{q}, \bar{\mathbf{p}}, t)$. W ist vom Typ F_2, erzeugt damit die Transformation

$$p_j = \frac{\partial W}{\partial q_j}; \quad \bar{q}_j = \frac{\partial W}{\partial \bar{p}_j}; \quad \bar{H} = H, \tag{3.49}$$

wobei wir

$$\frac{\partial H}{\partial t} = 0 \iff H = E = \text{const.} \tag{3.50}$$

voraussetzen. Wir fordern von der Erzeugenden W, daß durch sie

$$\text{alle } \bar{q}_j \text{ zyklisch} \iff \text{alle } \bar{p}_j = \alpha_j = \text{const.} \tag{3.51}$$

werden. Das entspricht nun dem zu Beginn des Kapitel 3 vorgestellten Lösungsverfahren 2). Aus (3.50) folgt dann einfach durch Einsetzen:

$$H\left(q_1, \ldots, q_s, \frac{\partial W}{\partial q_1}, \ldots, \frac{\partial W}{\partial q_s}\right) = E(\alpha_1, \ldots, \alpha_S), \tag{3.52}$$

also trotz der nun etwas anderen Zielsetzung (3.51) dieselbe Differentialgleichung wie in (3.46).

Da nach Konstruktion

$$\bar{H} = H = E(\bar{\mathbf{p}}) = \bar{H}(\bar{\mathbf{p}}) \tag{3.53}$$

gilt, lassen sich die kanonischen Bewegungsgleichungen trivial integrieren:

$$\dot{\bar{q}}_j = \frac{\partial \bar{H}}{\partial \bar{p}_j} = \frac{\partial E}{\partial \alpha_j} = \omega_j, \tag{3.54}$$

$$\bar{q}_j(t) = \omega_j\, t + \beta_j = \frac{\partial W}{\partial \bar{p}_j}. \tag{3.55}$$

Wir wollen auch hier zur Verdeutlichung die **Lösungsmethode** noch einmal skizzieren:

a) Wir stellen die HJD in der Form (3.52) auf!

b) Wir suchen die vollständige Lösung für W mit Parametern $\alpha_1, \dots, \alpha_S$:

$$W = W(q_1, \dots, q_S,\, \alpha_1, \dots, \alpha_S). \tag{3.56}$$

c) Wir identifizieren:

$$\bar{p}_j = \alpha_j, \qquad j = 1, 2, \dots, S. \tag{3.57}$$

d) Wir lösen die HJD (3.52) nach

$$p_j = \frac{\partial W}{\partial q_j} = p_j(\mathbf{q},\, \alpha_1, \dots, \alpha_S) \tag{3.58}$$

auf oder differenzieren die Lösung W entsprechend.

e) Wir setzen

$$E = E(\boldsymbol{\alpha}) \tag{3.59}$$

und bilden:

$$\omega_j = \frac{\partial E}{\partial \alpha_j}, \qquad j = 1, 2, \dots, S. \tag{3.60}$$

(3.59) wird nach reinen Zweckmäßigkeitsgesichtspunkten angesetzt. Wir nennen zwei plausible Beispiele:

e,1) Mit dem Ansatz

$$E(\boldsymbol{\alpha}) = \sum_{j=1}^{S} \frac{\alpha_j^2}{2m} \tag{3.61}$$

führt die gesuchte Transformation wegen

$$\bar{H} = H = \sum_{j=1}^{S} \frac{\bar{p}_j^2}{2m} \tag{3.62}$$

auf die Hamilton-Funktion $\bar{H}$ eines Systems von freien Massenpunkten. Die in H vorhandene Wechselwirkung wird also wegtransformiert, und die Lösungen des Problems haben dann nach (3.55) die bekannte Gestalt der kräftefreien Bewegung von Massenpunkten:

$$\bar{q}_j(t) = \frac{\alpha_j}{m}\, t + \beta_j. \tag{3.63}$$

Dies entspricht im übrigen dem Verfahren 1), wie wir es zu Beginn von Kapitel 3 bereits angedeutet hatten.

e,2) Man könnte auch daran denken,

$$E(\alpha_1, \ldots, \alpha_S) = \alpha_1 \tag{3.64}$$

zu setzen. Man identifiziert dann den *neuen* Impuls $\bar{p}_1$ mit α_1 und die anderen $S-1$ Impulse $\bar{p}_j$ mit den $S-1$ wesentlichen Integrationskonstanten der vollständigen Lösung W der HJD (3.52). Dann wird

$$\omega_j = \delta_{j1} \tag{3.65}$$

und für die neuen Koordinaten gilt:

$$\bar{q}_1 = t + \beta_1; \quad \bar{q}_j = \beta_j, \qquad j = 2, \ldots, S. \tag{3.66}$$

f) Wir lösen

$$\bar{q}_j = \omega_j(\boldsymbol{\alpha})\, t + \beta_j = \frac{\partial W}{\partial \alpha_j}(\mathbf{q}, \boldsymbol{\alpha}) \tag{3.67}$$

nach

$$q_j = q_j(t, \boldsymbol{\alpha}, \boldsymbol{\beta}) \tag{3.68}$$

auf und setzen die Lösung dann in (3.58) ein:

$$p_j = p_j(t, \boldsymbol{\alpha}, \boldsymbol{\beta}). \tag{3.69}$$

g) Mit den Anfangsbedingungen

$$q_j^{(0)} = q_j(t = t_0); \quad p_j^{(0)} = p_j(t = t_0)$$

folgt aus (3.58):

$$\boldsymbol{\alpha} = \boldsymbol{\alpha}(\mathbf{p}^{(0)}, \mathbf{q}^{(0)}). \tag{3.70}$$

Mit (3.68) und (3.69) ergibt sich dann noch:

$$\boldsymbol{\beta} = \boldsymbol{\beta}(\mathbf{p}^{(0)}, \mathbf{q}^{(0)}). \tag{3.71}$$

Durch Einsetzen von $\boldsymbol{\alpha}$ und $\boldsymbol{\beta}$ in (3.68) und (3.69) ist dann das Problem vollständig gelöst.

Denken wir zum Schluß noch etwas über die physikalische Bedeutung der Hamiltonschen charakteristischen Funktion W nach. Wir hatten in (3.15) gesehen, daß die Lösung der *vollen* HJD (3.2) mit dem unbestimmten Wirkungsintegral $\int L\,dt$ identisch ist. Wir können auch W eine ähnliche Interpretation zuschreiben.

$$W = W(\mathbf{q}, \bar{\mathbf{p}}) \implies \frac{dW}{dt} = \sum_{j=1}^{S} \left(\frac{\partial W}{\partial q_j} \dot{q}_j + \frac{\partial W}{\partial \bar{p}_j} \dot{\bar{p}}_j \right) = \sum_{j=1}^{S} p_j \dot{q}_j. \tag{3.72}$$

W entspricht also der *Wirkung A*, die in (2.65) zur Formulierung des *Prinzips der kleinsten Wirkung* verwendet wurde:

$$W = \int \sum_{j=1}^{S} p_j \dot{q}_j \, dt = \int \sum_{j=1}^{S} p_j \, dq_j. \tag{3.73}$$

A ist das bestimmte, W das unbestimmte Integral.

3.4 Separation der Variablen

Ist das Hamilton-Jacobi-Verfahren in der bislang besprochenen Form überhaupt hilfreich? Man ersetzt schließlich $2S$ gewöhnliche (Hamiltonsche) Differentialgleichungen durch eine partielle Differentialgleichung. Letztere sind aber im allgemeinen wesentlich schwieriger zu lösen. Die Methode stellt deshalb auch nur dann ein wirklich mächtiges, den anderen Verfahren überlegenes Hilfsmittel dar, wenn sich die HJD *separieren* läßt. Was das bedeutet, wollen wir uns in diesem Abschnitt klarmachen.

Wir setzen voraus, daß H nicht explizit von der Zeit abhängt, also ein Integral der Bewegung darstellt. Die kanonische Transformation erfolgt durch die charakteristische Funktion $W(\mathbf{q}, \bar{\mathbf{p}})$ des letzten Abschnitts. Wir können dann die Hamilton-Jacobi-Differentialgleichung in der Form (3.52) verwenden:

$$H\left(q_1, \dots, q_s, \frac{\partial W}{\partial q_1}, \dots, \frac{\partial W}{\partial q_s}\right) \doteq E. \tag{3.74}$$

Wir nehmen einmal an, q_1 und $\partial W/\partial q_1$ erscheinen in H nur in der Form

$$f\left(q_1, \frac{\partial W}{\partial q_1}\right),$$

die keine anderen q_j, $\partial W/\partial q_j$, $j > 1$, enthält, so daß sich (3.74) wie folgt schreiben läßt:

$$H\left(q_2, \dots, q_s, \frac{\partial W}{\partial q_2}, \dots, \frac{\partial W}{\partial q_s}, f\left(q_1, \frac{\partial W}{\partial q_1}\right)\right) = E. \tag{3.75}$$

Dann empfiehlt sich der folgende Ansatz:

$$W(\mathbf{q}, \bar{\mathbf{p}}) = \overline{W}(q_2, \dots, q_s, \bar{\mathbf{p}}) + W_1(q_1, \bar{\mathbf{p}}). \tag{3.76}$$

Einsetzen in (3.75) liefert:

$$H\left(q_2, \dots, q_s, \frac{\partial \overline{W}}{\partial q_2}, \dots, \frac{\partial \overline{W}}{\partial q_s}, f\left(q_1, \frac{\partial W_1}{\partial q_1}\right)\right) = E. \tag{3.77}$$

Nehmen wir einmal an, wir hätten die Lösung für W bereits gefunden. Dann muß (3.77) nach Einsetzen von (3.76) zur Identität werden, d.h., für alle q_1 erfüllt sein. Eine Änderung der Koordinate q_1 darf sich bezüglich H nicht bemerkbar machen. Da q_1 aber nur in f eingeht, muß f selbst konstant sein:

$$f\left(q_1, \frac{dW_1}{dq_1}\right) = C_1, \tag{3.78}$$

$$H\left(q_2, \dots, q_s, \frac{\partial \overline{W}}{\partial q_2}, \dots, \frac{\partial \overline{W}}{\partial q_s}; C_1\right) = E. \tag{3.79}$$

Da die neuen Impulse $\bar{p}_j$ nach Konstruktion sämtlich konstant sind, ist W_1 nur von q_1 abhängig. Wir können deshalb in (3.78) die partielle durch die entsprechende totale Ableitung ersetzen. Was haben wir mit (3.78) und (3.79) erreicht? (3.78) ist eine **gewöhnliche** Differentialgleichung für W_1, (3.79) nach wie vor eine partielle Differentialgleichung, allerdings mit einer um eins kleineren Zahl unabhängiger Variabler.

In gewissen Fällen lassen sich so sukzessive alle Koordinaten abtrennen und die vollständige Lösung der HJD in Verallgemeinerung von (3.76) wie folgt ansetzen:

$$W = \sum_{j=1}^{S} W_j(q_j;\ \alpha_1, \dots, \alpha_S). \tag{3.80}$$

Dadurch wird die HJD dann in S **gewöhnliche** Differentialgleichungen der Form

$$H_j\left(q_j, \frac{dW_j}{dq_j}, \alpha_1, \dots, \alpha_S\right) = \alpha_j \tag{3.81}$$

zerlegt. Man sagt in einem solchen Fall, die HJD sei in den Koordinaten q_j **separabel**. Jede Gleichung in (3.81) enthält nur eine Koordinate q_j, und die entsprechende Ableitung von W_j nach q_j, sollte sich deshalb in der Regel einfach nach dW_j/dq_j auflösen und integrieren lassen. Ob eine Separation der Form (3.80) wirklich möglich ist, hängt allerdings sehr stark von der Wahl der generalisierten Koordinaten q_i ab.

Für den *Spezialfall*, daß nur eine Koordinate nicht zyklisch ist, ist eine Separation immer möglich:

$$\left.\begin{array}{l} q_1 \text{ nicht-zyklisch} \\ q_{j,j>1} \text{ zyklisch} \end{array}\right\} \implies p_j = \frac{\partial W}{\partial q_j} = \alpha_j = \text{const.}, \quad j > 1. \tag{3.82}$$

Welcher Ansatz ist nun in einem solchen Fall zweckmäßig? Nach Konstruktion erzeugt W eine Transformation auf ausnahmslos zyklische Koordinaten. $q_2, \dots q_S$ sind aber bereits zyklisch. Für diese sollte W die **identische Transformation** (2.176) sein:

$$F_2(\mathbf{q}, \bar{\mathbf{p}}) = \sum_{j=2}^{S} q_j \bar{p}_j. \tag{3.83}$$

Mit $\bar{p}_j = \alpha_j$ bietet sich dann der folgende Ansatz für W an:

$$W = W_1(q_1) + \sum_{j=2}^{S} \alpha_j q_j. \tag{3.84}$$

Die HJD (3.74) wird damit zu einer gewöhnlichen Differentialgleichung 1. Ordnung für W_1:

$$H\left(q_1, \frac{dW_1}{dq_1}, \alpha_2, \dots, \alpha_S\right) = E. \tag{3.85}$$

(3.84) läßt sich natürlich dahingehend verallgemeinern, daß man nicht nur für den Fall, daß alle q_j bis auf eines zyklisch sind, einen solchen Ansatz verwendet, sondern daß man ganz generell **jede** zyklische Koordinate q_i durch einen Ansatz der Form

$$W = \overline{W}\left(q_{j,j\neq i}, \bar{\mathbf{p}}\right) + \alpha_i q_i \tag{3.86}$$

abseparriert.

Für nicht-zyklische Koordinaten gibt es kein allgemeines Verfahren zur Separation. Trotzdem dürfte die Hamilton-Jacobi-Methode wohl das erfolgreichste Hilfsmittel zum Auffinden allgemeiner Lösungen von Bewegungsgleichungen sein. Das soll zum Schluß an zwei Beispielen demonstriert werden:

1) Ebene Bewegung eines Teilchens im Zentralfeld

Zentralfeld bedeutet $V(\mathbf{r}) = V(r)$. Als generalisierte Koordinaten bieten sich Kugelkoordinaten an, wobei die *ebene Bewegung* für $\vartheta = \text{const.}$ sorgt. Es bleiben also

$$q_1 = r; \quad q_2 = \varphi. \tag{3.87}$$

Damit lautet die Hamilton-Funktion (2.45):

$$H = \frac{1}{2m}\left(p_r^2 + \frac{p_\varphi^2}{r^2}\right) + V(r). \tag{3.88}$$

φ ist offensichtlich zyklisch und damit

$$p_\varphi = \alpha_\varphi = \text{const.} \qquad (\textit{Bahndrehimpuls}). \tag{3.89}$$

Nach (3.86) empfiehlt sich dann für die charakteristische Funktion W der Ansatz:

$$W = W_1(r) + \alpha_\varphi\,\varphi. \tag{3.90}$$

Da für dieses Beispiel $\partial H/\partial t = 0$ ist und ferner die Zwangsbedingung (*Bewegung in der Ebene*) skleronom ist, lautet die zu lösende HJD:

$$\frac{1}{2m}\left\{\left(\frac{\partial W}{\partial r}\right)^2 + \frac{1}{r^2}\left(\frac{\partial W}{\partial \varphi}\right)^2\right\} + V(r) = \frac{1}{2m}\left\{\left(\frac{dW_1}{dr}\right)^2 + \frac{\alpha_\varphi^2}{r^2}\right\} + V(r) = \\ = E. \tag{3.91}$$

Daraus folgt unmittelbar:

$$\frac{dW_1}{dr} = \sqrt{2m(E - V(r)) - \frac{\alpha_\varphi^2}{r^2}}. \tag{3.92}$$

Die charakteristische Funktion W ist dann:

$$W = \int dr\,\sqrt{2m(E - V(r)) - \frac{\alpha_\varphi^2}{r^2}} + \alpha_\varphi\,\varphi. \tag{3.93}$$

Dabei ist im ersten Summanden natürlich das unbestimmte Integral gemeint.

Wir wählen nun wie in (3.65),

$$E = \alpha_1 \iff \omega_j = \delta_{j1}, \tag{3.94}$$

und bekommen dann aus den Transformationsgleichungen (3.66) und (3.67):

$$t + \beta_1 = \bar{q}_1 = \frac{\partial W}{\partial \alpha_1} = \frac{\partial W}{\partial E} = \int dr \frac{m}{\sqrt{2m(E - V(r)) - \frac{\alpha_\varphi^2}{r^2}}}. \tag{3.95}$$

Die Umkehrung liefert dann $r = r(t; \boldsymbol{\alpha}, \boldsymbol{\beta})$.

$$\beta_2 = \bar{q}_2 = \frac{\partial W}{\partial \alpha_2} = \frac{\partial W}{\partial \alpha_\varphi} = -\int dr \frac{\frac{\alpha_\varphi}{r^2}}{\sqrt{2m(E - V(r)) - \frac{\alpha_\varphi^2}{r^2}}} + \varphi. \tag{3.96}$$

Wir setzen noch

$$\beta_2 = \varphi_0, \quad x = \frac{1}{r}, \quad \alpha_\varphi = L$$

und haben dann mit

$$\varphi = \varphi_0 - \int \frac{dx}{\sqrt{\frac{2m}{L^2}(E - V) - x^2}} \tag{3.97}$$

die bekannte Bahngleichung $r = r(\varphi)$ des Zentralkraftproblems gefunden. L ist mit dem Bahndrehimpuls identisch. Die Ergebnisse (3.95) und (3.97) haben in der Newton-Mechanik wesentlich mehr Rechenaufwand erfordert. Anfangsbedingungen legen β_1, φ_0, E, L fest.

2) Teilchen im Schwerefeld

Die Hamilton-Funktion $H = T + V = E$ ist klar:

$$H = \frac{1}{2m}\left(p_x^2 + p_y^2 + p_z^2\right) + m\,g\,z. \tag{3.98}$$

x und y sind zyklisch und damit die zugehörigen Impulse konstant:

$$p_x = \alpha_x = \text{const.}; \quad p_y = \alpha_y = \text{const.} \tag{3.99}$$

Der passende Ansatz für die charakteristische Funktion W ist dann:

$$W = W_1(z) + \alpha_x\,x + \alpha_y\,y. \tag{3.100}$$

Damit lautet die HJD:

$$\frac{1}{2m}\left\{\left(\frac{dW_1}{dz}\right)^2 + \alpha_x^2 + \alpha_y^2\right\} + m\,g\,z = E.$$

Es folgt dann unmittelbar:

$$\begin{aligned} W_1(z) &= \int dz\,\sqrt{2m(E - m\,g\,z) - \alpha_x^2 - \alpha_y^2} = \\ &= -\frac{1}{3m^2 g}\left\{2m(E - m\,g\,z) - \alpha_x^2 - \alpha_y^2\right\}^{3/2} + C. \end{aligned}$$

Für die charakteristische Funktion gilt also:

$$W = -\frac{1}{3m^2 g}\left\{2m(E - m\,g\,z) - \alpha_x^2 - \alpha_y^2\right\}^{3/2} + \alpha_x\,x + \alpha_y\,y. \tag{3.101}$$

Wir setzen wieder $E = \alpha_1$ und haben dann gemäß (3.66):

$$\begin{aligned} \bar{q}_1 &= t + \beta_1 = \frac{\partial W}{\partial E} = -\frac{1}{m\,g}\left\{2m(E - m\,g\,z) - \alpha_x^2 - \alpha_y^2\right\}^{1/2}, \\ \bar{q}_2 &= \beta_2 = \frac{\partial W}{\partial \alpha_x} = x + \frac{\alpha_x}{m^2 g}\left\{2m(E - m\,g\,z) - \alpha_x^2 - \alpha_y^2\right\}^{1/2}, \\ \bar{q}_3 &= \beta_3 = \frac{\partial W}{\partial \alpha_y} = y + \frac{\alpha_y}{m^2 g}\left\{2m(E - m\,g\,z) - \alpha_x^2 - \alpha_y^2\right\}^{1/2}. \end{aligned}$$

Aus der ersten Zeile folgt:

$$z(t) = -\frac{1}{2}\,g\,(t + \beta_1)^2 + \frac{2mE - (\alpha_x^2 + \alpha_y^2)}{2m^2 g}. \tag{3.102}$$

Setzen wir die erste Zeile in die beiden anderen ein, so ergibt sich weiter:

$$x(t) = \beta_2 + \frac{\alpha_x}{m}(t + \beta_1), \tag{3.103}$$

$$y(t) = \beta_3 + \frac{\alpha_y}{m}(t + \beta_1). \tag{3.104}$$

Der Rest wird durch Anfangsbedingungen geregelt. Wir wählen

$t = 0:$

$$\begin{aligned} &x(0) = y(0) = z(0) = 0; \\ &p_x(0) = p_0; \quad p_y(0) = p_z(0) = 0. \end{aligned} \tag{3.105}$$

Daraus leiten wir ab:

$$
\begin{aligned}
p_x &= \frac{\partial W}{\partial x} = \alpha_x = \text{const.} = p_0,\\
p_y &= \frac{\partial W}{\partial y} = \alpha_y = \text{const.} = 0,\\
p_z &= \frac{\partial W}{\partial z} = \left\{2m(E - m\,g\,z) - \alpha_x^2 - \alpha_y^2\right\}^{1/2} =\\
&= \left\{2m(E - m\,g\,z) - p_0^2\right\}^{1/2},
\end{aligned}
$$

$$
p_z(0) = 0 \implies E = \frac{1}{2m} p_0^2.
$$

Mit (3.102) bis (3.105) folgt noch:

$$
\beta_1 = \beta_2 = \beta_3 = 0.
$$

Dies ergibt dann die bekannte Lösung:

$$
z(t) = -\frac{1}{2}\,g\,t^2; \quad x(t) = \frac{p_0}{m}\,t; \quad y(t) \equiv 0. \tag{3.106}
$$

3.5 Wirkungs- und Winkelvariable

3.5.1 Periodische Systeme

Wir diskutieren nun eine wichtige Modifikation des Hamilton-Jacobi-Verfahrens, das auf

periodische Systeme

zugeschnitten ist, bei denen man sich häufig mehr für die Frequenzen der Bewegung als z.B. für die konkrete Gestalt der Bahn interessiert.

Was heißt **periodisch**?

Bei einem Freiheitsgrad ($S = 1$) ist das unmittelbar evident. Nach einer gewissen Zeit τ, der Periode des Systems, wird der Ausgangszustand wieder erreicht. Der Phasenraum ist die zweidimensionale (p, q)-Ebene. Man unterscheidet dabei zwei Typen von Perdiodizitäten:

1) Libration

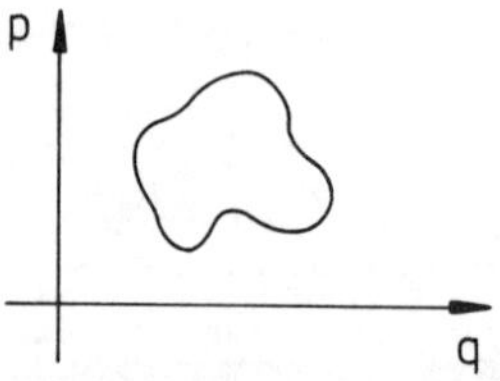

Die Phasenbahn ist eine geschlossene Kurve:

$$q(t+\tau) = q(t),$$
$$p(t+\tau) = p(t). \tag{3.107}$$

q und p sind periodisch mit gleicher Frequenz. Das ist typisch für schwingende Systeme wie Pendel, Feder usw., die sich zwischen zwei Zuständen verschwindender kinetischer Energie bewegen.

Beispiel: Linearer harmonischer Oszillator

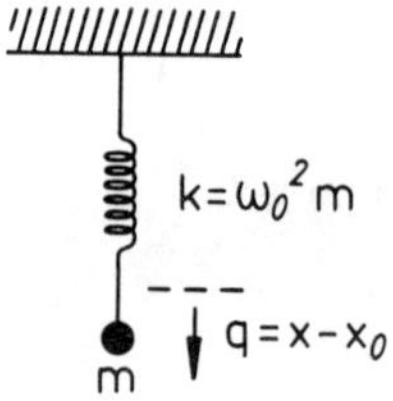

Die Phasenbahn ist eine Ellipse, wie wir als Beispiel zu (2.99) diskutiert haben:

$$1 = \frac{p^2}{2mE} + \frac{q^2}{\frac{2E}{m\omega_0^2}}, \qquad H = E.$$

2) Rotation

p ist auch in diesem Fall periodisch,

$$p(t+\tau) = p(t), \tag{3.108}$$

q dagegen nicht mehr. Die Koordinate ändert sich vielmehr in der Periode τ um einen konstanten Wert q_0:

$$q(t+\tau) = q(t) + q_0. \tag{3.109}$$

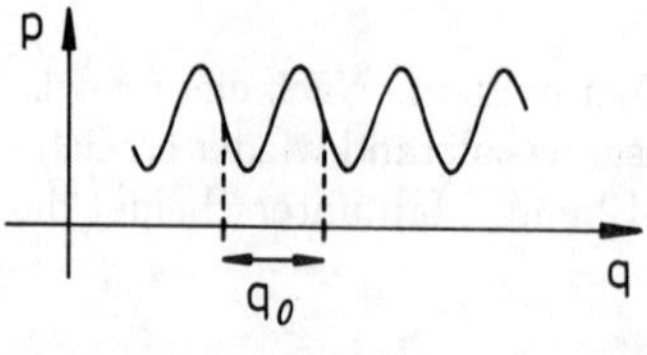

Die Phasenbahn ist nun offen, wobei p jedoch eine periodische Funktion von q ist.

Beispiel: Achsendrehung eines starren Körpers:

$$q = \varphi; \quad q_0 = 2\pi.$$

Bisweilen lassen sich beide Bewegungstypen an ein- und demselben System beobachten, z.B. beim

Pendel.

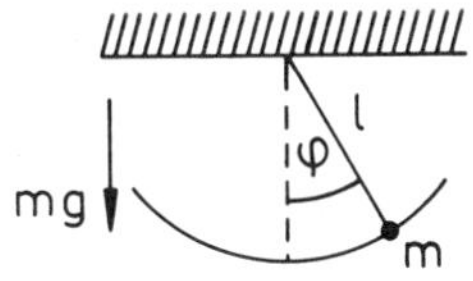

Die Hamilton-Funktion des Pendels haben wir in Kapitel 2.2.2 abgeleitet (2.33):

$$H = \frac{p_\varphi^2}{2ml^2} - m\,g\,l\,\cos\varphi = E.$$

Für den generalisierten Impuls hatten wir gefunden:

$$p_\varphi = m\,l^2\,\dot{\varphi} = \sqrt{2m\,l^2(E + m\,g\,l\,\cos\varphi)}.$$

p_φ ist der Drehimpuls des Pendels und als solcher reell. Der Radikand muß also positiv sein:

$$\cos\varphi \geq -\frac{E}{m\,g\,l}.$$

a) $E > m\,g\,l$: Alle Winkel φ sind möglich. Das Pendel *überschlägt sich.* Es handelt sich um eine

Rotation.

b) $E < m\,g\,l$: Nur ein begrenzter Winkelbereich $[-\varphi_0, \varphi_0]$ mit $\cos\varphi_0 = -\frac{E}{m\,g\,l}$ ist möglich. Es handelt sich also um eine

Libration.

Für Systeme mit $S > 1$ Freiheitsgraden heißt die Bewegung **periodisch**, falls die Projektion der Phasenbahn auf jede (q_j, p_j)-Ebene periodisch im obigen Sinne ist. Dabei brauchen nicht alle (q_j, p_j)-Sätze periodisch mit derselben Frequenz zu sein, so daß die Bahn im $2S$-dimensionalen Phasenraum dann nicht notwendig einfach periodisch ist. Wenn die Frequenzen der projizierten Bahnen nicht in einem rationalen Verhältnis zueinander stehen, so ergibt sich eine offene Phasenraumbahn. Man nennt die Bewegung dann **bedingt periodisch**.

Bei Systemen, für die sich die Hamilton-Jacobi-Differentialgleichung vollständig separieren läßt, für die also (3.80) und (3.81) gelten, läßt sich die Perdiodizität einfach überprüfen.

$$W = \sum_{j=1}^{S} W_j(q_j; \boldsymbol{\alpha}),$$
$$p_j = \frac{\partial W}{\partial q_j} = \frac{dW_j}{dq_j} = p_j(q_j; \boldsymbol{\alpha}). \tag{3.110}$$

Die projezierten Bahnen sind in einem solchen Fall unabhängig voneinander. Falls $p_j(q_j)$ für alle $j = 1, \ldots, S$ eine geschlossene Kurve oder eine periodische Funktion im Sinne von (3.107) bzw. (3.108) und (3.109) ist, dann ist die Systembewegung insgesamt periodisch.

3.5.2 Wirkungs- und Winkelvariable

Die Betrachtungen dieses Abschnitts betreffen ausschließlich periodische Systeme.

Wir fassen noch einmal das Wesentliche des Hamilton-Jacobi-Verfahrens zusammen:

Gesucht wird eine kanonische Transformation

$$(\mathbf{q}, \mathbf{p}) \longrightarrow (\bar{\mathbf{q}}, \bar{\mathbf{p}})$$

so, daß gilt:

$$\bar{p}_j = \text{const.} \quad \forall j,$$
$$\bar{q}_j = \begin{cases} \text{const.} & \forall j \quad \Longleftrightarrow \quad S(\mathbf{q}, \bar{\mathbf{p}}, t), \\ \text{zyklisch} & \forall j \quad \Longleftrightarrow \quad W(\mathbf{q}, \bar{\mathbf{p}}). \end{cases}$$

Die Erzeugenden S und W sind dabei Lösungen der HJD mit Integrationskonstanten $\alpha_1, \ldots, \alpha_S$, die man mit den *neuen* Impulsen identifiziert:

$$\bar{p}_j = \alpha_j \qquad \forall j.$$

Man hätte natürlich genauso gut irgendwelche Funktionen der α_j mit den $\bar{p}_j$ gleichsetzen können. Die

Wirkungsvariablen J_j

sind ganz spezielle Funktionen der α_j:

$$J_j = \oint p_j \, dq_j, \qquad j = 1, 2, \ldots, S. \tag{3.111}$$

Integriert wird über eine volle Periode der Libration bzw. der Rotation.

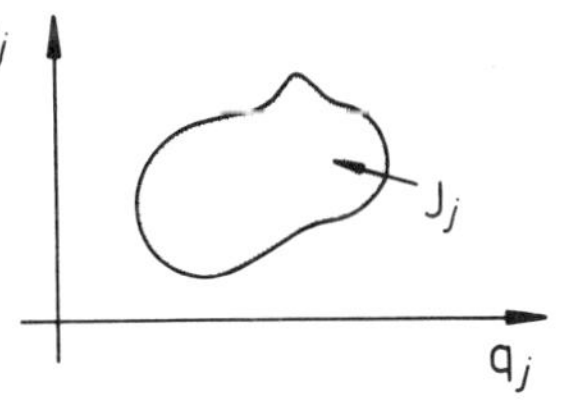

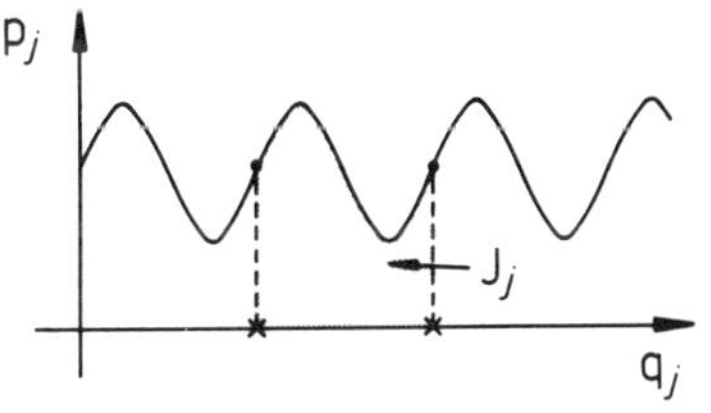

Wir setzen wie in (3.110) ein separables System voraus und können dann für (3.111) schreiben:

$$J_j = \oint \frac{dW_j(q_j; \boldsymbol{\alpha})}{dq_j} dq_j = J_j(\boldsymbol{\alpha}). \tag{3.112}$$

J_j stellt also den **Zuwachs** der Erzeugenden W dar, den diese pro q_j-Umlauf erfährt. In (3.112) ist q_j lediglich eine Integrationsvariable, so daß die Wirkungsvariable J_j also in der Tat nur von den Konstanten $\alpha_1, \alpha_2, \ldots, \alpha_S$ abhängt und damit als *neuer* Impuls $\bar{p}_j$ brauchbar ist. Da die Variablenpaare (q_j, p_j) unabhängig voneinander sind, sind es natürlich auch die J_j. Die Umkehrung von (3.112) liefert:

$$\alpha_j = \alpha_j(J_1, \ldots, J_S), \qquad j = 1, 2, \ldots, S. \tag{3.113}$$

Damit wird die Hamiltonsche charakteristische Funktion W von den $J_1, \ldots, J_S$ abhängig:

$$W = W(q_1, \ldots, q_S; J_1, \ldots, J_S). \tag{3.114}$$

Wegen (3.64)

$$H = \bar{H} = \alpha_1(\mathbf{J}) \tag{3.115}$$

ist dann auch die *neue* Hamilton-Funktion ausschließlich eine Funktion der J_j:

$$\bar{H} = \bar{H}(J_1, \ldots, J_S). \tag{3.116}$$

Einen Spezialfall stellt

$$q_j \quad \text{zyklisch} \quad \Longleftrightarrow \quad p_j = \text{const.}$$

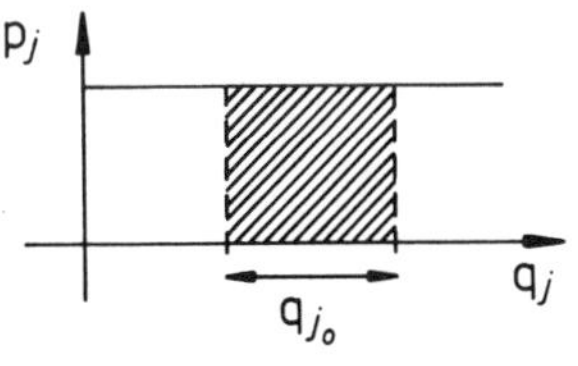

dar, da dann die Phasenbahn parallel zur q_j-Achse verläuft. Diesem Grenzfall einer periodischen Bewegung kann eine willkürliche Periode q_{j0} zugeordnet werden. Da q_j bei Rotationen meistens einen Winkel darstellt, vereinbart man $q_{j0} = 2\pi$. Dies bedeutet für die zughörige Wirkungsvariable:

$$J_j = 2\pi \, p_j, \quad \text{falls } q_j \text{ zyklisch.} \tag{3.117}$$

Wir kommen nun zur

Winkelvariablen ω_j,

die man als die zu J_j konjugierte Variable einführt:

$$\bar{p}_j = J_j \iff \bar{q}_j = \omega_j, \qquad j = 1, 2, \dots, S.$$

Nach Konstruktion (s. 3.116) sind alle $\bar{q}_j$ zyklisch. Die ω_j lassen sich aus W ableiten:

$$\omega_j = \frac{\partial W}{\partial J_j}, \qquad j = 1, 2, \dots, S. \tag{3.118}$$

Mit der Hamiltonschen Bewegungsgleichung für $\dot{\bar{q}}_j$ folgt:

$$\dot{\omega}_j = \frac{\partial}{\partial J_j} \bar{H}(\mathbf{J}) = \nu_j(J_1, \dots, J_S) = \text{const.} \tag{3.119}$$

Die Integration ist dann trivial:

$$\omega_j = \nu_j \, t + \beta_j, \qquad j = 1, 2, \dots, S. \tag{3.120}$$

Dies entspricht dem in Kapitel 3.3 erläuterten Verfahren. Darin besteht aber nicht der besondere Vorteil dieser Methode. Dieser wird klar, wenn man sich einmal die physikalische Bedeutung der Wirkungs- und Winkelvariablen anschaut. Wir berechnen zu diesem Zweck die Änderung von ω_i bei einer Änderung der Koordinaten q_j über einen vollen Zyklus:

$$\begin{aligned}\Delta_j \omega_i &= \oint\limits_j d\omega_i = \oint \frac{\partial \omega_i}{\partial q_j} dq_j = \oint \frac{\partial^2 W}{\partial q_j \partial J_i} dq_j = \\ &= \frac{\partial}{\partial J_i} \oint \frac{\partial W}{\partial q_j} dq_j = \frac{\partial}{\partial J_i} J_j.\end{aligned}$$

ω_i ändert sich also nur, wenn $q_j = q_i$ ist, und dann gerade um 1:

$$\Delta_j \omega_i = \delta_{ij}. \tag{3.121}$$

Dies bedeutet mit (3.120), wenn τ_i die Periode von q_i ist:

$$\Delta_i \omega_i = \nu_i \, \tau_i = 1. \tag{3.122}$$

Es ist also:

$$\nu_i = \frac{1}{\tau_i}: \quad \textit{Frequenz der zu } q_i \textit{ gehörenden periodischen Bewegung.}$$

Hierin liegt die eigentliche Bedeutung der Methode der Wirkungs- und Winkelvariablen, die eine Bestimmung der Frequenzen periodischer Bewegungen gestattet, ohne die vollständige Lösung für die Systembewegung präparieren zu müssen. Man kann die Frequenzen ν direkt berechnen, ohne zurück auf die eigentlichen Koordinaten transformieren zu müssen. Unser Standardbeispiel

linearer harmonischer Oszillator

soll erneut dazu dienen, das Verfahren zu demonstrieren.

Die Phasenbahn ist eine Ellipse, das System also periodisch. Aus

$$\bar{H} = H = \frac{1}{2m}p^2 + \frac{1}{2}m\,\omega_0^2 q^2 = \alpha_1$$

folgt:

$$p = \pm m\,\omega_0 \sqrt{\frac{2\alpha_1}{m\,\omega_0^2} - q^2} = \frac{dW}{dq}.$$

Die Nullstellen des Radikanden definieren die Umkehrpunkte:

$$q_\pm = \pm\sqrt{\frac{2\alpha_1}{m\,\omega_0^2}}.$$

Auf dem Weg $q_- \longrightarrow q_+$ ist $p > 0$, auf dem Rückweg $q_+ \longrightarrow q_-$ dagegen $p < 0$. Damit können wir die Wirkungsvariable berechnen:

$$J = \oint p\,dq = 2\int_{q_-}^{q_+} p\,dq = 2m\,\omega_0 \int_{q_-}^{q_+} \sqrt{\frac{2\alpha_1}{m\,\omega_0^2} - q^2}\,dq =$$

$$= 2m\,\omega_0 \left[\frac{1}{2}q\sqrt{\frac{2\alpha_1}{m\,\omega_0^2} - q^2} + \frac{\alpha_1}{m\,\omega_0^2}\arcsin\frac{q}{\sqrt{\frac{2\alpha_1}{m\,\omega_0^2}}}\right]\Bigg|_{q_-}^{q_+} = \frac{2\pi}{\omega_0}\alpha_1.$$

Die *neue* Hamilton-Funktion des linearen harmonischen Oszillators hat damit die einfache Gestalt:

$$\bar{H} = \alpha_1 = \frac{\omega_0}{2\pi}J. \tag{3.123}$$

Für die Frequenz ν der periodischen Bewegung folgt dann das erwartete Ergebnis:

$$\nu = \frac{\partial \bar{H}}{\partial J} = \frac{1}{2\pi}\omega_0. \tag{3.124}$$

3.5.3 Das Kepler-Problem

Das Beispiel des harmonischen Oszillators diente nur der Illustration. Der volle Nutzen der Methode zeigt sich erst bei anspruchsvolleren Problemen der Planeten- und Atommechanik.

Das Kepler-Problem ist durch das Potential

$$V(\mathbf{r}) = -\frac{k}{r} \quad (k > 0) \tag{3.125}$$

charakterisiert. Konkrete Realisierungen sind zum Beispiel:

$$\begin{aligned} k &= \gamma\, m\, M \iff \text{Gravitation} \quad ((2.56),\ \text{Bd. } 1), \\ k &= \frac{q_1\, q_2}{4\pi\, \epsilon_0} \iff \text{Coulomb} \quad ((2.11),\ \text{Bd. } 3) \end{aligned} \tag{3.126}$$

Die Hamilton-Funktion lautet in den wegen (3.125) angemessenen Kugelkoordinaten, wenn man (2.45) benutzt:

$$H = \frac{1}{2m}\left(p_r^2 + \frac{1}{r^2}\, p_\vartheta^2 + \frac{1}{r^2 \sin^2\vartheta}\, p_\varphi^2\right) - \frac{k}{r}. \tag{3.127}$$

Für die verallgemeinerten Impulse hatten wir bereits in (2.44) gefunden:

$$p_r = m\, \dot{r}, \tag{3.128}$$

$$p_\vartheta = m\, r^2\, \dot{\vartheta}, \tag{3.129}$$

$$p_\varphi = m\, r^2 \sin^2\vartheta\ \dot{\varphi} = L_z = \text{const.} \tag{3.130}$$

φ ist zyklisch. Deswegen ist die z-Komponente des Drehimpulses $p_\varphi = L_z$ eine Konstante der Bewegung. Damit lautet die HJD:

$$\frac{1}{2m}\left[\left(\frac{\partial W}{\partial r}\right)^2 + \frac{1}{r^2}\left(\frac{\partial W}{\partial \vartheta}\right)^2 + \frac{1}{r^2 \sin^2\vartheta}\left(\frac{\partial W}{\partial \varphi}\right)^2\right] - \frac{k}{r} = \alpha_1 = E. \tag{3.131}$$

Das Problem ist separierbar:

$$W = W_r(r) + W_\vartheta(\vartheta) + W_\varphi(\varphi). \tag{3.132}$$

Da φ zyklisch ist, wählen wir für W_φ die identische Transformation:

$$W_\varphi = \alpha_\varphi\, \varphi, \tag{3.133}$$

$$\alpha_\varphi = p_\varphi = L_z = \text{const.} \tag{3.134}$$

Wir sortieren die HJD (3.131) passend um:

$$\frac{1}{2m} r^2 \left(\frac{dW_r}{dr}\right)^2 - k\,r - E\,r^2 = -\frac{1}{2m}\left[\left(\frac{dW_\vartheta}{d\vartheta}\right)^2 + \frac{\alpha_\varphi^2}{\sin^2\vartheta}\right].$$

Die linke Seite ist nur von r, die rechte nur von ϑ abhängig. Jede Seite muß also für sich bereits konstant sein:

$$\left(\frac{dW_\vartheta}{d\vartheta}\right)^2 + \frac{\alpha_\varphi^2}{\sin^2\vartheta} = \alpha_\vartheta^2 = \text{const.} \tag{3.135}$$

$$\left(\frac{dW_r}{dr}\right)^2 + \frac{\alpha_\vartheta^2}{r^2} = 2m\left(E + \frac{k}{r}\right) \tag{3.136}$$

α_1, α_ϑ, α_φ sind die drei gesuchten Integrationskonstanten. Man überzeugt sich leicht, daß es sich bei α_ϑ^2 um das Quadrat des Gesamtdrehimpulses handelt:

$$\begin{aligned}
L_x &= y\,p_z - z\,p_y = -m\,r^2(\sin\varphi\;\dot\vartheta + \sin\vartheta\,\cos\vartheta\,\cos\varphi\;\dot\varphi),\\
L_y &= z\,p_x - x\,p_z = m\,r^2(\cos\varphi\;\dot\vartheta - \sin\vartheta\,\cos\vartheta\,\sin\varphi\;\dot\varphi),\\
L_z &= x\,p_y - y\,p_x = m\,r^2\sin^2\vartheta\;\dot\varphi\,.
\end{aligned}$$

Damit gilt:

$$|\mathbf{L}|^2 = L_x^2 + L_y^2 + L_z^2 = m^2 r^4(\dot\vartheta^2 + \sin^2\vartheta\;\dot\varphi^2) = p_\vartheta^2 + \frac{p_\varphi^2}{\sin^2\vartheta}. \tag{3.137}$$

Der Vergleich mit (3.135) zeigt:

$$\alpha_\vartheta^2 = |\mathbf{L}|^2. \tag{3.138}$$

α_1 (3.131), α_φ (3.134) und α_ϑ (3.138) sind also Integrationskonstanten mit elementarer physikalischer Bedeutung.

Wir können nun daran denken, die Wirkungsvariablen zu berechnen:

$$J_\varphi = \oint p_\varphi\,d\varphi = \oint \frac{dW_\varphi}{d\varphi}\,d\varphi = \alpha_\varphi \oint d\varphi, \tag{3.139}$$

$$J_\vartheta = \oint p_\vartheta\,d\vartheta = \oint \frac{dW_\vartheta}{d\vartheta}\,d\vartheta = \oint \sqrt{\alpha_\vartheta^2 - \frac{\alpha_\varphi^2}{\sin^2\vartheta}}\,d\vartheta, \tag{3.140}$$

$$J_r = \oint p_r\,dr = \oint \frac{dW_r}{dr}\,dr = \oint \sqrt{2m\left(E + \frac{k}{r}\right) - \frac{\alpha_\vartheta^2}{r^2}}\,dr. \tag{3.141}$$

Wir wollen diese Ausdrücke nacheinander detailliert auswerten. J_φ ist sehr einfach:

$$J_\varphi = 2\pi\,\alpha_\varphi. \qquad (3.142)$$

Bei der Berechnung von J_ϑ ist zu beachten, daß p_ϑ als Impuls reell sein muß.

$$p_\vartheta = \alpha_\varphi\sqrt{a^2 - \frac{1}{\sin^2\vartheta}},$$

$$a^2 = \frac{\alpha_\vartheta^2}{\alpha_\varphi^2} \geq 1.$$

Es gibt also Umkehrpunkte mit

$$\sin\vartheta_{1,2} = |a|^{-1} \leq 1.$$

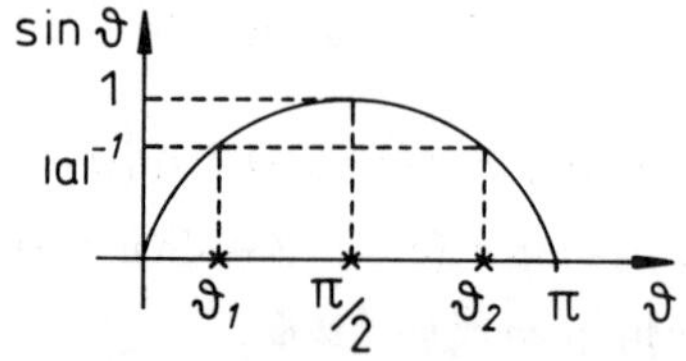

In (3.140) haben wir deshalb einmal die positive, einmal die negative Wurzel zu nehmen:

$$\vartheta_1 \longrightarrow \vartheta_2: \quad p_\vartheta = m\,r^2\,\dot{\vartheta} > 0: \quad +\sqrt{a^2 - \frac{1}{\sin^2\vartheta}},$$

$$\vartheta_2 \longrightarrow \vartheta_1: \quad p_\vartheta < 0: \quad -\sqrt{a^2 - \frac{1}{\sin^2\vartheta}}.$$

Es bleibt dann zu berechnen:

$$J_\vartheta = 2\alpha_\varphi \int_{\vartheta_1}^{\vartheta_2} +\sqrt{a^2 - \frac{1}{\sin^2\vartheta}}\,d\vartheta = 2i\,\alpha_\varphi \int_{\vartheta_1}^{\vartheta_2} \frac{\Delta\,d\vartheta}{\sin\vartheta},$$

$$\Delta = \sqrt{1 - a^2\sin^2\vartheta}.$$

Einer guten Integraltafel entnimmt man:

$$\int_{\vartheta_1}^{\vartheta_2} \frac{\Delta}{\sin\vartheta}\,d\vartheta = \left[-\frac{1}{2}\ln\frac{\Delta + \cos\vartheta}{\Delta - \cos\vartheta} + a\,\ln(a\,\cos\vartheta + \Delta)\right]\Bigg|_{\vartheta_1}^{\vartheta_2}.$$

Mit

$$\vartheta_2 = \pi - \vartheta_1; \quad \cos\vartheta_1 = -\cos\vartheta_2; \quad \Delta(\vartheta_1) = \Delta(\vartheta_2) = 0$$

folgt weiter:

$$\int_{\vartheta_1}^{\vartheta_2} \frac{\Delta}{\sin\vartheta}\, d\vartheta = (1-a)\ln(-1) = \pm i\,\pi(a-1).$$

J_ϑ muß insgesamt positiv sein, deswegen gilt hier das untere Vorzeichen:

$$J_\vartheta = 2\pi(\alpha_\vartheta - \alpha_\varphi). \tag{3.143}$$

Man beachte, daß die beiden Winkelanteile J_φ, J_ϑ noch völlig unabhängig vom Typ des Zentralfeldes sind. Die Form (3.125) ging noch an keiner Stelle in die Rechnung ein. Das geschieht erst bei der noch verbleibenden Bestimmung des J_r-Integrals.

Bevor wir dies tun, wollen wir jedoch das Ergebnis (3.143) noch einmal auf andere, etwas *elegantere* Art ableiten. Wir nutzen aus, daß die Bewegung in einer festen Bahnebene erfolgt, da $L_z = \text{const.}$ und die z-Richtung durch nichts ausgezeichnet ist, so daß sogar $\mathbf{L} = \textbf{const.}$ sein muß. Dann können wir aber den Zuwachs dW der Erzeugenden in zwei verschiedenen Koordinatensätzen berechnen:

1) Kugelkoordinaten (r, ϑ, φ) :

$$p_\varphi = L_z = \alpha_\varphi = \text{const.}$$

2) Ebene Polardoordinaten der Bahnebene $(\rho, \bar{\varphi})$:

$$p_{\bar{\varphi}} = \bar{L}_z = |\mathbf{L}| = \alpha_\vartheta = \text{const.}$$

Im letzten Schritt haben wir noch (3.138) benutzt:

$$\frac{dW}{dt} = \sum_j \left(\frac{\partial W}{\partial q_j}\,\dot{q}_j + \frac{\partial W}{\partial \bar{p}_j} \underbrace{\dot{\bar{p}}_j}_{=0} \right) = \sum_j p_j\,\dot{q}\,.$$

Mit dieser Beziehung können wir für dW schreiben:

$$dW = p_r\,dr + p_\varphi\,d_\varphi + p_\vartheta\,d\vartheta = p_\rho\,d\rho + p_{\bar{\varphi}}\,d\bar{\varphi}.$$

Da die Radialanteile natürlich in beiden Koordinatensystemen dieselben sind, gilt weiter:

$$p_\vartheta\,d\vartheta = p_{\bar{\varphi}}\,d\bar{\varphi} - p_\varphi\,d\varphi = \alpha_\vartheta\,d\bar{\varphi} - \alpha_\varphi\,d\varphi.$$

Damit berechnet sich die Wirkungsvariable J_ϑ wie in (3.143) zu

$$J_\vartheta = \oint p_\vartheta \, d\vartheta = \alpha_\vartheta \oint d\bar{\varphi} - \alpha_\varphi \oint d\varphi = 2\pi(\alpha_\vartheta - \alpha_\varphi).$$

Es bleibt schließlich noch das J_r-Integral zu berechnen. Für dieses gilt nach (3.141) bis (3.143):

$$J_r = \oint \sqrt{2m\left(E + \frac{k}{r}\right) - \frac{(J_\varphi + J_\vartheta)^2}{4\pi^2 r^2}} \, dr =$$

$$= \oint \sqrt{2m(E - V_{\text{eff}}(r))} \, dr, \tag{3.144}$$

$$V_{\text{eff}}(r) = -\frac{k}{r} + \frac{(J_\varphi + J_\vartheta)^2}{8\pi^2 m r^2}. \tag{3.145}$$

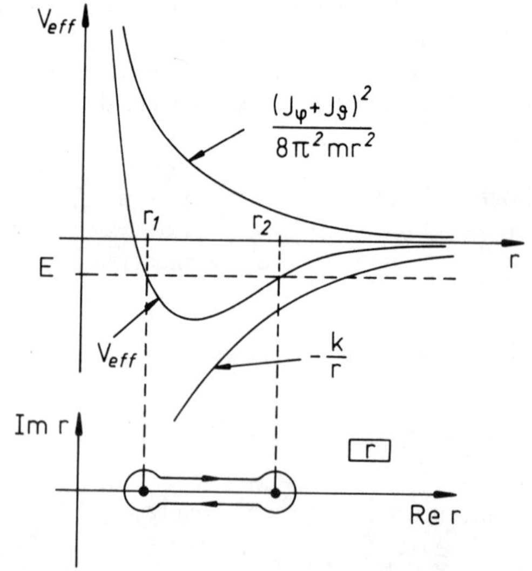

Für gebundene Zustände, die wir hier voraussetzen wollen (periodische Bewegung), muß

$$E < 0$$

sein. Die Umkehrpunkte $r_{1,2}$ ergeben sich als Nullstellen des Radikanden in (3.144):

$$0 < r_1 \le r \le r_2 < \infty.$$

Wir haben hier erneut zu beachten, daß

$$p_r = m\dot{r} \begin{cases} > 0 & \text{für} \quad r_1 \longrightarrow r_2, \\ < 0 & \text{für} \quad r_2 \longrightarrow r_1. \end{cases} \tag{3.146}$$

Man hat also in (3.144) einmal die positive, einmal die negative Wurzel zu nehmen. Die direkte Integration ist ziemlich umständlich. Es ist deshalb empfehlenswert, eine **komplexe Integration** durchzuführen. Die entsprechende Technik werden wir in Kapitel 4.4 von Band 3 dieser Reihe im Detail vorstellen. Wir müssen hier also etwas vorgreifen. Der Leser, dem die *komplexe Integration* nicht vertraut ist, möge die nächsten Zeilen bis Gleichung (3.150) überspringen.

Wir wählen den in der obigen Skizze angedeuteten Integrationsweg in der komplexen r-Ebene. Da die Funktionswerte auf dem *Hinweg* $(r_1 \rightarrow r_2)$ positiv sind und auf dem *Rückweg* $(r_2 \rightarrow r_1)$ negativ, enthält die Integration beide Zweige der zweideutigen Wurzelfunktion. In dem beim Umfahren des Integrationsweges zur **linken** Hand liegenden Gebiet ist die Funktion jedoch eindeutig. Lediglich an der Schnittkante zwischen den beiden Verzweigungspunkten r_1, r_2 haben die Funktionswerte eine Unstetigkeit. Wenn wir den skizzierten Integrationsweg auf die Strecke $\overline{r_1 r_2}$ zusammenziehen, erhalten wir mit Hilfe des Residuensatzes ((4.321), Bd. 3):

$$J_r = 2\pi\, i \cdot (\text{Residuen der zur linken Hand liegenden Pole}).$$

Der Integrand in (3.144) hat in dem interessierenden Gebiet Pole bei $r = 0$ und $r = \infty$:

$$J_r = 2\pi\, i\, \left(a_{-1}(0) + a_{-1}(\infty)\right) \tag{3.147}$$

(a_{-1} : Symbol für das Residuum). Betrachten wir zunächst den Pol bei $r = 0$. Dort verhält sich der Integrand wie $\left[(1+x)^{-1/2} = 1 - \frac{1}{2}x + 0(x^2)\right]$:

$$\frac{1}{r}\sqrt{-\alpha_\vartheta^2}\sqrt{1 - \frac{2m}{\alpha_\vartheta^2}(E\,r^2 + k\,r)} = \frac{i\,\alpha_\vartheta}{r}\left[1 - \frac{m}{\alpha_\vartheta^2}(E\,r^2 + k\,r) + 0(r^2)\right].$$

Das Residuum lautet also:

$$a_{-1}(0) = i\,\alpha_\vartheta. \tag{3.148}$$

Um die Stelle $r = \infty$ zu diskutieren, transformieren wir:

$$r = \frac{1}{u} \implies dr = -\frac{1}{u^2}\,du.$$

$r \rightarrow \infty$ bedeutet also $u \rightarrow 0$. Der Integrand in (3.144) schreibt sich nun:

$$-\frac{1}{u^2}\sqrt{2mE}\sqrt{1 + \frac{k}{E}u - \frac{\alpha_\vartheta^2 u^2}{2mE}} = -\frac{1}{u^2}\sqrt{2mE}\left(1 + \frac{k}{2E}u - \frac{\alpha_\vartheta^2 u^2}{4mE} + 0(u^2)\right).$$

Das Residuum ist der Koeffizient zum $\frac{1}{u}$-Term:

$$a_{-1}(\infty) = -\sqrt{2m\,E}\,\frac{1}{2}\,\frac{k}{E} = -\frac{i}{2}\,k\sqrt{\frac{2m}{-E}}. \tag{3.149}$$

Wir setzen (3.148) und (3.149) in (3.147) ein und haben dann:

$$J_r = -2\pi\,\alpha_\vartheta + \pi\,k\sqrt{\frac{2m}{-E}}. \tag{3.150}$$

Wegen $\alpha_\vartheta = \frac{1}{2\pi}(J_\vartheta + J_\varphi)$ können wir auch schreiben:

$$J_r = -(J_\vartheta + J_\varphi) + \pi\,k\sqrt{\frac{2m}{-E}}. \tag{3.151}$$

Da $\bar{H} = E = \alpha_1$ gilt, können wir nun die *neue* Hamilton-Funktion durch die Wirkungsvariablen ausdrücken:

$$\bar{H}(J_r,\, J_\vartheta,\, J_\varphi) = -\frac{2\pi^2 m\,k^2}{(J_r + J_\vartheta + J_\varphi)^2}. \tag{3.152}$$

Die drei Frequenzen,

$$\nu_j = \frac{\partial \bar{H}}{\partial J_j}, \qquad j = r,\, \vartheta,\, \varphi,$$

der periodischen Bewegung sind offensichtlich alle gleich:

$$\nu = \frac{4\pi^2 m\,k^2}{(J_r + J_\vartheta + J_\varphi)^3}. \tag{3.153}$$

Man sagt, die Bewegung sei **vollständig entartet**. Sie ist **einfach periodisch**. Für ein Potential der Form (3.125) ist die Bahn bei negativer Gesamtenergie E geschlossen. Nach einer Periode nehmen die Winkel ϑ, φ und der Radius r wieder ihre Ausgangswerte an. Man beachte, daß die Entartung bezüglich der Winkel ϑ und φ bereits eine Eigenschaft **aller** Zentralfelder ist. Das erkennt man an (3.144), wo E mit J_φ, J_ϑ in der Form $(J_\varphi + J_\vartheta)$ verknüpft ist, ohne daß wir $V(\mathbf{r}) = V(r)$ hätten spezifizieren müssen. Wir können mit (3.151) und (3.153) noch ein interessantes Nebenergebnis ableiten:

$$(J_r + J_\vartheta + J_\varphi)^3 = \pi^3 k^3 \frac{(2m)^{3/2}}{-E^{3/2}},$$

$$\tau = \frac{1}{\nu} = \pi\,k\,\sqrt{\frac{m}{-2E^3}}. \tag{3.154}$$

Die Periode der Bewegung hängt also mit der großen Halbachse,

$$a = -\frac{k}{2E},$$

auf die folgende Art zusammen:

$$\tau^2 \sim a^3. \tag{3.155}$$

Diese Beziehung kennen wir als **drittes Keplersches Gesetz** ((2.279), Bd. 1).

3.5.4 Entartung

Wir haben in Abschnitt 3.5.1 die Bewegung eines Systems im $2S$-dimensionalen Phasenraum **periodisch** genannt, wenn die Projektion der Bahn auf jede der S (q_j, p_j)-Ebenen periodisch im Sinne einer Libration oder Rotation ist, wobei die Frequenzen

$$\nu_j = \frac{1}{\tau_j}, \qquad j = 1, 2, \ldots, S \tag{3.156}$$

durchaus verschieden sein können. **Einfach periodisch** heißt die Phasenbahn, wenn nach einer hinreichend langen Zeit die Phase wieder ihren Ausgangswert annimmt. Dazu müssen allerdings die Frequenzen ν_j rationale Vielfache voneinander sein. Andernfalls heißt die Phasenbahn **bedingt periodisch**.

Wenn die Frequenzen ν_j in rationalen Verhältnissen zueinander stehen, dann gibt es $(S-1)$ unabhängige Beziehungen der Art:

$$\sum_{j=1}^{S} n_j^{(l)} \nu_j = 0, \qquad l = 1, 2, \ldots, S-1, \quad n_j^{(l)} \in \mathbb{Z}. \tag{3.157}$$

Man sagt, das System sei **m-fach entartet**, wenn es $m \leq (S-1)$ Beziehungen dieser Art gibt. **Vollständig entartet** ist die Bewegung bei $m = S - 1$. Das ist zum Beispiel dann der Fall, wenn wie beim Kepler-Problem alle ν_j gleich sind. Eine *einfach periodische*, d.h. geschlossene Phasenbahn ist also stets vollständig entartet.

Bei m-facher Entartung können die m Entartungsbedingungen benutzt werden, um die periodische Bewegung statt durch S nur durch $(S-m)$ Frequenzen zu beschreiben. Das läßt sich wie folgt bewerkstelligen: Man führt eine kanonische Transformation

$$(\boldsymbol{\omega}, \mathbf{J}) \longrightarrow (\bar{\boldsymbol{\omega}}, \bar{\mathbf{J}}) \tag{3.158}$$

mit der Erzeugenden

$$F_2(\boldsymbol{\omega}, \bar{\mathbf{J}}) = \sum_{l=1}^{m} \sum_{j=1}^{S} \bar{J}_l \, n_j^{(l)} \, \omega_j + \sum_{l=m+1}^{S} \bar{J}_l \, \omega_l. \tag{3.159}$$

durch. Der zweite Summand entspricht der identischen Transformation (2.176):

$$\bar{\omega}_l = \frac{\partial F_2}{\partial \bar{J}_l} = \begin{cases} \sum_{j=1}^{S} n_j^{(l)}\, \omega_j & \text{für } l = 1, \dots, m, \\ \omega_l & \text{für } l = m+1, \dots, S. \end{cases} \tag{3.160}$$

Für die *neuen* Frequenzen haben wir dann:

$$\bar{\nu}_l = \dot{\bar{\omega}}_l = \begin{cases} \sum_{j=1}^{S} n_j^{(l)}\, \nu_j = 0 & \text{für } l = 1, \dots, m, \\ \nu_l & \text{für } l = m+1, \dots, S. \end{cases} \tag{3.161}$$

Nach der Transformation gibt es also nur noch $S - m$ unabhängige, von Null verschiedene Frequenzen. In der ersten Zeile in (3.161) stehen gerade die m Entartungsbedingungen. Da andererseits stets

$$\bar{\nu}_j = \frac{\partial \bar{H}}{\partial \bar{J}_j}$$

gelten muß, kann die Hamilton-Funktion immer so geschrieben werden, daß sie nur von $S - m$ Wirkungsvariablen abhängt:

$$\bar{H} = \bar{H}(\bar{J}_{m+1}, \dots, \bar{J}_S). \tag{3.162}$$

Für die im letzten Kapitel untersuchte *Kepler-Bewegung* ist $S = 3$, und es liegen zwei Entartungsbedingungen vor:

$$\nu_\varphi - \nu_\vartheta = 0; \quad \nu_\vartheta - \nu_r = 0. \tag{3.163}$$

Dies führt gemäß (3.159) zu der folgenden Erzeugenden:

$$F_2 = (\omega_\varphi - \omega_\vartheta)\bar{J}_1 + (\omega_\vartheta - \omega_r)\bar{J}_2 + \omega_r\, \bar{J}_3. \tag{3.164}$$

Mit (3.160) folgt weiter:

$$\bar{\omega}_1 = \omega_\varphi - \omega_\vartheta; \quad \bar{\omega}_2 = \omega_\vartheta - \omega_r; \quad \bar{\omega}_3 = \omega_r. \tag{3.165}$$

Dies bedeutet wegen (3.163) für die Frequenzen:

$$\bar{\nu}_1 = \bar{\nu}_2 = 0; \quad \bar{\nu}_3 = \nu_r. \tag{3.166}$$

Die Erzeugende F_2 legt auch die neuen Wirkungsvariablen fest; denn

$$J_j = \frac{\partial F_2}{\partial \omega_j}$$

führt mit (3.164) zu:

$$J_\varphi = \bar{J}_1; \quad J_\vartheta = -\bar{J}_1 + \bar{J}_2; \quad J_r = -\bar{J}_2 + \bar{J}_3.$$

Aufgelöst nach den $\bar{J}_j$ ergibt dies:

$$\bar{J}_1 = J_\varphi; \quad \bar{J}_2 = J_\varphi + J_\vartheta; \quad \bar{J}_3 = J_\varphi + J_\vartheta + J_r. \tag{3.167}$$

Die transformierte Hamilton-Funktion $\bar{H}$ hängt damit nur noch von einer Wirkungsvariablen ab (3.152):

$$\bar{H} = -\frac{2\pi^2 m\, k^2}{\bar{J}_3^2} = \bar{H}(\bar{J}_3), \tag{3.168}$$

$$\nu = \frac{\partial \bar{H}}{\partial \bar{J}_3} = \frac{4\pi^2 m\, k^2}{\bar{J}_3^3}. \tag{3.169}$$

3.5.5 Bohr-Sommerfeldsche Atomtheorie

Den vielleicht spektakulärsten Erfolg der Methode der Wirkungs- und Winkelvariablen stellt die Bohrsche Atomtheorie dar, deren Quantenhypothese sich am einfachsten über Wirkungsvariable formulieren läßt.

Definition:

J heißt **Eigenwirkungsvariable**, falls die zugehörige Frequenz ungleich Null und nicht entartet ist.

Im Beispiel des letzten Abschnitts ist $\bar{J}_3$ eine solche Eigenwirkungsvariable. In der Klassischen Mechanik gibt es keine Beschränkung bezüglich des Wertebereichs von J. Experimentelle Beobachtungen im Rahmen der Atomphysik erfordern dagegen das Aufstellen der klassisch nicht beweisbaren

Quantenhypothese.

Wenn J eine Eigenwirkungsvariable ist, dann ist die Systembewegung nur auf solchen Bahnen zugelassen, für die gilt:

$$J = n\, h, \tag{3.170}$$

$n \in \mathbb{N}$, $h = 6.626176 \cdot 10^{-34}$ Js (*Plancksches Wirkungsquantum*).

Wir betrachten als Beispiel das

Wasserstoff-Atom $\Longleftrightarrow$ Kepler-Problem mit $k = \dfrac{e^2}{4\pi\,\epsilon_0}$.

Die Energie des Hüllenelektrons ist nach (3.168):

$$E = -\frac{2\pi^2 m\, e^4}{(4\pi\, \epsilon_0)^2\, \bar{J}_3^2}. \tag{3.171}$$

Sie ist **gequantelt**, da $\bar{J}_3$ eine Eigenwirkungsvariable darstellt.

$$E_n = -\frac{E_R}{n^2}, \qquad n = 1, 2, \ldots, \tag{3.172}$$

$$E_R = \frac{2\pi^2 m\, e^4}{(4\pi\, \epsilon_0)^2\, h^2} = 13.61 \text{ eV}, \quad \textbf{Rydberg-Energie.} \tag{3.173}$$

n ist die sogenannte **Hauptquantenzahl**. (3.172) entspricht exakt dem korrekten quantenmechanischen Resultat.

3.6 Der Übergang zur Wellenmechanik

Die Anwendung der Klassischen Mechanik auf atomistische Probleme hat in der Bohr-Sommerfeldschen Atomtheorie zu spektakulären Erfolgen geführt, hinterläßt jedoch auch gravierende Diskrepanzen zwischen Theorie und Experiment, ist insbesondere auf *willkürlich* erscheinende Hypothesen aufgebaut. Wir brauchen so etwas wie eine Verallgemeinerung der makroskopisch korrekten Klassischen Mechanik, um auch mikroskopische (atomare) Systeme beschreiben zu können. Dies wurde bereits in Kapitel 2.4.5 andeutungsweise versucht, als wir über die klassische Poisson-Klammer auf eine übergeordnete mathematische Struktur geschlossen haben, die neben der Klassischen Mechanik weitere Realisierungen zuläßt, zum Beispiel die Quantenmechanik in Form der sogenannten **Matrizenmechanik**. Wir werden jetzt eine Analogiebetrachtung zur Optik benutzen, um die Klassische Mechanik als Grenzfall der Quantenmechanik in Form der sogenannten **Wellenmechanik** zu interpretieren:

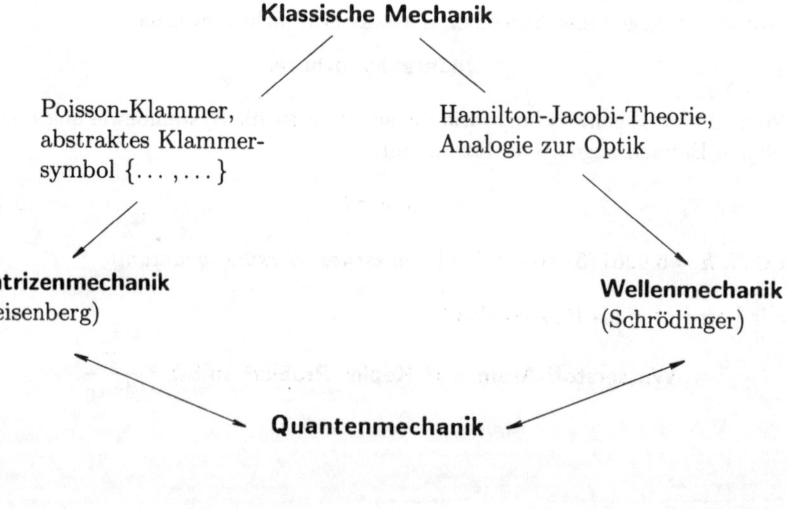

3.6.1 Wellengleichung der Klassischen Mechanik

Die folgenden Betrachtungen gelten für Systeme mit

$$H = T + V = E = \text{const.}, \tag{3.174}$$

d.h., die Hamilton-Funktion ist nicht explizit zeitabhängig, und es liegen auch keine rheonomen Zwangsbedingungen vor. Nach (3.45) können wir dann die Zeitabhängigkeit der **Wirkungsfunktion** abseparieren:

$$S(\mathbf{q}, \bar{\mathbf{p}}, t) = W(\mathbf{q}, \bar{\mathbf{p}}) - E\,t. \tag{3.175}$$

Zur Erinnerung: S ist eine Erzeugende vom Typ F_2, die zu $\bar{H} = 0$ und damit zu $\bar{\mathbf{p}}$ = const., $\bar{\mathbf{q}}$ = const. führt. Die charakteristische Funktion $W(\mathbf{q}, \bar{\mathbf{p}})$ ist zeitunabhängig, und wegen $\bar{\mathbf{p}} = \boldsymbol{\alpha}$ = const. gilt somit:

W = const. $\Longleftrightarrow$ feste Fläche im Konfigurationsraum.

Die Flächen S = const. bewegen sich dagegen im Konfigurationsraum, sie schieben sich mit der Zeit t über die festliegenden W-Flächen hinweg. Sie bilden im Konfigurationsraum fortschreitende Wellenfronten der sogenannten

Wirkungswellen.

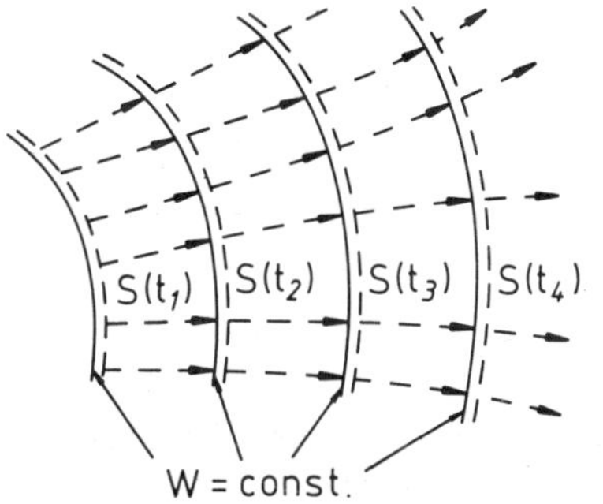

Wir fragen uns:

1) Mit welcher Geschwindigkeit bewegen sich die S-Flächen?

2) Welche physikalische Bedeutung hat die Bewegung der Wirkungswellen?

Zur Vereinfachung nehmen wir an, daß das betrachtete System aus einem einzigen Teilchen besteht,

$$\mathbf{q} = (x, y, z), \tag{3.176}$$

so daß der Konfigurationsraum mit dem dreidimensionalen Anschauungsraum übereinstimmt. Die

Wellengeschwindigkeit u

ist die Fortpflanzungsgeschwindigkeit eines bestimmten Punktes der Front der Wirkungswelle. Da die Flächenkonstanten S mit der Zeit ihre Gestalt ändern werden, ist auch die Wellengeschwindigkeit nicht für alle Punkte der Wellenfront gleich. Man betrachte zwei benachbarte Punkte im Konfigurationsraum bzw. im Ereignisraum:

$$\begin{array}{ll} A = (x, y, z,) & \text{zur Zeit } t, \\ B = (x + dx,\ y + dy,\ z + dz) & \text{zur Zeit } t + dt. \end{array}$$

Von A nach B ändert sich die Wirkungsfunktion um dS:

$$\begin{aligned} dS &= \frac{\partial S}{\partial t}\, dt + \frac{\partial S}{\partial x}\, dx + \frac{\partial S}{\partial y}\, dy + \frac{\partial S}{\partial z}\, dz = \\ &= -E\, dt + \nabla W \cdot d\mathbf{r}. \end{aligned} \tag{3.177}$$

Wie schnell müssen wir uns von A nach B bewegen, damit sich die Wirkung S **nicht** ändert, um also mit der Wirkungswelle mitzuwandern? Aus der Forderung

$$dS \overset{!}{=} 0 = -E\, dt + (\nabla W \cdot \mathbf{u})\, dt$$

folgt mit (3.177):

$$\nabla W \cdot \mathbf{u} = E. \tag{3.178}$$

$\mathbf{u}$ ist senkrecht zur Wellenfront orientiert. ∇W steht senkrecht auf der Fläche $W = \text{const.}$, ist somit parallel oder antiparallel zu $\mathbf{u}$ gerichtet:

$$|\mathbf{u}| = \frac{|E|}{|\nabla W|}. \tag{3.179}$$

W ist eine Erzeugende vom Typ F_2. Nach den allgemeinen Transformationsformeln (2.161) gilt deshalb in unserem Fall hier für den Teilchenimpuls $\mathbf{p}$:

$$\mathbf{p} = \nabla W. \tag{3.180}$$

Der Teilchenimpuls und damit die gesamte Teilchenbahn verlaufen also ebenfalls senkrecht zur Wellenfront $S =$ const, bzw. $W = \text{const}$. **Wirkungswellen- und Teilchengeschwindigkeit sind also (anti-)parallel!** Für die Beträge gilt

$$u = \frac{|E|}{|\nabla W|} = \frac{|E|}{p} = \frac{|E|}{m\, v}$$

und damit:

$$u\,v = \frac{|E|}{m} = \text{const.} \tag{3.181}$$

Teilchen- und Wirkungswellengeschwindigkeit sind also (anti-)parallel orientiert, wobei ihre Beträge umgekehrt proportional zueinander sind.

Grenzfälle:

$$E = T \implies u = \frac{v}{2}, \tag{3.182}$$

$$E = V \implies u = \infty, \ \text{da } v = 0. \tag{3.183}$$

Wir ziehen ein erstes Fazit: Es gibt offensichtlich zwei Arten von Bewegungen, die für die Beschreibung des Systems vollkommen äquivalent sind:

1) **Eigentliche Teilchenbewegung,**

2) **Wirkungswellen.**

Hier deutet sich ein

Teilchen-Welle-Dualismus

an, der für die Quantenmechanik grundlegend wichtig werden wird. Um diesen Aspekt weiter zu vertiefen, formen wir die vertraute Hamilton-Jacobi-Differentialgleichung der Teilchenbewegung in eine Wellengleichung für die Wirkungswellen um:

$$u = \frac{|E|}{p} = \frac{|E|}{\sqrt{2mT}} = \frac{|E|}{\sqrt{2m(E-V)}}. \tag{3.184}$$

Die HJD lautet

$$\frac{1}{2m}\left[\left(\frac{\partial W}{\partial x}\right)^2 + \left(\frac{\partial W}{\partial y}\right)^2 + \left(\frac{\partial W}{\partial z}\right)^2\right] + V = E \tag{3.185}$$

oder kürzer:

$$|\nabla W|^2 = 2m(E-V). \tag{3.186}$$

Der Vergleich mit (3.184) liefert

$$|\nabla W|^2 = \frac{E^2}{u^2}. \tag{3.187}$$

Dies stimmt natürlich mit (3.179) überein. Wirkungswellen und Teilchenbewegung sind also beides Lösungen der HJD. Wegen

$$\nabla W = \nabla S \quad \text{und} \quad -E = \frac{\partial S}{\partial t}$$

erhalten wir aus (3.187) die

Wellengleichung der Klassischen Mechanik

$$(\nabla S)^2 = \frac{1}{u^2}\left(\frac{\partial S}{\partial t}\right)^2 . \qquad (3.188)$$

Was haben wir erreicht? Die Wellengleichung (3.188) ist sicher die angemessenste Formulierung der Klassischen Mechanik, wenn es um die Beschreibung atomarer Systeme geht.

Sie ist allerdings nicht exakt!

Wir suchen deshalb eine neue Theorie, die die Klassische Mechanik als einen gewissen Grenzfall enthält, selbst aber einen größeren Gültigkeitsbereich als diese besitzt. Eine solche Theorie kann natürlich nicht aus unseren bisherigen Kenntnissen der Klassischen Mechanik **abgeleitet** werden.

> Wir sind vielmehr gezwungen, einen möglichst plausiblen **Ansatz** zu konstruieren, dessen Rechtfertigung dann letztlich aus einem Vergleich mit dem experimentellen Befund gefolgert werden muß.

Dabei hilft uns nun die obige Formulierung der Klassischen Mechanik in Form einer Wellengleichung. Ein ganz analoges Problem wurde nämlich in der Optik bewältigt.

Idee:

> Ist die Klassische Mechanik im Rahmen der zu suchenden übergeordneten Theorie vielleicht so etwas wie die geometrische Optik in der allgemeinen Lichtwellentheorie?

Bei sehr vielen optischen Problemen braucht man nicht die vollständige Lichtwellentheorie anzuwenden. Es reichen Hilfsvorstellungen wie

"Lichtstrahlen" $\hat{=}$ Bahnen von "Lichtteilchen"

aus, um mit quasigeometrischen Überlegungen vernünftige Resultate zu erzielen. Dieser Vorstellung sind allerdings Grenzen gesetzt, wenn Beugungsphänomene relevant werden. Dann muß Licht als Wellenbewegung aufgefaßt werden, bei der Flächen konstanter Phase mit der Geschwindigkeit **u** durch den Raum wandern. Die angedeutete Analogie wollen wir im folgenden noch etwas genauer untersuchen.

3.6.2 Einschub über Lichtwellen

Heute weiß man, daß "Licht" ein elektromagnetischer Vorgang ist, der durch die

skalare Wellengleichung der Optik

$$\nabla^2\varphi - \frac{n^2}{c^2}\frac{\partial^2\varphi}{\partial t^2} = 0 \tag{3.189}$$

beschrieben wird. Hierin sind:

φ :	skalares elektromagnetisches Potential,
$c = 3 \cdot 10^{10}\mathrm{cm\,s^{-1}}$:	Lichtgeschwindigkeit des Vakuums,
n :	Brechzahl, i.a. $n = n(\mathbf{r})$,
$u = c/n$:	Lichtgeschwindigkeit im Medium.

Wir suchen nach einfachen Lösungen der Wellengleichung. Dazu setzen wir zunächst

$$n = \text{const.}$$

voraus. Dann löst der folgende Ansatz (*ebene Welle*)

$$\varphi = \varphi_0 e^{i(\mathbf{k}\cdot\mathbf{r} - \omega t)} \tag{3.190}$$

offenbar die Gleichung, falls noch

$$k = \omega\frac{n}{c} = \frac{2\pi\,\nu}{u} = \frac{2\pi}{\lambda} \tag{3.191}$$

gilt. Dabei haben wir

$$\omega = 2\pi\,\nu; \quad u = \nu\,\lambda \tag{3.192}$$

ausgenutzt. Die Richtung von $\mathbf{k}$ (*Wellenvektor*) definiere die z-Achse. $\mathbf{k}_0$ sei der Wellenvektor im Vakuum ($n = 1$):

$$\mathbf{k} = n\,\mathbf{k}_0; \quad \omega = c\,k_0. \tag{3.193}$$

Wir können damit die Lösung (3.190) auch wie folgt schreiben:

$$\varphi = \varphi_0\, e^{i\,k_0(nz - ct)}. \tag{3.194}$$

Es sei nun

$$n = n(\mathbf{r}) \neq \text{const.}$$

Die Ortsabhängigkeit der Brechzahl verursacht Störungen (*Beugungen*) der Lichtwelle; die ebene Welle (3.194) ist nicht mehr Lösung von (3.189). Wir nehmen an, daß

n nur schwach räumlich veränderlich ist, so daß $n \approx$ const. über Gebiete der Ausdehnung λ

angenommen werden darf. Dann sollte φ noch angenähert die Gestalt (3.194) haben. Man macht deshalb den **Ansatz**:

$$\varphi = \exp\bigl(A(\mathbf{r}) + i\,k_0\bigl(L(\mathbf{r}) - c\,t\bigr)\bigr). \tag{3.195}$$

Der erste Term legt die Amplitude fest, ist somit natürlich konstant für $n =$ const.. Man nennt

$$L(\mathbf{r}): \quad \textbf{"Lichtweg", "Eikonal"}$$

mit $L(\mathbf{r}) = nz$, falls $n =$ const. Wir setzen den Ansatz (3.195) nun in die Wellengleichung (3.189) ein:

$$\begin{aligned}
\nabla\varphi &= \varphi\bigl[\nabla\bigl(A(\mathbf{r}) + i\,k_0 L(\mathbf{r})\bigr)\bigr],\\
\nabla^2\varphi &= \varphi\bigl[\bigl(\nabla\bigl(A(\mathbf{r}) + i\,k_0 L(\mathbf{r})\bigr)\bigr)^2 + \nabla^2\bigl(A(\mathbf{r}) + i\,k_0 L(\mathbf{r})\bigr)\bigr] =\\
&= \varphi\bigl[\bigl(\nabla A(\mathbf{r})\bigr)^2 - k_0^2\bigl(\nabla L(\mathbf{r})\bigr)^2 + 2i\,k_0\bigl(\nabla A(\mathbf{r})\bigr)\cdot\bigl(\nabla L(\mathbf{r})\bigr) +\\
&\quad + \nabla^2 A(\mathbf{r}) + i\,k_0\nabla^2 L(\mathbf{r})\bigr].
\end{aligned}$$

Die Wellengleichung (3.189) liefert somit:

$$\begin{aligned}
0 = i\,k_0&\bigl[\nabla^2 L(\mathbf{r}) + 2\bigl(\nabla A(\mathbf{r})\bigr)\cdot\bigl(\nabla L(\mathbf{r})\bigr)\bigr] +\\
&+ \bigl[\nabla^2 A(\mathbf{r}) + \bigl(\nabla A(\mathbf{r})\bigr)^2 - k_0^2\bigl(\nabla L(\mathbf{r})\bigr)^2 + n^2 k_0^2\bigr].
\end{aligned}$$

Real- und Imaginärteil dieser Beziehung müssen für sich genommen bereits verschwinden:

$$\nabla^2 L(\mathbf{r}) + 2\bigl(\nabla A(\mathbf{r})\bigr)\cdot\bigl(\nabla L(\mathbf{r})\bigr) = 0, \tag{3.196}$$

$$\nabla^2 A(\mathbf{r}) + \bigl(\nabla A(\mathbf{r})\bigr)^2 + k_0^2\bigl(n^2 - \bigl(\nabla L(\mathbf{r})\bigr)^2\bigr) = 0. \tag{3.197}$$

Noch ist alles exakt. Die Annahmen der

geometrischen Optik

lassen sich nun wie folgt formulieren:

$A(\mathbf{r})$: schwach $\mathbf{r}$-abhängig,

λ_0 << Änderungen im Medium.

λ_0 ist die Lichtwellenlänge im Vakuum. Wegen $k_0^2 = 4\pi^2/\lambda_0^2$ dominiert dann der letzte Tern in (3.197). Das ergibt in guter Näherung die sogenannte

Eikonalgleichung der geometrischen Optik

$$\left(\nabla L(\mathbf{r})\right)^2 = n^2 = \frac{c^2}{u^2}. \tag{3.198}$$

Die Lösungen definieren Flächen konstanter Phase ($L = \text{const.}$), d.h. Wellenfronten. Die Strahlentrajektorien (*Lichtstrahlen*) verlaufen senkrecht zu diesen Wellenfronten.

Die Eikonalgleichung (3.198) ist formal identisch mit der Wellengleichung (3.188) der Klassischen Mechanik. Zwischen der Klassischen Mechanik und der geometrischen Optik besteht insofern eine Analogie, als die Klassische Mechanik über die Wirkungsfunktion S (bzw. W) dieselben Aussagen macht wie die geometrische Optik über das Eikonal L.

3.6.3 Der Ansatz der Wellenmechanik

Die Überlegungen des letzten Abschnitts legen den folgenden Versuch einer Verallgemeinerung der Klassischen Mechanik nahe:

Klassische Mechanik $\Longleftrightarrow$ geometrisch-optischer Grenzfall einer Wellenmechanik.

Wir erweitern die bisherige Theorie in dem Sinne, daß wir nun die

Teilchenbewegung als Wellenbewegung

interpretieren. Die endgültige Rechtfertigung für diese Vorstellung können wir natürlich nur aus einem späteren Vergleich zwischen Theorie und Experiment ableiten. Wir benutzen, zunächst versuchsweise, die folgenden Zuordnungen:

$$(\nabla W)^2 = \frac{E^2}{u^2} \iff (\nabla L)^2 = n^2 \tag{3.199}$$

$$W \iff L \tag{3.200}$$

$$\frac{|E|}{u} = \sqrt{2m(E-V)} \iff n = \frac{c}{u}. \tag{3.201}$$

Dies soll nicht etwa bedeuten, daß die einzelnen Terme exakt gleich wären. Sie sollen einander nur entsprechen. Sie könnten zum Beispiel proportional zueinander sein.

Falls das Teilchen wirklich als Welle interpretierbar ist, so sollten wir ihm auch eine Wellenlänge λ und eine Frequenz ν zuordnen können. Nach (3.200) ist W zu L analog. Dann dürfte aber

$$S = W - E\,t$$

der gesamten Phase

$$k_0(L - c\,t)$$

in (3.195) entsprechen. Das bedeutet $E \sim c\,k_0$ und damit

$$E \sim \nu.$$

Der Proportionalitätsfaktor muß die Dimension einer *Wirkung* haben:

$$E = h\,\nu. \tag{3.202}$$

Dies ist das **Energiespektrum der Teilchenwelle**. Weiter gilt:

$$u = \lambda\nu \implies \lambda = \frac{u}{\nu} = \frac{E/p}{E/h}.$$

Die **Wellenlänge des Teilchens** kann also als

$$\lambda = \frac{h}{p} \tag{3.203}$$

festgelegt werden. Das Experiment bestätigt diese Relationen, falls nur

h: **Plancksches Wirkungsquantum**

(3.170). Wir sehen, daß Energie und Impuls des Teilchens Frequenz und Wellenlänge der **Teilchenwelle** festlegen. Damit läßt sich also die Teilchenbewegung als Wellenbewegung interpretieren.

Wir wollen nun die Klassische Mechanik genauso zu einer Wellenmechanik ausbauen, wie man die geometrische Optik zur Wellenoptik ergänzt hat. Zur Wellenoptik gelangt man durch exaktes Lösen der Wellengleichung (3.189). Mit

$$\varphi \approx e^{-i\omega t} \tag{3.204}$$

wird daraus eine **zeitunabhängige Wellengleichung**

$$\nabla^2\varphi + \frac{\omega^2}{u^2}\varphi = \nabla^2\varphi + \frac{4\pi^2}{\lambda^2}\varphi = 0. \tag{3.205}$$

φ beschreibt gewissermaßen den *Zustand* der Lichtwelle. Analog möge der **Zustand** des Teilchens durch die

Wellenfunktion $\psi = \psi(\mathbf{r}, t)$

beschrieben sein, wobei eine genauere physikalische Interpretation der Disziplin *Quantenmechanik* vorbehalten sei. Dann folgt mit

$$\frac{4\pi^2}{\lambda^2} = \frac{4\pi^2}{h^2}p^2 = \frac{1}{\hbar^2}2m(E - V); \quad \hbar = \frac{h}{2\pi}$$

durch Analogie aus der Wellengleichung (3.205)

$$\Delta\psi + \frac{2m}{\hbar^2}(E - V)\psi = 0. \tag{3.206}$$

Dies ist die berühmte zeitunabhängige

Schrödinger-Gleichung,

die die gesamte Quantenmechanik regiert.

Wir multiplizieren schließlich noch (3.206) mit $\hbar^2/2m$:

$$\left(-\frac{\hbar^2}{2m}\Delta + V(\mathbf{r})\right)\psi(\mathbf{r}, t) = E\,\psi(\mathbf{r}, t). \tag{3.207}$$

dies ist eine **Eigenwertgleichung** für den sogenannten

Hamilton-Operator

$$\bar{H} = -\frac{\hbar^2}{2m}\Delta + V(\mathbf{r}), \tag{3.208}$$

$$\bar{H}\,\psi(\mathbf{r}, t) = E\,\psi(\mathbf{r}, t). \tag{3.209}$$

Dieser ergibt sich aus der klassischen Hamilton-Funktion $H(q, p)$, indem man die dynamischen Variablen q, p durch entsprechende Operatoren ersetzt. Offensichtlich gilt die folgende Zuordnung (*Ortsdarstellung*):

$$\hat{\mathbf{q}} \Longrightarrow \mathbf{r}; \quad \hat{\mathbf{p}} \Longrightarrow \frac{\hbar}{i}\nabla. \tag{3.210}$$

Wir beschließen dieses Kapitel mit einer schematischen Zusammenfassung unserer Schlußfolgerungen:

allgemeine Licht- wellentheorie $\nabla^2\varphi = \dfrac{n^2}{c^2}\dfrac{\partial^2\varphi}{\partial t^2}$	←── postuliert! ──→	Wellenmechanik $\lambda = \dfrac{h}{p};\quad E = h\nu$ Schrödinger-Gleichung

Spezialfall gezeigt!   Spezialfall postuliert!

geometrische Optik $(\nabla L)^2 = n^2$	Analogie ←── gezeigt! ──→	Klassische Mechanik $(\nabla S)^2 = \dfrac{1}{u^2}\left(\dfrac{\partial S}{\partial t}\right)^2$

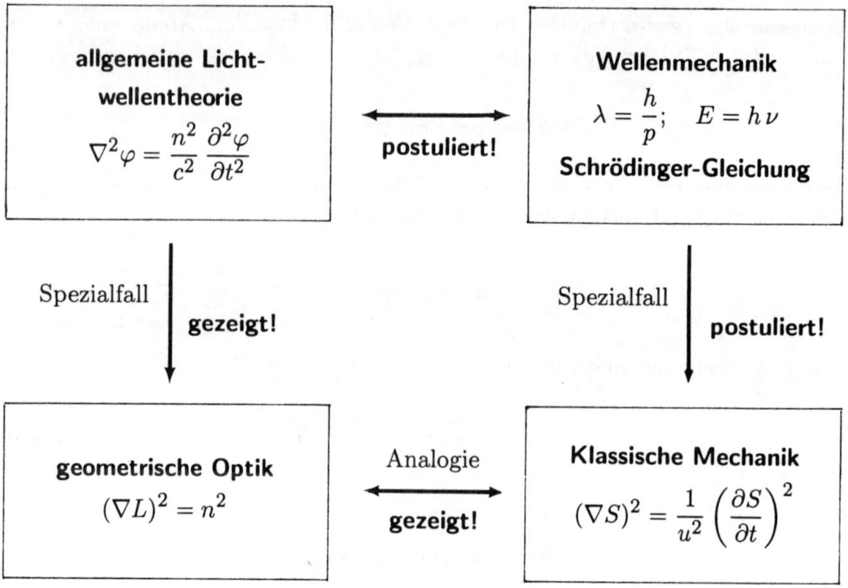

3.7 Aufgaben

Aufgabe 3.7.1

Formulieren Sie die Hamilton-Jacobi-Differentialgleichung für ein kräftefreies Teilchen und lösen Sie diese für die charakteristische Funktion W.

Aufgabe 3.7.2

Stellen Sie die Hamilton-Jacobi-Differentialgleichung für die eindimensionale Bewegung eines Teilchens der Masse m im Potential

$$V(x) = -b\,x$$

auf und lösen Sie das Bewegungsproblem mit den Anfangsbedingungen

$$x(t = 0) = x_0; \quad \dot{x}\,(t = 0) = v_0.$$

Aufgabe 3.7.3

Stellen Sie für den zweidimensionalen harmonischen Oszillator in kartesischen Koordinaten die Hamilton-Jacobi-Differentialgleichung auf und lösen Sie diese. Finden Sie $x(t)$ und $y(t)$.

Aufgabe 3.7.4

Bestimmen Sie mit Hilfe der Methode der Wirkungs- und Winkelvariablen die Frequenzen eines dreidimensionalen harmonischen Oszillators mit paarweise verschiedenen Kraftkonstanten.

Aufgabe 3.7.5

Betrachten Sie den dreidimensionalen harmonischen Oszillator der letzten Aufgabe für den Fall, daß alle Kraftkonstanten gleich sind. Transformieren Sie das Ergebnis der letzten Aufgabe auf Eigenwirkungsvariable.

3.8 Kontrollfragen

Zu Kapitel 3.1

1) Welche kanonischen Transformationen kennen Sie, durch die die Integrationen der Hamiltonschen Bewegungsgleichungen quasi-trivial werden können?

2) Wie lautet die Hamilton-Jacobi-Differentialgleichung? Skizzieren Sie ihre Motivation und ihre Ableitung.

3) Welchen Typ Differentialgleichung stellt die HJD dar? Welche Funktion soll mit ihr bestimmt werden?

4) Wie nennt man die Lösung der HJD? Begründen Sie diese Bezeichnung.

5) Skizzieren Sie das Lösungsverfahren, mit dem sich über die HJD Probleme der Klassischen Mechanik berechnen lassen.

Zu Kapitel 3.2

1) Wie lautet die Hamilton-Jacobi-Differentialgleichung des linearen harmonischen Oszillators?

2) Was versteht man unter einem Separationsansatz? Nennen Sie einen passenden für die Lösung der HJD des linearen harmonischen Oszillators.

3) Von welchem Typ muß die *Erzeugende* sein, die die HJD erfüllt?

Zu Kapitel 3.3

1) Wann ist ein Separationsansatz für die HJD-Lösung, der $\mathbf{q}$- und t-Abhängigkeiten voneinander trennt, sinnvoll?

2) Wie ist die Hamiltonsche charakteristische Funktion definiert?

3) Man kann die Hamiltonsche charakteristische Funktion als Erzeugende einer kanonischen Transformation auffassen. Von welchem Typ ist diese Transformation? Was soll sie bewirken?

4) Wann führt die durch die Hamiltonsche charakteristische Funktion bewirkte Transformation auf die Hamilton-Funktion eines Systems von freien Massenpunkten?

5) Beschreiben Sie die physikalische Bedeutung der Hamiltonschen charakteristischen Funktion.

Zu Kapitel 3.4

1) Wann ist die Hamilton-Jacobi-Methode überhaupt von Nutzen?

2) Unter welchen Voraussetzungen empfiehlt sich ein Separationsansatz für die Lösung der HJD?

3) Wann nennt man die HJD *separabel* in den Koordinaten q_j?

4) Welche Gestalt hat die Hamiltonsche charakteristische Funktion im Fall von zyklischen Koordinaten?

Zu Kapitel 3.5

1) Was versteht man unter eine Libration, was unter einer Rotation?

2) Wann ist die Bewegung eines Pendels eine Libration, wann eine Rotation?

3) Wann ist eine mehrdimensionale ($S > 1$) Bewegung periodisch? Wann nennt man sie *bedingt periodisch*?

4) Wie überprüft man leicht bei vollständig separablen Systemen die Periodizität?

5) Wie sind Wirkungs- und Winkelvariable definiert?

6) Erläutern Sie den Vorteil der Methode der Wirkungs- und Winkelvariablen. Für welche Systeme ist die Methode anwendbar?

7) Wie ändert sich die Winkelvariable ω_i, wenn die Koordinate q_j ihre volle Periode durchläuft?

8) Wie lautet die Hamilton-Funktion $\bar{H}$ des linearen harmonischen Oszillators nach Transformation auf Wirkungsvariable?

9) Wie berechnet man die Frequenz ν_i der periodischen q_i-Bewegung?

10) Wie lautet die HJD für das Kepler-Problem?

11) Zeigen Sie, daß das Kepler-Problem in Kugelkoordinaten vollständig separierbar ist.

12) Hängen die Wirkungsvariablen J_φ, J_ϑ beim Kepler-Problem in irgendeiner Form vom Typ des Zentralfeldes ab?

13) Wie hängt die transformierte Hamilton-Funktion $\bar{H}$ des Kepler-Problems von den Wirkungsvariablen J_r, J_ϑ, J_φ ab?

14) Wann nennt man die Kepler-Bewegung *vollständig entartet*?

15) Wann heißt eine Bewegung *einfach periodisch*, wann *bedingt periodisch*?

16) Wann nennt man ein System *m-fach entartet*?

17) Wann ist eine *einfach periodische* Phasenbahn *vollständig entartet*?

18) Wie viele unabhängige Frequenzen sind zur Beschreibung einer m-fach entarteten, S-dimensionalen Bahn vonnöten?

19) Wie lauten die Entartungsbedingungen für die Kepler-Bewegung?

20) Was ist eine Eigenwirkungsvariable?

21) Formulieren Sie die Quantenhypothese.

22) Wenden Sie die Quantenhypothese auf die Bewegung des Elektrons im Wasserstoffatom an.

Zu Kapitel 3.6

1) Erläutern Sie den Begriff der *Wirkungswelle*.

2) Was versteht man unter der Geschwindigkeit $\mathbf{u}$ der Wirkungswelle?

3) Welche Richtung hat $\mathbf{u}$?

4) Was können Sie für ein System, das nur aus einem einzigen Teilchen besteht, bezüglich Richtung und Betrag von Teilchen- und Wirkungswellengeschwindigkeit aussagen? Was gilt konkret, wenn die Gesamtenergie nur aus kinetischer Energie besteht?

5) Erläutern Sie den Begriff *Teilchen-Welle-Dualismus* für die Klassische Mechanik.

6) Was versteht man unter der Wellengleichung der Klassischen Mechanik?

7) Wie lautet die skalare Wellengleichung der Optik? Was ist ihre Lösung bei konstanter Brechzahl?

8) Definieren Sie den Begriff *Eikonal*.

9) Formulieren Sie die Annahmen der *geometrischen Optik*.

10) Wie lautet die Eikonalgleichung der geometrischen Optik?

11) Erläutern Sie die Analogie zwischen der Eikonalgleichung der geometrischen Optik und der Wellengleichung der Klassischen Mechanik.

12) Auf welche Weise lassen sich einem mechanischen Teilchen Frequenz und Wellenlänge zuordnen?

13) Durch welche Analogiebetrachtung wird die Wellenfunktion eines Teilchens eingeführt?

14) Wie lautet die Schrödinger-Gleichung des Teilchens?

15) Welcher Zusammenhang besteht zwischen Hamilton-Funktion und Hamilton-Operator?

ANHANG: LÖSUNGEN DER ÜBUNGSAUFGABEN

Kapitel 1.5

Lösung zu Aufgabe 1.5.1

Wir schließen an Beispiel 2) in Kapitel 1.2.2 an. Wir hatten dort als allgemeine Lösung

$$r(t) = A\, e^{\omega t} + B\, e^{-\omega t}$$

abgeleitet. Die Anfangsbedingungen liefern für A und B die Bestimmungsgleichungen:

$$r_0 = A + B; \quad -r_0\omega = (A - B)\omega.$$

Dies bedeutet $A = 0$ und $B = r_0$. Die Lösung lautet dann:

$$r(t) = r_0\, e^{-\omega t}.$$

In diesem Spezialfall bewegt sich die Perle mit abnehmender Geschwindigkeit auf den Drehpunkt zu, um dort dann zur Ruhe zu kommen.

Lösung zu Aufgabe 1.5.2

1)

$$\begin{aligned} & x = \rho \cos\varphi; \quad y = \rho \sin\varphi; \quad z = z, \\ & \dot{x} = \dot{\rho} \cos\varphi - \rho\dot{\varphi} \sin\varphi; \quad \dot{y} = \dot{\rho} \sin\varphi + \rho\dot{\varphi} \cos\varphi \\ \Longrightarrow\ & \dot{x}^2 + \dot{y}^2 = \dot{\rho}^2 + \rho^2\dot{\varphi}^2. \end{aligned}$$

Lagrange-Funktion:

$$L = T - V = \frac{m}{2}(\dot{\rho}^2 + \rho^2\dot{\varphi}^2 + \dot{z}^2) - V_0 \ln \frac{\rho}{\rho_0}.$$

2)

$$\begin{aligned} \frac{d}{dt}\frac{\partial L}{\partial \dot{\rho}} - \frac{\partial L}{\partial \rho} &= 0 = m\,\ddot{\rho} - m\,\rho\,\dot{\varphi}^2 + \frac{V_0}{\rho}, \\ \frac{d}{dt}\frac{\partial L}{\partial \dot{\varphi}} - \frac{\partial L}{\partial \varphi} &= 0 = m\,\rho^2\ddot{\varphi} + 2m\,\rho\,\dot{\rho}\,\dot{\varphi}, \\ \frac{d}{dt}\frac{\partial L}{\partial \dot{z}} - \frac{\partial L}{\partial z} &= 0 = m\,\ddot{z}. \end{aligned}$$

3) φ und z sind zyklisch $\Longrightarrow$

$$\begin{aligned} p_\varphi &= \frac{\partial L}{\partial \dot{\varphi}} = m\,\rho^2\,\dot{\varphi} = \text{const.}: \quad z - \text{Komponente des Drehimpulses}, \\ p_z &= \frac{\partial L}{\partial \dot{z}} = m\,\dot{z} = \text{const.}: \quad z - \text{Komponente des Impulses}. \end{aligned}$$

Lösung zu Aufgabe 1.5.3

1) Kinetische Energie:

$$T = T_{\text{trans}} + T_{\text{rot}},$$
$$T_{\text{trans}} = \frac{1}{2} m (R-r)^2 \dot{\varphi}^2,$$
$$T_{\text{rot}} = \frac{1}{2} J\, \dot{\vartheta}^2,$$

Trägheitsmoment: $J = \frac{1}{2} m r^2$ (s. (4.13), Bd. 1),
Abrollbedingung: $R\, d\varphi = r\, d\vartheta$,

$$\Longrightarrow\ T = \frac{m}{2}\left[(R-r)^2 + \frac{1}{2}R^2\right]\dot{\varphi}^2.$$

Potentielle Energie:

$$V = m\, g(R-r)\,(1-\cos\varphi).$$

Lagrange-Funktion:

$$L = \frac{m}{2}\left[(R-r)^2 + \frac{1}{2}R^2\right]\dot{\varphi}^2 - m\, g(R-r)\,(1-\cos\varphi).$$

2) φ ist die einzige generalisierte Koordinate. Es gibt also genau eine Bewegungsgleichung:

$$\frac{d}{dt}\frac{\partial L}{\partial \dot{\varphi}} = m\left[(R-r)^2 + \frac{1}{2}R^2\right]\ddot{\varphi},$$
$$\frac{\partial L}{\partial \varphi} = -m\, g(R-r)\sin\varphi$$

$$\Longrightarrow\ \left[(R-r)^2 + \frac{1}{2}R^2\right]\ddot{\varphi} + g(R-r)\sin\varphi = 0.$$

3) $\varphi \ll 1$, dann $\sin\varphi \approx \varphi$

$$\omega^2 = g\frac{R-r}{(R-r)^2 + \frac{1}{2}R^2}.$$

Die Bewegungsgleichung aus 2) wird zur Schwingungsgleichung

$$\ddot{\varphi} + \omega^2\varphi = 0$$

mit der Lösung

$$\varphi(t) = a\,\cos\omega t + b\,\sin\omega t.$$

a und b sind durch Anfangsbedingungen festgelegt.

Lösung zu Aufgabe 1.5.4

1) Zwangsbedingungen:

$$x^2 + y^2 + z^2 - R^2 = 0: \quad \text{holonom-skleronom},$$
$$\frac{y}{x} - \tan\omega t = 0: \quad \text{holonom-rheonom}.$$

2) $q = \vartheta$

$$x = R \sin\vartheta \cos\omega t,$$
$$y = R \sin\vartheta \sin\omega t,$$
$$z = R \cos\vartheta.$$

$$T = \frac{m}{2}\left(\dot{x}^2 + \dot{y}^2 + \dot{z}^2\right) = \frac{m}{2}\left(R^2 \sin^2\vartheta\,\omega^2 + R^2\,\dot{\vartheta}^2\right).$$

Der erste Summand resultiert aus der Rotation des Ringes, der zweite aus der Bewegung auf dem Ring.

$$V = m\,g\,R(1 - \cos\vartheta).$$

Lagrange-Funktion:

$$L = \frac{m}{2}R^2\left(\omega^2 \sin^2\vartheta + \dot{\vartheta}^2\right) - m\,g\,R(1 - \cos\vartheta).$$

Bewegungsgleichung:

$$\frac{d}{dt}\frac{\partial L}{\partial\dot{\vartheta}} = m\,R^2\,\ddot{\vartheta},$$
$$\frac{\partial L}{\partial\vartheta} = m\,R^2\omega^2 \sin\vartheta\,\cos\vartheta - m\,g\,R\,\sin\vartheta$$
$$\Longrightarrow \ddot{\vartheta} + \left(\frac{g}{R} - \omega^2\cos\vartheta\right)\sin\vartheta = 0.$$

3) $\vartheta \ll 1: \;\cos\vartheta \approx 1,\; \sin\vartheta \approx \vartheta$

Damit vereinfacht sich die Bewegungsgleichung zu

$$\ddot{\vartheta} + \bar{\omega}^2\vartheta = 0,$$
$$\bar{\omega}^2 = \frac{g}{R} - \omega^2$$

mit der allgemeinen Lösung:

$$\vartheta(t) = A\,\cos\bar{\omega}t + B\,\sin\bar{\omega}t.$$

Lösung zu Aufgabe 1.5.5

1) Es gibt vier holonom-skleronome Zwangsbedingungen:

$$l = r + S, \qquad (\textit{Fadenlänge}),$$
$$z(m) = 0,$$
$$x(M) = 0,$$
$$y(M) = 0.$$

2) Bei vier Zwangsbedingungen bleiben 6-4=2 Freiheitsgrade. Wir brauchen also zwei generalisierte Koordinaten

$$q_1 = \varphi; \quad q_2 = S.$$

Wir lesen am Bild die Transformationsformeln ab:

$$\begin{aligned}
& x(m) = r\cos\varphi = (l-S)\cos\varphi, \\
& y(m) = r\sin\varphi = (l-S)\sin\varphi, \\
& z(M) = -S \\
\Longrightarrow\ & \dot{x}(m) = -\dot{S}\cos\varphi - (l-S)\dot{\varphi}\sin\varphi, \\
& \dot{y}(m) = -\dot{S}\sin\varphi + (l-S)\dot{\varphi}\cos\varphi, \\
& \dot{z}(M) = -\dot{S}.
\end{aligned}$$

Kinetische Energie:

$$T = \frac{1}{2}m\left(\dot{x}^2(m) + \dot{y}^2(m)\right) + \frac{1}{2}M\ \dot{z}^2\,(M) = \frac{1}{2}(m+M)\dot{S}^2 + \frac{1}{2}m(l-S)^2\dot{\varphi}^2.$$

Potentielle Energie:

$$V = M\,g\,z(M) = -M\,g\,S.$$

Lagrange-Funktion:

$$L = T - V = \frac{1}{2}(m+M)\dot{S}^2 + \frac{1}{2}m(l-S)^2\dot{\varphi}^2 + M\,g\,S.$$

Wir erkennen, daß die Koordinate φ zyklisch ist. Dies bedeutet:

$$\frac{\partial L}{\partial\dot{\varphi}} = m(l-S)^2\dot{\varphi} = \text{const.} = J\,\dot{\varphi} = L_0.$$

Dies ist der Drehimpulserhaltungssatz. Es sind zwar

$$J = J(t) \qquad \text{und} \qquad \dot{\varphi} = \dot{\varphi}(t)$$

zeitlich veränderliche Größen. Das Produkt ist aber konstant.

Für die zweite Koordinate $q_2 = S$ stellen wir die Lagrangesche Bewegungsgleichung auf:

$$\begin{aligned}
\frac{d}{dt}\frac{\partial L}{\partial\dot{S}} &= (m+M)\,\ddot{S}, \\
\frac{\partial L}{\partial S} &= -m(l-S)\dot{\varphi}^2 + M\,g = -\frac{L_0^2}{m(l-S)^3} + M\,g
\end{aligned}$$

$$\Longrightarrow\ (m+M)\,\ddot{S} + \frac{L_0^2}{m(l-S)^3} - M\,g = 0.$$

Wir multiplizieren diese Gleichung mit $\dot{S}$ und integrieren:

$$\frac{1}{2}(m+M)\dot{S}^2 + \frac{L_0^2}{2m(l-S)^2} - M\,g\,S = \text{const.}$$

Das aber ist der Energiesatz:

$$T + V = E = \text{const.}$$

3) Gleichgewicht bedeutet:

$$\ddot{S} = 0.$$

Dann gilt aber auch:

$$\frac{L_0^2}{m(l-S)^3} = M\,g \implies S = S_0 = \text{const.},$$

$$\omega_0 = \dot{\varphi}_0 = \frac{L_0}{m(l-S_0)^2} = \sqrt{\frac{M\,g}{m(l-S_0)}}.$$

Wir lesen an der Bewegungsgleichung ab:

$$\dot{\varphi} > \omega_0 \iff \ddot{S} < 0 \iff \ddot{z}(M) > 0: \quad M \text{ rutscht nach oben!}$$
$$\dot{\varphi} < \omega_0 \iff \ddot{S} > 0 \iff \ddot{z}(M) < 0: \quad M \text{ rutscht nach unten!}$$

4) Für den Spezialfall $\omega = \dot{\varphi} = 0$ folgt aus der Bewegungsgleichung:

$$\ddot{S} = \frac{M}{m+M}\,g.$$

Dies ist der verzögerte, freie Fall der Masse M.

Lösung zu Aufgabe 1.5.6

F hat nur eine Radialkomponente:

$$F_r = \frac{1}{r^2}\left(1 - \frac{\dot{r}^2 - 2r\ddot{r}}{c^2}\right)$$

Wir setzen

$$U(r,\dot{r}) = \frac{1}{r}\left(1 + \frac{\dot{r}^2}{c^2}\right)$$

und verifizieren durch Einsetzen, daß

$$Q_r = F_r = \frac{d}{dt}\frac{\partial U}{\partial \dot{r}} - \frac{\partial U}{\partial r}$$

gilt.

$$\frac{\partial}{\partial r}\left[\frac{1}{r}\left(1 + \frac{\dot{r}^2}{c^2}\right)\right] = -\frac{1}{r^2}\left(1 + \frac{\dot{r}^2}{c^2}\right),$$

$$\frac{\partial}{\partial \dot{r}}\left[\frac{1}{r}\left(1 + \frac{\dot{r}^2}{c^2}\right)\right] = 2\frac{\dot{r}}{r\,c^2},$$

$$\frac{d}{dt}\frac{\partial}{\partial \dot{r}}\left[\frac{1}{r}\left(1 + \frac{\dot{r}^2}{c^2}\right)\right] = \frac{2}{r^2c^2}(r\ddot{r} - \dot{r}^2),$$

$$\left(\frac{d}{dt}\frac{\partial}{\partial \dot{r}} - \frac{\partial}{\partial r}\right)\left[\frac{1}{r}\left(1 + \frac{\dot{r}^2}{c^2}\right)\right] = \frac{1}{r^2}\left(\frac{2r\ddot{r}}{c^2} - \frac{2\dot{r}^2}{c^2} + 1 + \frac{\dot{r}^2}{c^2}\right) =$$
$$= \frac{1}{r^2}\left(1 - \frac{1}{c^2}(\dot{r}^2 - 2r\ddot{r})\right) = F_r.$$

Das obige $U(r, \dot{r})$ ist also in der Tat das verallgemeinerte Potential der Kraft $\mathbf{F}$. Da die Bewegung in der Ebene erfolgen soll,

$$x = r\cos\varphi; \quad y = r\sin\varphi,$$

gilt für die kinetische Energie:

$$T = \frac{1}{2}m(\dot{x}^2 + \dot{y}^2) = \frac{1}{2}m(\dot{r}^2 + r^2\dot{\varphi}^2).$$

Die Lagrange-Funktion lautet demnach:

$$L = \frac{1}{2}m(\dot{r}^2 + r^2\dot{\varphi}^2) - \frac{1}{r}\left(1 + \frac{\dot{r}^2}{c^2}\right).$$

Lösung zu Aufgabe 1.5.7

Mit der Notation aus Kapitel 1.3.2 gilt:

$$ds = \sqrt{dx^2 + dy^2} = \sqrt{1 + y'^2}\,dx.$$

Zu variieren ist also das Funktional

$$J = \int_A^B ds = \int_{x_A}^{x_B} \sqrt{1 + y'^2}\,dx.$$

Wir setzen

$$f(x, y, y') = f(y') = \sqrt{1 + y'^2}$$

$$\Longrightarrow \frac{\partial f}{\partial y} = 0; \quad \frac{\partial f}{\partial y'} = \frac{y'}{\sqrt{1 + y'^2}}.$$

Für die Variation δJ hatten wir im Anschluß an (1.123) abgeleitet:

$$\delta J = \frac{\partial f}{\partial y'}\delta y\Big|_A^B + \int_A^B \left(\frac{\partial f}{\partial y} - \frac{d}{dx}\frac{\partial f}{\partial y'}\right)\delta y\,dx.$$

Dies bedeutet hier:

$$\delta J = \frac{y'}{\sqrt{1 + y'^2}}\delta y\Big|_A^B - \int_A^B \left(\frac{d}{dx}\frac{y'}{\sqrt{1 + y'^2}}\right)\delta y\,dx.$$

1) Zunächst sind A und B fest für **alle** Kurven der Konkurrenzschar. Es gilt deshalb:

$$\delta y(A) = \delta y(B) = 0.$$

Der erste Summand im obigen Ausdruck für δJ verschwindet also. Die Forderung $\delta J = 0$ führt bei sonst beliebigem δy auf

$$\frac{d}{dx}\frac{y'}{\sqrt{1+y'^2}} = 0 \iff \frac{y'}{\sqrt{1+y'^2}} = \text{const.} \iff y' = m = \text{const.}$$

Die kürzeste Verbindung zwischen A und B ist also die Strecke AB (s. Beispiel 1) in Kapitel 1.3.2).

2) Jetzt besteht die Konkurrenzschar aus allen **Strecken** von A zu **beliebigen** Punkten B auf der Geraden g. Für jede zur Variation zugelassenen Kurve gilt also $y' = \text{const.}$, so daß nun der zweite Summand im obigen δJ-Ausdruck verschwindet. Der erste Summand ist dagegen ungleich Null, da nun nur A fest ist:

$$\delta y(A) = 0; \quad \delta y(B) \neq 0.$$

Dies bedeutet:

$$0 \stackrel{!}{=} \delta J = \frac{y'(B)}{\sqrt{1+y'^2(B)}}\delta y(B)$$

$$\Longrightarrow y'(B) = 0.$$

Die stationäre Bahn hat also die Steigung Null. Es handelt sich deshalb um das Lot von A auf die Gerade g.

Lösung zu Aufgabe 1.5.8

1) Unter *Massenverteilung* ist *Masse pro Länge* zu verstehen:

$$m(x) = \frac{dm}{dx}.$$

Für die kinetische Energie T gilt dann

$$T = \frac{1}{2}\int_0^l m(x)\,\dot{y}^2 dx$$

mit

$$\dot{y} = \frac{\partial y}{\partial t} = \dot{y}(x,t).$$

2) Ansatz:

$$V = \alpha\Big(\int_0^l ds - l\Big); \quad ds = \sqrt{dx^2 + dy^2}.$$

Mit $y' = dy/dx$ folgt:

$$V = \alpha\Big(\int_0^l \sqrt{1+y'^2}dx - l\Big).$$

3) Kleine Auslenkung bedeutet auch *kleines* y',

$$\sqrt{1+y'^2} \approx 1 + \frac{1}{2} y'^2$$

$$\Longrightarrow \; V \approx \frac{\alpha}{2} \int_0^l y'^2 dx.$$

Wirkungsfunktional:

$$S = \int_{t_1}^{t_2} L\, dt = \frac{1}{2} \int_{t_1}^{t_2} \left[\int_0^l \left(m(x) \dot{y}^2 - \alpha\, y'^2 \right) dx \right] dt.$$

Die Konkurrenzschar besteht aus Kurven, deren Auslenkungen an den Stellen $x = 0$ und $x = l$ Null sind (Zwangsbedingungen!) und zu den Zeiten t_1 und t_2 fest vorgegeben sind (Hamiltonsches Prinzip!).

$$0 \stackrel{!}{=} \delta S = \int_{t_1}^{t_2} \int_0^l \left(m(x) \dot{y}\, \delta \dot{y} - \alpha y'\, \delta y' \right) dx\, dt =$$

$$= \int_0^l m(x) \left[\dot{y}\, \delta y \right] \Big|_{t_1}^{t_2} dx - \alpha \int_{t_1}^{t_2} \left[y'\, \delta y \right] \Big|_0^l dt - \int_{t_1}^{t_2} \int_0^l \left(m(x) \ddot{y} - \alpha y'' \right) \delta y\, dx\, dt.$$

Da δy an den Grenzen verschwindet, bleibt:

$$0 = - \int_{t_1}^{t_2} \int_0^l \left(m(x) \ddot{y} - \alpha y'' \right) \delta y\, dx\, dt.$$

δy ist ansonsten frei wählbar, so daß bereits

$$m(x) \frac{\partial^2 y}{\partial t^2} = \alpha \frac{\partial^2 y}{\partial x^2}$$

gelten muß. Dies ist die gesuchte Differentialgleichung. Für den Spezialfall einer *homogenen* Massenverteilung $m(x) = m/l$ ergibt sich die *einfache* Wellengleichung.

Lösung zu Aufgabe 1.5.9

1) $x_M = R\varphi$ (Rollbedingung!); $\quad y_M = R.$

2) Massenpunkt:

$$x_m = x_M - R \sin\varphi = R(\varphi - \sin\varphi),$$
$$y_m = y_M - R \cos\varphi = R(1 - \cos\varphi).$$

Dies ist die *gewöhnliche* Zykloide (s. Beispiel 4) in Kapitel 1.2.3).

Schwerpunkt:

$$\mathbf{R}_S = \frac{M\,\mathbf{r}_M + \frac{1}{2}M\,\mathbf{r}_m}{M + \frac{1}{2}M} = \frac{2}{3}\mathbf{r}_M + \frac{1}{3}\mathbf{r}_m$$

$$\Longrightarrow \quad x_S = x_M - \frac{1}{3}R\sin\varphi = R\left(\varphi - \frac{1}{3}\sin\varphi\right),$$

$$y_S = y_M - \frac{1}{3}R\cos\varphi = R\left(1 - \frac{1}{3}\cos\varphi\right).$$

Dies ist die sogenannte *verkürzte* Zykloide.

3) T_m: kinetische Energie des Massenpunktes

$$T_m = \frac{1}{2}m\left(\dot{x}_m^2 + \dot{y}_m^2\right),$$

$$\dot{x}_m = R\,\dot{\varphi}\,(1-\cos\varphi); \quad \dot{y}_m = R\,\dot{\varphi}\,\sin\varphi$$

$$\Longrightarrow \quad T_m = m\,R^2\dot{\varphi}^2(1-\cos\varphi)$$

(T_M: Kinetische Energie der Scheibe).

T_M setzt sich aus einem Rotations- und einem Translationsanteil zusammen:

$$T_M = T_M^{\text{rot}} + T_M^{\text{tr}},$$

$$T_M^{\text{tr}} = \frac{1}{2}M\left(\dot{x}_M^2 + \dot{y}_M^2\right) = \frac{1}{2}M\,R^2\dot{\varphi}^2.$$

Für den Rotationsanteil benötigen wir das Trägheitsmoment J der Scheibe bezüglich einer Achse durch den Scheibenmittelpunkt (D= Dicke der Scheibe):

$$J = \int r^2\,dm = \rho_0 \int r^2\,d^3r = \frac{M}{\pi\,R^2\,D}\iiint dz\,r\,dr\,d\varphi =$$

$$= \frac{M}{\pi\,R^2 D}\,D\,2\pi\int_0^R r^3 dr = \frac{1}{2}M\,R^2.$$

Damit gilt:

$$T_M^{\text{rot}} = \frac{1}{2}J\,\dot{\varphi}^2 = \frac{1}{4}M\,R^2\,\dot{\varphi}^2$$

$$\Longrightarrow \quad T_M = \frac{3}{4}M\,R^2\,\dot{\varphi}^2.$$

Die gesamte kinetische Energie ist dann:

$$T(\varphi,\dot{\varphi}) = \frac{1}{2}M\,R^2\,\dot{\varphi}^2\left[\frac{3}{2} + (1-\cos\varphi)\right].$$

Die potentielle Energie V läßt sich ebenfalls in Beträge des Massenpunktes und der Scheibe zerlegen:

$$V(\varphi) = V_m + V_M = m\,g\,y_m + C_m + V_M =$$

$$= -\frac{1}{2}M\,g\,R\cos\varphi + \frac{1}{2}M\,g\,R + C_m + V_M.$$

Der Beitrag der Scheibe ist konstant. Die Wahl des Nullpunktes ist frei. Wir können die Konstante C_m dann natürlich so wählen, daß

$$V(\varphi) = -\frac{1}{2} M\, g\, R \cos\varphi$$

bleibt.

4)

$$L = T(\varphi, \dot{\varphi}) - U(\varphi) = \frac{1}{2} M \left[R^2\, \dot{\varphi}^2 \left(\frac{5}{2} - \cos\varphi\right) + g\, R \cos\varphi\right].$$

Bewegungsgleichung:

$$\begin{aligned}
\frac{\partial L}{\partial \dot{\varphi}} &= M\, R^2\, \dot{\varphi} \left(\frac{5}{2} - \cos\varphi\right), \\
\frac{d}{dt}\frac{\partial L}{\partial \dot{\varphi}} &= M\, R^2 \ddot{\varphi} \left(\frac{5}{2} - \cos\varphi\right) + M\, R^2 \dot{\varphi}^2 \sin\varphi, \\
\frac{\partial L}{\partial \varphi} &= \frac{1}{2} M \left[R^2 \dot{\varphi}^2 \sin\varphi - g\, R \sin\varphi\right]
\end{aligned}$$

$$\Longrightarrow\ \ddot{\varphi}(5 - 2\cos\varphi) + \left(\dot{\varphi}^2 + \frac{g}{R}\right) \sin\varphi = 0.$$

Vereinfachung für kleine Schwingungen:

$$\varphi \ll 1: \quad \cos\varphi \approx 1, \quad \sin\varphi \approx \varphi, \quad \dot{\varphi}^2 \approx 0$$

$$\Longleftrightarrow\ \ddot{\varphi} + \frac{g}{3R}\varphi \approx 0 \Longrightarrow \omega^2 \approx \frac{g}{3R}.$$

5) Die Bewegung der im Schwerpunkt vereinigten Gesamtmasse

$$M_{\text{tot}} = M + m = \frac{3}{2} M$$

wird durch die Gesamtkraft

$$\mathbf{F} = \mathbf{Z} - \frac{3}{2} M\, g\, \mathbf{e}_y$$

bewirkt. Die Newtonschen Bewegungsgleichungen lauten deshalb:

$$\frac{3}{2} M(\ddot{x}_S, \ddot{y}_S) = \left(z_x, z_y - \frac{3}{2} M\, g\right).$$

x_S, y_S haben wir bereits in 2) berechnet.

$$\begin{aligned}
\dot{x}_S &= R\dot{\varphi}\left(1 - \frac{1}{3}\cos\varphi\right), \quad \dot{y}_S = \frac{1}{3} R\dot{\varphi}\sin\varphi \\
\Longrightarrow \ddot{x}_S &= \frac{1}{3} R\left(\ddot{\varphi}(3 - \cos\varphi) + \dot{\varphi}^2 \sin\varphi\right), \\
\ddot{y}_S &= \frac{1}{3} R(\ddot{\varphi}\sin\varphi + \dot{\varphi}^2 \cos\varphi).
\end{aligned}$$

Die Zwangskraft hat also die Komponenten:

$$Z_x = \frac{1}{2} M\, R \left(\ddot{\varphi}(3 - \cos\varphi) + \dot{\varphi}^2 \sin\varphi \right),$$
$$Z_y = \frac{1}{2} M\, R \left(\ddot{\varphi} \sin\varphi + \dot{\varphi}^2 \cos\varphi + \frac{3g}{R} \right).$$

6) Bedingung für *Abheben*: $Z_y \stackrel{!}{=} 0$

Wegen $\partial L/\partial t = 0$ und skleronomer Zwangsbedingungen gilt der Energiesatz:

$$E = T + V = \frac{1}{2} M \left[R^2 \dot{\varphi}^2 \left(\frac{5}{2} - \cos\varphi \right) - g\, R \cos\varphi \right] = \text{const.}$$

Wir drücken E durch die Anfangsgeschwindigkeit v aus:

$$E = \frac{1}{2} M \left[v^2 \left(\frac{5}{2} - 1 \right) - g\, R \right], \qquad v = R\, \dot{\varphi}|_{\varphi=0} = \dot{x}_M(\varphi = 0).$$

Es gilt also für beliebige φ:

$$\frac{3}{2} v^2 - g\, R = R^2 \dot{\varphi}^2 \left(\frac{5}{2} - \cos\varphi \right) - g\, R \cos\varphi.$$

Wir bestimmen v aus der Bedingung $Z_y = 0$ bei $\varphi = 2\pi/3$, benötigen nach Teil 5) also $\dot{\varphi}$, $\ddot{\varphi}$ an der Stelle $\varphi = 2\pi/3$:

$$\varphi = \frac{2\pi}{3} \implies \sin\varphi = \frac{1}{2}\sqrt{3}; \quad \cos\varphi = -\frac{1}{2},$$

$$\dot{\varphi}^2 \left(\varphi = \frac{2\pi}{3} \right) = \frac{1}{2} \left(\frac{v^2}{R^2} - \frac{g}{R} \right).$$

Nach Teil 4) gilt:

$$6\ddot{\varphi} \left(\varphi = \frac{2\pi}{3} \right) + \frac{1}{2}\sqrt{3} \left(\frac{1}{2} \frac{v^2}{R^2} + \frac{1}{2} \frac{g}{R} \right) = 0$$

$$\implies \ddot{\varphi} \left(\varphi = \frac{2\pi}{3} \right) = -\frac{\sqrt{3}}{24} \left(\frac{v^2}{R^2} + \frac{g}{R} \right).$$

Bestimmungsgleichung für v:

$$0 \stackrel{!}{=} Z_y \left(\varphi = \frac{2\pi}{3} \right)$$
$$= \frac{1}{2} M\, R \left(\frac{1}{2}\sqrt{3}\ddot{\varphi} \left(\varphi = \frac{2\pi}{3} \right) - \frac{1}{2}\, \dot{\varphi}^2 \left(\varphi = \frac{2\pi}{3} \right) + \frac{3g}{R} \right)$$
$$\iff 0 = -\frac{1}{16} \left(\frac{v^2}{R^2} + \frac{g}{R} \right) - \frac{1}{4} \left(\frac{v^2}{R^2} - \frac{g}{R} \right) + \frac{3g}{R}$$
$$\implies v^2 = \frac{51}{5} g\, R.$$

7)

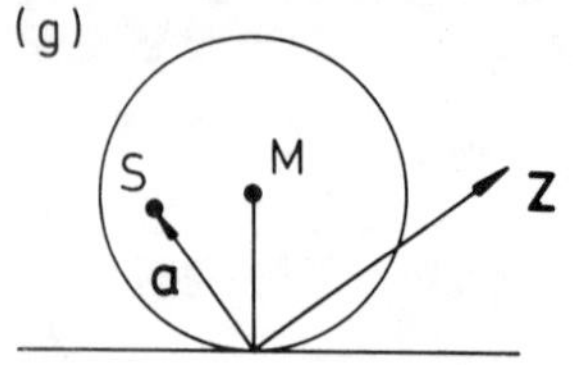

Trägheitsmoment:

$$J_S = J_{mS} + J_{MS},$$

J_S: Trägheitsmoment des gesamten Systems bezüglich Schwerpunkt S,
J_{mS}: Beitrag der Zusatzmasse,
J_{MS}: Beitrag der Scheibe.

Nach dem Steinerschen Satz (Kap. 4.3.4, Bd. 1) gilt:

$$J_{MS} = J + M\left[(x_M - x_S)^2 + (y_M - y_S)^2\right].$$

J ist das in 3) berechnete Trägheitsmoment der Scheibe bezüglich einer Achse durch den Scheibenmittelpunkt.

$$\begin{aligned}
J_{MS} &= \frac{1}{2} M R^2 + M\left(\frac{1}{9} R^2 \sin^2\varphi + \frac{1}{9} R^2 \cos^2\varphi\right) = \frac{11}{18} M R^2, \\
J_{mS} &= \frac{1}{2} M\left[(x_m - x_S)^2 + (y_m - y_S)^2\right] = \\
&= \frac{1}{2} M\left(\frac{4}{9} R^2 \sin^2\varphi + \frac{4}{9} R^2 \cos^2\varphi\right) = \frac{4}{18} M R^2 \\
\Longrightarrow \quad J_S &= \frac{5}{6} M R^2.
\end{aligned}$$

Die Zwangskraft $\mathbf{Z}$ greift am Auflagepunkt an. Sie bewirkt ein Drehmoment um S und damit die Rotation der Scheibe:

$$\mathbf{M} = \mathbf{a} \times \mathbf{Z} = (a_x Z_y - a_y Z_x)\,\mathbf{e}_z.$$

Da die Rotationsbewegung ausschließlich durch die Zwangskraft $\mathbf{Z}$ bewirkt wird, lautet die Bewegungsgleichung:

$$J_S \ddot{\varphi} = a_x Z_y - a_y Z_x.$$

Für den Vektor $\mathbf{a}$ gilt:

$$\mathbf{a} = (-(x_M - x_S),\, y_S,\, 0) = \left(-\frac{1}{3} R \sin\varphi,\, R\left(1 - \frac{1}{3}\cos\varphi\right),\, 0\right)$$

$$\begin{aligned}
\Longrightarrow \quad J_S \ddot{\varphi} &= \left(-\frac{1}{3} R \sin\varphi\right) \frac{1}{2} M R\left(\ddot{\varphi} \sin\varphi + \dot{\varphi}^2 \cos\varphi + \frac{3g}{R}\right) - \\
&\quad - R\left(1 - \frac{1}{3}\cos\varphi\right) \frac{1}{2} M R\left(\ddot{\varphi}(3 - \cos\varphi) + \dot{\varphi}^2 \sin\varphi\right)
\end{aligned}$$

$$\begin{aligned}
\Longrightarrow \quad 5\ddot{\varphi} &= -\ddot{\varphi} \sin^2\varphi - \dot{\varphi}^2 \sin\varphi \cos\varphi - \frac{3g}{R} \sin\varphi - \\
&\quad - \ddot{\varphi}(9 - 6\cos\varphi + \cos^2\varphi) - \dot{\varphi}^2(3\sin\varphi - \cos\varphi \sin\varphi)
\end{aligned}$$

$$\Longrightarrow \quad \ddot{\varphi}(15 - 6\cos\varphi) + 3\dot{\varphi}^2 \sin\varphi + \frac{3g}{R} \sin\varphi = 0,$$

$$\Longrightarrow \quad \ddot{\varphi}(5 - 2\cos\varphi) + \left(\dot{\varphi}^2 + \frac{g}{R}\right) \sin\varphi = 0.$$

Dies stimmt mit der Bewegungsgleichung in Teil 4) überein!

Lösung zu Aufgabe 1.5.10

1) Lagrange-Funktion:

$$L = T - V = \frac{1}{2} m\, l^2 \dot{\varphi}^2 - m\, g(1 - \cos\varphi) l,$$

$$\frac{d}{dt}\frac{\partial L}{\partial \dot{\varphi}} = m\, l^2 \ddot{\varphi}; \quad \frac{\partial L}{\partial \varphi} = -m\, g\, l\, \sin\varphi \underbrace{\approx}_{\text{kleine Ausschläge}} -m\, g\, l\, \varphi$$

$\Longrightarrow$ Schwingungsgleichung:

$$\ddot{\varphi} + \frac{g}{l}\varphi = 0.$$

Allgemeine Lösung:

$$\varphi(t) = A\, \cos\omega_0 t + B\, \sin\omega_0 t; \quad \omega_0 = \sqrt{\frac{g}{l}}.$$

Spezielle Randbedingung $\varphi(0) = 0$:

$$\varphi(t) = \varphi_0 \sin\omega_0 t.$$

2) Die Fadenspannung ist die Zwangskraft, die die konstante Fadenlänge l realisiert.

$$m\, \ddot{\mathbf{r}}(t): \quad \text{Kraft, die an der Masse } m \text{ angreift.}$$

$$\mathbf{r}(t) = \begin{pmatrix} x(t) \\ y(t) \end{pmatrix} = l \begin{pmatrix} \cos\varphi(t) \\ \sin\varphi(t) \end{pmatrix}$$

$$\Longrightarrow \dot{\mathbf{r}}(t) = l\, \dot{\varphi}(t) \begin{pmatrix} -\sin\varphi(t) \\ \cos\varphi(t) \end{pmatrix}$$

$$\Longrightarrow m\ddot{\mathbf{r}}(t) = m\, l\, \ddot{\varphi}(t) \begin{pmatrix} -\sin\varphi(t) \\ \cos\varphi(t) \end{pmatrix} + m\, l\, \dot{\varphi}^2(t) \begin{pmatrix} -\cos\varphi(t) \\ -\sin\varphi(t) \end{pmatrix} =$$

$$= m\, g\, \mathbf{e}_x - Z\, \mathbf{e}_r.$$

Daraus bestimmen wir die Fadenspannung:

$$\mathbf{Z} = Z\, \mathbf{e}_r,$$

$$Z = m\, g(\mathbf{e}_x \cdot \mathbf{e}_r) - m\, \ddot{\mathbf{r}}(t) \cdot \mathbf{e}_r,$$

$$\mathbf{e}_x = \begin{pmatrix} 1 \\ 0 \end{pmatrix}; \quad \mathbf{e}_r = \begin{pmatrix} \cos\varphi(t) \\ \sin\varphi(t) \end{pmatrix} \Longrightarrow \mathbf{e}_x \cdot \mathbf{e}_r = \cos\varphi(t)$$

$$\Longrightarrow Z = m\, g\, \cos\varphi(t) + m\, l\, \dot{\varphi}^2(t).$$

Kleine Pendelausschläge $\cos\varphi(t) \approx 1 - \frac{1}{2}\varphi^2(t)$:

$$\Longrightarrow Z = m\, g\left(1 - \frac{1}{2}\varphi_0^2 \sin^2\omega_0 t\right) + m\, l\, \omega_0^2 \varphi_0^2 \cos^2\omega_0 t =$$

$$= m\, g\left(1 - \frac{1}{2}\varphi_0^2 + \frac{1}{2}\varphi_0^2 \cos^2\omega_0 t + \varphi_0^2 \cos^2\omega_0 t\right)$$

$$\Longrightarrow Z = m\, g\left(1 - \frac{1}{2}\varphi_0^2 + \frac{3}{2}\varphi_0^2 \cos^2\omega_0 t\right).$$

Lösung zu Aufgabe 1.5.11

1) Lagrange-Funktion:

$$L = T - V = T = \frac{1}{2}m(\dot{r}^2 + r^2\dot{\varphi}^2).$$

Die Koordinate φ ist zyklisch:

$$p_\varphi = \frac{\partial L}{\partial \dot{\varphi}} = m\,r^2\,\dot{\varphi} = L_z = \text{const.}$$

Der Drehimpuls ist ein Integral der Bewegung.

2) Wegen Vernachlässigung der kinetischen Energie in radialer Richtung gilt $\dot{r}^2 \approx 0$:

$$T = \frac{1}{2}m\,r^2\dot{\varphi}^2 = \frac{L_z^2}{2m\,r^2}.$$

Die geleistete Arbeit W entspricht der Änderung der kinetischen Energie (Energiesatz!):

$$W = T(r = R) - T(r = R_0) = \frac{L_z^2}{2m}\left(\frac{1}{R^2} - \frac{1}{R_0^2}\right).$$

3) Ja! Die Lagrange-Funktion ist dieselbe wie unter 1), φ nach wie vor zyklisch.

4) Aus $\dot{r}(t) = -b\,t$ folgt die Zwangsbedingung:

$$r(t) = -\frac{1}{2}b\,t^2 + R_0 \qquad \text{(holonom-rheonom).}$$

Die diese Zeitabhängigkeit hervorrufende Zwangskraft $\mathbf{Z}$ ist die einzige wirkende Kraft. Deswegen gilt:

$$m\,\ddot{\mathbf{r}} = \mathbf{Z}.$$

In ebenen Polarkoordinaten ist (s. (2.13), Bd. 1):

$$\ddot{\mathbf{r}} = (\ddot{r} - r\,\dot{\varphi}^2)\,\mathbf{e}_r + (r\,\ddot{\varphi} + 2\dot{r}\,\dot{\varphi})\,\mathbf{e}_\varphi.$$

Aus der Drehimpulserhaltung folgt:

$$(r\,\ddot{\varphi} + 2\dot{r}\,\dot{\varphi}) = \frac{1}{r}\frac{d}{dt}r^2\dot{\varphi} = \frac{1}{r\,m}\frac{d}{dt}L_z = 0$$

$$\Longrightarrow \mathbf{Z} = m(\ddot{r} - r\,\dot{\varphi}^2)\,\mathbf{e}_r = -m(b + r\,\dot{\varphi}^2)\,\mathbf{e}_r = -\left(m\,b + \frac{L_z^2}{m\,r^3(t)}\right)\mathbf{e}_r.$$

5)

$$T = \frac{1}{2}m(\dot{r}^2 + r^2\dot{\varphi}^2) = \frac{1}{2}m\,b^2t^2 + \frac{L_z^2}{2m\,r^2} = -m\,b\,(r - R_0) + \frac{L_z^2}{2m\,r^2}$$

$$\Longrightarrow W = -m\,b(R - R_0) + \frac{L_z^2}{2m}\left(\frac{1}{R^2} - \frac{1}{R_0^2}\right).$$

Lösung zu Aufgabe 1.5.12

1) Zwangsbedingung:

$$r = l - R_0\varphi \qquad \text{(holonom-skleronom)}.$$

Ortsvektor des Massenpunktes:

$$\mathbf{r}(P) = \mathbf{R}_0 + \bar{\mathbf{r}},$$

wobei

$\mathbf{R}_0 = R_0(\cos\varphi,\ \sin\varphi)$ und $\bar{\mathbf{r}} = r\,\mathbf{e}_\varphi = r(-\sin\varphi,\ \cos\varphi)$, ist.

$$\begin{aligned}
\Longrightarrow\ \mathbf{r}(P) &= (R_0\cos\varphi - (l - R_0\varphi)\sin\varphi, R_0\sin\varphi + (l - R_0\varphi)\cos\varphi)\,,\\
\dot{\mathbf{r}}(P) &= (-R_0\dot{\varphi}\sin\varphi + R_0\,\dot{\varphi}\,\sin\varphi - (l - R_0\varphi)\dot{\varphi}\,\cos\varphi,\\
&\quad R_0\dot{\varphi}\cos\varphi - R_0\dot{\varphi}\cos\varphi - (l - R_0\varphi)\,\dot{\varphi}\,\sin\varphi) =\\
&= -(l - R_0\varphi)\dot{\varphi}\,\mathbf{e}_r.
\end{aligned}$$

Lagrange-Funktion:

$$L = T - V = T = \frac{1}{2}m\dot{\mathbf{r}}^2(P) = \frac{1}{2}m(l - R_0\varphi)^2\,\dot{\varphi}^2\,.$$

Die Koordinate φ ist **nicht** zyklisch wie in der vorigen Aufgabe.

Wegen der holonom-skleronomen Zwangsbedingung und wegen $\partial L/\partial t = 0$ gilt jedoch der Energiesatz:

$$E = \text{const.} = T.$$

2) Der Energiesatz erspart bereits eine Integration:

$$\dot{\varphi} = \frac{\sqrt{\frac{2E}{m}}}{l - R_0\varphi}; \qquad t = 0: \quad v_0 = \frac{l\sqrt{\frac{2E}{m}}}{l} = \sqrt{\frac{2E}{m}}$$

$$\Longrightarrow\ \dot{\varphi} = \frac{v_0}{l - R_0\varphi}.$$

Dies läßt sich umschreiben:

$$v_0 = l\,\dot{\varphi} - R_0\varphi\,\dot{\varphi} \Longrightarrow v_0 t = l\,\varphi - \frac{1}{2}R_0\varphi^2 + C.$$

Aus den Anfangsbedingungen folgt unmittelbar $C = 0$. Wir lösen nach φ auf:

$$\varphi = \frac{l}{R_0} \pm \sqrt{\frac{l^2}{R_0^2} - \frac{2}{R_0}v_0 t}.$$

Wegen $\varphi(0) = 0$ kann nur das Minuszeichen richtig sein:

$$\varphi(t) = \frac{l}{R_0}\left(1 - \sqrt{1 - \frac{2R_0}{l^2}v_0 t}\right).$$

Nach der Zeit t_0 ist der Faden voll aufgewickelt, d.h.:

$$R_0\varphi(t = t_0) = l.$$

Dies bedeutet:

$$t_0 = \frac{1}{2}\frac{l^2}{R_0 v_0}.$$

3)

$$p_\varphi = \frac{\partial L}{\partial \dot{\varphi}} = m(l - R_0\varphi)^2\dot{\varphi}.$$

Drehimpuls bezüglich 0:

$$\begin{aligned}
\mathbf{L} &= m\,\mathbf{r}(P)\times \dot{\mathbf{r}}\,(P) = m\,(x(P)\dot{y}(P) - y(P)\,\dot{x}\,(P))\;\mathbf{e}_z = \\
&= m\,\mathbf{e}_z\,\{[R_0\,\cos\varphi - (l - R_0\varphi)\sin\varphi][-(l - R_0\varphi)\dot{\varphi}\,\sin\varphi] - \\
&\quad - [R_0\sin\varphi + (l - R_0\varphi)\cos\varphi][-(l - R_0\varphi)\dot{\varphi}\,\cos\varphi]\} = \\
&= m\,\mathbf{e}_z\left[(l - R_0\varphi)^2\dot{\varphi}(sin^2\varphi + \cos^2\varphi)\right] = \\
&= m(l - R_0\varphi)^2\dot{\varphi}\,\mathbf{e})z \qquad \text{q.e.d.}
\end{aligned}$$

Lösung zu Aufgabe 1.5.13

1) Wir berechnen zunächst das Trägheitsmoment der Walze. Dazu verwenden wir Zylinderkoordinaten r, φ, $\bar{z}$. Die $\bar{z}$-Richtung falle mit der Zylinderachse zusammen. Für die Massendichte gilt nach Voraussetzung:

$$\rho(r, \varphi, \bar{z}) = \alpha\, r.$$

Wie groß ist α? Wir drücken α durch die Masse M der Walze aus:

$$M = \int\limits_{\text{Walze}} d^3r\,\rho(\mathbf{r}) = 2\pi\,h\,\alpha\int\limits_0^R r^2 dr = 2\pi\,h\,\alpha\frac{1}{3}R^3$$

$$\Longrightarrow\quad \alpha = \frac{3M}{2\pi\,h\,R^3}.$$

Trägheitsmoment bezüglich $\bar{z}$-Achse:

$$J = \int\limits_{\text{Walze}} r^2\,dm = \int\limits_{\text{Walze}} r^2\rho(\mathbf{r})\,d^3r = 2\pi\,h\,\alpha\int\limits_0^R r^4\,dr = \frac{3M}{R^3}\,\frac{1}{5}R^5 = \frac{3}{5}M\,R^2.$$

Im Bereich $0 \le z \le l$ führt die Masse m eine eindimensionale Bewegung aus, d.h. ohne Seitenbewegung:

$$\begin{aligned}
\text{generalisierte Koordinate:}&\quad z, \\
\text{Zwangsbedingung:}&\quad z = R\varphi.
\end{aligned}$$

Kinetische Energie:

$$T = \frac{1}{2} J \dot{\varphi}^2 + \frac{1}{2} m \dot{z}^2 = \frac{1}{2}\left(\frac{3}{5}M + m\right)\dot{z}^2.$$

Potentielle Energie:

$$V = m\,g(l + R - z) \quad \text{(Minimum bei vollständig abgewickeltem Faden).}$$

Lagrange-Funktion:

$$L(z, \dot{z}) = \frac{1}{2}\left(\frac{3}{5}M + m\right)\dot{z}^2 - m\,g(l + R - z).$$

Bewegungsgleichung:

$$\frac{d}{dt}\frac{\partial L}{\partial \dot{z}} = \left(\frac{3}{5}M + m\right)\ddot{z} \stackrel{!}{=} \frac{\partial L}{\partial z} = m\,g$$

$$\Longrightarrow \quad \ddot{z} = \frac{m}{m + \frac{3}{5}M}g.$$

Die Masse m führt eine gleichförmig beschleunigte Bewegung aus (*verzögerter Fall!*)

Mit den Anfangsbedingungen

$$z(t = 0) = 0; \quad \dot{z}(t = 0) = 0$$

folgt:

$$z(t) = \frac{1}{2}\frac{m}{m + \frac{3}{5}M}g\,t^2.$$

2)

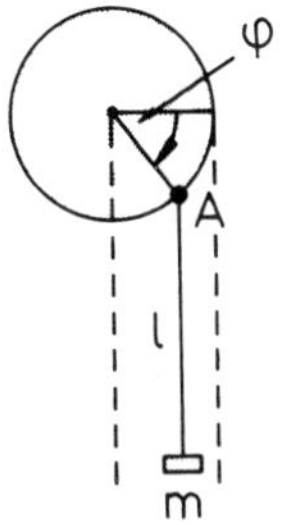

Für $z > l$ kommt die Seitenbewegung hinzu. An dem Bild liest man für den Ortsvektor $\mathbf{r}_m$ der Masse m ab:

$$\mathbf{r}_m = (R\cos\varphi\, l + R\sin\varphi)$$

$$\Longrightarrow \dot{\mathbf{r}}_m = R\dot{\varphi}(-\sin\varphi, \cos\varphi).$$

$R\dot{\varphi}$ ist natürlich nun nicht mehr gleich $\dot{z}$!

Kinetische Energie:

$$T = \frac{1}{2}m\,R^2\dot{\varphi}^2 + \frac{1}{2}J\;\dot{\varphi}^2 = \frac{1}{2}\left(m + \frac{3}{5}M\right)R^2\dot{\varphi}^2.$$

Potentielle Energie:

$$V = m\,g\,R(1 - \sin\varphi).$$

Lagrange-Funktion:

$$L(\varphi, \dot{\varphi}) = \frac{1}{2}\left(m + \frac{3}{5}M\right)R^2\,\dot{\varphi}^2 - m\,g\,R(1 - \sin\varphi).$$

Bewegungsgleichung:

$$\frac{d}{dt}\frac{\partial L}{\partial \dot{\varphi}} - \frac{\partial L}{\partial \varphi} = \left(m + \frac{3}{5}M\right) R^2 \ddot{\varphi} - m\, g\, R \cos\varphi \stackrel{!}{=} 0$$

$$\Longrightarrow \ddot{\varphi} = \frac{1}{R}\frac{m}{m + \frac{3}{5}M} g \cos\varphi.$$

Man vergleiche mit dem entsprechenden Ergebnis aus Teil 1). Von $z = l$ ($\varphi = 0$) bis $z = l + R$ ($\varphi = \pi/2$) nimmt $\ddot{\varphi}$ monoton auf Null ab. Wenn dann noch $M \gg m$ angenommen werden darf, so ist $\ddot{\varphi} \approx 0$. Dies bedeutet:

$$\dot{\varphi} \approx \dot{\varphi}_l = \text{const.} \qquad (\dot{\varphi}_l \text{ aus 1) bekannt!})$$

Dies bedeutet:

$$z = l + R \sin\varphi \approx l + R \sin\left[\dot{\varphi}_l (t - t_l)\right],$$

$$\dot{z} = R\dot{\varphi} \cos\varphi \approx R\dot{\varphi}_l \cos\left[\dot{\varphi}_l (t - t_l)\right],$$

$$\ddot{z} = R\ddot{\varphi} \cos\varphi - R\dot{\varphi}^2 \sin\varphi \approx -R\dot{\varphi}_l^2 \sin\left[\dot{\varphi}_l (t - t_l)\right].$$

t_l ist die Zeit, nach der der Faden auf seine volle Länge abgewickelt ist. Sie läßt sich mit dem Ergebnis aus Teil 1) berechnen:

$$l = \frac{1}{2}\frac{m}{m + \frac{3}{5}M} g\, t_l^2 \Longrightarrow t_l = \sqrt{\frac{2l\left(m + \frac{3}{5}M\right)}{m\, g}}.$$

Im Bereich $l \le z \le l + R$ ist $0 \le \varphi \le \pi/2$ und damit $\ddot{z} < 0$. Es findet also eine Bremsung statt.

Wir müssen noch die Seitenbewegung diskutieren:

$$x = R \cos\varphi \approx R \cos\left[\dot{\varphi}_l (t - t_l)\right],$$

$$\dot{x} = -R\dot{\varphi} \sin\varphi \approx -R\dot{\varphi}_l \sin\left[\varphi_l (t - t_l)\right],$$

$$\ddot{x} = -R\ddot{\varphi} \sin\varphi - R\dot{\varphi}^2 \cos\varphi \approx -R\dot{\varphi}_l^2 \cos\left[\varphi_l (t - t_l)\right].$$

3)

$$m\ddot{z} = m\, g - Z \Longrightarrow Z = m\,(g - \ddot{z}).$$

$0 \le z \le l$:

$$Z = m\, g \left(1 - \frac{m}{m + \frac{3}{5}M}\right) = m\frac{3M}{3M + 5m} g = \text{const.} \approx m\, g.$$

$l \le z \le l + R$:

$$\ddot{z} \approx -R\dot{\varphi}_l^2 \sin\varphi.$$

Nach Teil 1) gilt:

$$\dot{\varphi}_l = \frac{1}{R}\dot{z}(t = t_l) = \frac{1}{R}\frac{m}{m + \frac{3}{5}M} g \sqrt{\frac{2l\left(m + \frac{3}{5}M\right)}{m\, g}}$$

$$\Longrightarrow R\dot{\varphi}_l^2 = \frac{1}{R}\frac{m}{m + \frac{3}{5}M} g\, 2l$$

$$\Longrightarrow \ddot{z} \approx -\frac{2}{R} g\, l \frac{5m}{3M} \sin\varphi$$

$$\Longrightarrow Z \approx m\, g \left(1 + \frac{10 l\, m}{3M\, R} \sin\varphi\right).$$

Lösung zu Aufgabe 1.5.14

1) Zwangsbedingungen:

$$z_1 = z_2 = 0 \qquad \text{(ebene Bewegung)},$$

$$(x_2 - x_1)^2 + (y_2 - y_1)^2 = (2a)^2 \qquad \text{(konstanter Abstand)}.$$

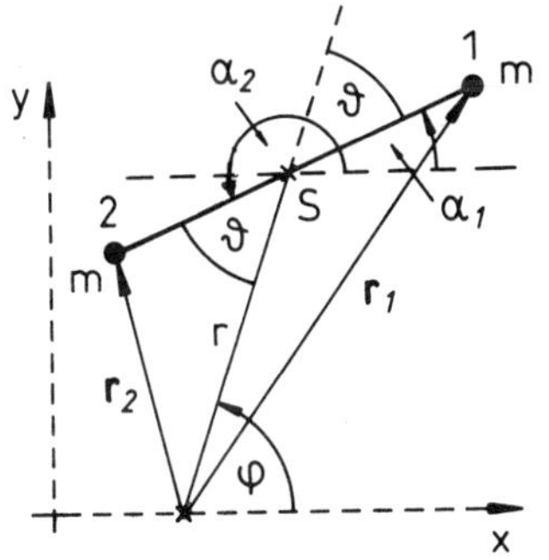

$p = 3$: Zahl der Zwangsbedingungen

$\Longrightarrow$ Zahl der Freiheitsgrade:

$$S = 3N - p = 6 - 3 = 3.$$

Wir brauchen also drei generalisierte Koordinaten:

$$q_1 = r; \quad q_2 = \varphi; \quad q_3 = \vartheta.$$

Kinetische Energie:

$$T = T_S + T_E,$$

T_S: Schwerpunktbewegung, *Bahnbewegung*; T_E: Eigendrehung um S.

$$\text{Schwerpunkt:} \quad \mathbf{R} = \frac{1}{M}\sum_{i=1}^{2} m_i \mathbf{r}_i = \frac{1}{2}(\mathbf{r}_1 + \mathbf{r}_2),$$

$$\text{Gesamtmasse:} \quad M = m_1 + m_2 = 2m,$$

$$T_S = \frac{1}{2}M\dot{\mathbf{R}}^2 = m(\dot{R}_x^2 + \dot{R}_y^2),$$

$$R_x = r\cos\varphi \Longrightarrow \dot{R}_x = \dot{r}\cos\varphi - r\dot{\varphi}\sin\varphi,$$

$$R_y = r\sin\varphi \Longrightarrow \dot{R}_y = \dot{r}\sin\varphi + r\dot{\varphi}\cos\varphi$$

$$\Longrightarrow T_S = m(\dot{r}^2 + r^2\dot{\varphi}^2).$$

Eigendrehung:

$$T_E = \frac{1}{2}m_1 a^2\dot{\alpha}_1^2 + \frac{1}{2}m_2 a^2\dot{\alpha}_2^2;$$

$$\alpha_1 = \varphi - \vartheta; \quad \alpha_2 = \pi + \alpha_1 = \pi + \varphi - \vartheta$$

$$\Longrightarrow T_E = m\,a^2(\dot{\varphi} - \dot{\vartheta})^2.$$

Potentielle Energie:

$$V = -m\gamma\left(\frac{1}{r_1} + \frac{1}{r_2}\right),$$

$$r_1 = \sqrt{r^2 + a^2 - 2r\,a\cos(\pi - \vartheta)} = \sqrt{r^2 + a^2 + 2r\,a\cos\vartheta},$$

$$r_2 = \sqrt{r^2 + a^2 - 2r\,a\cos\vartheta}.$$

Lagrange-Funktion:

$$L = T_S + T_E - V = m(\dot{r}^2 + r^2\dot{\varphi}^2) + m\,a^2(\dot{\varphi} - \dot{\vartheta})^2 +$$
$$+ m\,\gamma\left[(r^2 + a^2 + 2r\,a\,\cos\vartheta)^{-1/2} + (r^2 + a^2 - 2r\,a\,\cos\vartheta)^{-1/2}\right].$$

Bewegungsgleichungen:

$q_1 = r$:

$$\frac{d}{dt}\frac{\partial L}{\partial \dot{r}} = 2m\,\ddot{r},$$
$$\frac{\partial L}{\partial r} = 2m\,r\,\dot{\varphi}^2 - m\,\gamma\left[\frac{r + a\cos\vartheta}{(r^2 + a^2 + 2r\,a\,\cos\vartheta)^{3/2}} + \right.$$
$$\left. + \frac{r - a\cos\vartheta}{(r^2 + a^2 - 2r\,a\,\cos\vartheta)^{3/2}}\right]$$
$$\Longrightarrow\ \ddot{r} - r\,\dot{\varphi}^2 = -\frac{1}{2}\gamma\left[\frac{r + a\cos\vartheta}{(r^2 + a^2 + 2r\,a\,\cos\vartheta)^{3/2}} + \right.$$
$$\left. + \frac{r - a\cos\vartheta}{(r^2 + a^2 - 2r\,a\,\cos\vartheta)^{3/2}}\right].$$

$q_2 = \varphi$: φ ist zyklisch!

$$p_\varphi = \frac{\partial L}{\partial \dot{\varphi}} = 2m\,r^2\dot{\varphi} + 2m\,a^2(\dot{\varphi} - \dot{\vartheta}) = \text{const.}$$

$q_3 = \vartheta$:

$$\frac{d}{dt}\frac{\partial L}{\partial \dot{\vartheta}} = -2m\,a^2(\ddot{\varphi} - \ddot{\vartheta}),$$
$$\frac{\partial L}{\partial \vartheta} = m\,\gamma\,r\,a\left[\frac{\sin\vartheta}{(r^2 + a^2 + 2r\,a\,\cos\vartheta)^{3/2}} = \right.$$
$$\left. - \frac{\sin\vartheta}{(r^2 + a^2 - 2r\,a\,\cos\vartheta)^{3/2}}\right]$$
$$\Longrightarrow\ \ddot{\varphi} = \ddot{\vartheta} - \frac{\gamma\,r}{2a}\sin\vartheta\left[\frac{1}{(r^2 + a^2 + 2r\,a\,\cos\vartheta)^{3/2}} - \right.$$
$$\left. - \frac{1}{(r^2 + a^2 - 2r\,a\,\cos\vartheta)^{3/2}}\right].$$

2) *Bahndrehimpuls* $\hat{=}$ Drehimpuls des Schwerpunktes:

$$\mathbf{L}_B = \mathbf{R} \times \mathbf{P} = \begin{pmatrix} r\cos\varphi \\ r\sin\varphi \end{pmatrix} \times M \begin{pmatrix} \dot{r}\cos\varphi - r\,\dot{\varphi}\sin\varphi \\ \dot{r}\sin\varphi + r\,\dot{\varphi}\cos\varphi \end{pmatrix} =$$
$$= (2m\,r^2\dot{\varphi})\,\mathbf{e}_z.$$

Eigendrehimpuls $\hat{=}$ Drehimpuls bezüglich S:

$$\mathbf{L}_E = \sum_{i=1}^{2} m_i a^2 \begin{pmatrix} \cos\alpha_i \\ \sin\alpha_i \end{pmatrix} \times \dot{\alpha}_i \begin{pmatrix} -\sin\alpha_i \\ \cos\alpha_i \end{pmatrix} =$$

$$= \sum_{i=1}^{2} m_i a^2 \dot{\alpha}_i (\cos^2\alpha_i + \sin^2\alpha_i)\, \mathbf{e}_z = 2m\,a^2(\dot{\varphi} - \dot{\vartheta})\, \mathbf{e}_z .$$

Gesamtdrehimpuls der Hantel:

$$\mathbf{L} = \mathbf{L}_B + \mathbf{L}_E = 2m \left[r^2\dot{\varphi} + a^2(\dot{\varphi} - \dot{\vartheta}) \right] \mathbf{e}_z = p_\varphi \mathbf{e}_z$$

$$\Longrightarrow \mathbf{L} = \mathbf{const.}, \quad \text{da } \varphi \text{ zyklisch ist.}$$

3)

$$(1+x)^{-3/2} = 1 - \frac{3}{2}x + \frac{15}{8}x^2 - \frac{35}{16}x^3 + \ldots$$

$$\Longrightarrow \frac{1}{r_{1,2}^3} = \frac{1}{r^3}\left[1 + \left(\frac{a^2}{r^2} \pm 2\frac{a}{r}\cos\vartheta\right)\right]^{-3/2} =$$

$$= \frac{1}{r^3}\left[1 - \frac{3}{2}\left(\frac{a^2}{r^2} \pm 2\frac{a}{r}\cos\vartheta\right) + \right.$$

$$+ \frac{15}{8}\left(\frac{a^4}{r^4} + 4\frac{a^2}{r^2}\cos^2\vartheta \pm 4\frac{a^3}{r^3}\cos\vartheta\right) -$$

$$\left. - \frac{35}{16}\left(\frac{a^6}{r^6} \pm 6\frac{a^5}{r^5}\cos\vartheta + 12\frac{a^4}{r^4}\cos^2\vartheta \pm 8\frac{a^3}{r^3}\cos^3\vartheta\right) + \ldots\right] \approx$$

$$\approx \frac{1}{r^3}\left[1 \mp 3\frac{a}{r}\cos\vartheta + \frac{3}{2}\frac{a^2}{r^2}(5\cos^2\vartheta - 1) \pm \right.$$

$$\left. \pm \frac{5}{2}\frac{a^3}{r^3}\cos\vartheta\left(3 - 7\cos^2\vartheta\right)\right]$$

$$\Longrightarrow \frac{r + a\cos\vartheta}{r_1^3} + \frac{r - a\cos\vartheta}{r_2^3} \approx$$

$$\approx \frac{1}{r^3}\left[2r + 3\frac{a^2}{r}\left(5\cos^2\vartheta - 1\right) - \right.$$

$$\left. - 6\,\frac{a^2}{r}\cos^2\vartheta + 5\frac{a^4}{r^3}\cos^2\vartheta\left(3 - 7\cos^2\vartheta\right)\right] =$$

$$= \frac{1}{r^2}\left[2 + 3\frac{a^2}{r^2}\left(3\cos^2\vartheta - 1\right) + 5\frac{a^4}{r^4}\cos^2\vartheta\left(3 - 7\cos^2\vartheta\right)\right].$$

Damit schreiben wir die Bewegungsgleichungen aus Teil 1) um:

$q_1 = r$:

$$\ddot{r} - r\dot{\varphi}^2 = -\frac{\gamma}{r^2}\left[1 + \frac{3}{2}\left(\frac{a^2}{r^2}\right)\left(3\cos^2\vartheta - 1\right) + \ldots\right].$$

$q_2 = \varphi$ (unverändert):

$$\frac{d}{dt}\left[r^2\dot{\varphi} + a^2(\dot{\varphi} - \dot{\vartheta})\right] = 0.$$

$q_3 = \vartheta$:

$$\ddot{\varphi} = \ddot{\vartheta} + \frac{3}{2}\frac{\gamma}{r^3}\sin 2\vartheta - \frac{5}{4}\frac{\gamma}{r^3}\left(\frac{a}{r}\right)^2 \sin 2\vartheta(3 - 7\cos\vartheta) + \ldots$$

(unter Berücksichtigung von $\sin 2\vartheta = 2\sin\vartheta\cos\vartheta$).

Für $a/r \longrightarrow 0$ vereinfachen sich diese Gleichungen weiter zu:

$$\begin{aligned} \ddot{r} - r\dot{\varphi}^2 + \frac{\gamma}{r^2} &\approx 0, \\ \frac{d}{dt}\left(r^2\dot{\varphi}\right) &\approx 0, \\ \ddot{\varphi} - \ddot{\vartheta} - \frac{3}{2}\frac{\gamma}{r^3}\sin 2\vartheta &\approx 0. \end{aligned}$$

Die ersten beiden Gleichungen enthalten **keine** ϑ-Anteile. Die Bahnbewegung $r = r(\varphi)$ ist damit von der Eigenbewegung, gekennzeichnet durch ϑ, entkoppelt.

4) **Fall 1:**

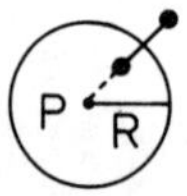

Die Hantelstange sei stets auf P gerichtet

$$\Longrightarrow \vartheta = 0 = \text{const.} \Longrightarrow \dot{\vartheta} = 0.$$

Gleichförmige Kreisbewegung:

$$r = R = \text{const.}; \quad \dot{\varphi} = \omega_1 = \text{const.}$$

Lagrange-Gleichungen:

$$\begin{aligned} q_1 = r: &\quad -R\omega_1^2 = -\frac{\gamma}{R^2}\left[1 + 3\frac{a^2}{R^2} + \ldots\right], \\ q_2 = \varphi: &\quad \frac{d}{dt}\left[R^2\omega_1 + a^2\omega_1\right] = 0, \\ q_3 = \vartheta: &\quad 0 = 0. \end{aligned}$$

Die beiden letzten Gleichungen sind identisch erfüllt, die erste liefert:

$$\omega_1^2 = \frac{\gamma}{R^3}\left[1 + 3\left(\frac{a}{R}\right)^2\right].$$

Fall 2:

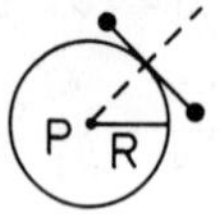

Die Hantelstange liege stets tangential zum Kreis:

$$\vartheta = \frac{\pi}{2} = \text{const.} \Longrightarrow \dot{\vartheta} = 0.$$

Gleichförmige Kreisbewegung:

$$r = R = \text{const.}; \quad \dot{\varphi} = \omega_2 = \text{const.}$$

Lagrange-Gleichungen:

$$\begin{aligned}
q_1 = r: &\quad -R\omega_2^2 = -\tfrac{\gamma}{R^2}\left[1 - \tfrac{3}{2}\tfrac{a^2}{R^2} + \dots\right], \\
q_2 = \varphi: &\quad \frac{d}{dt}\left[R^2\omega_2 + a^2\omega_2\right] = 0, \\
q_3 = \vartheta: &\quad 0 - 0.
\end{aligned}$$

Die beiden letzten Gleichungen sind wieder identisch erfüllt, die erste liefert:

$$\omega_2^2 = \frac{\gamma}{R^3}\left(1 - \frac{3}{2}\frac{a^2}{R^2}\right).$$

Der zitierte Satz gilt natürlich auch für die Hantelbewegung. Nur ist wegen der Inhomogenität des Gravitationsfeldes in den beiden obigen Fällen die Gesamtkraft unterschiedlich!

Kapitel 2.6

Lösung zu Aufgabe 2.6.1

1)

$$\begin{aligned}
f(x) = \alpha x^2 &\implies u = \frac{df}{dx} = 2\alpha x \implies x = \frac{u}{2\alpha} \\
&\implies f(x) - x\frac{df}{dx} = -\alpha x^2 \\
&\implies g(u) = -\frac{u^2}{4\alpha}.
\end{aligned}$$

2)

$$\begin{aligned}
f(x,y) = \alpha x^2 y^3 &\implies v = \left(\frac{\partial f}{\partial y}\right)_x = 3\alpha x^2 y^2 \\
&\implies y^2 = \frac{v}{3\alpha^2 x^2} \\
&\implies f(x,y) - y\left(\frac{\partial f}{\partial y}\right)_x = -2\alpha x^2 y^3 = -2\alpha x^2 \frac{v^{3/2}}{(3\alpha x^2)^{3/2}} \\
&\implies g(x,v) = -\frac{2}{3}\frac{v^{3/2}}{(3\alpha x^2)^{1/2}}.
\end{aligned}$$

Lösung zu Aufgabe 2.6.2

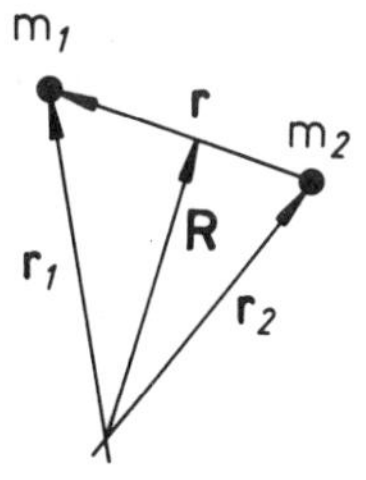

Gesamtmasse:	$M = m_1 + m_2$,
reduzierte Masse:	$\mu = (m_1 m_2)/M$,
Relativkoordinate:	$\mathbf{r} = \mathbf{r}_1 - \mathbf{r}_2$,
Massenmittelpunkt:	$\mathbf{R} = \frac{1}{M}(m_1\mathbf{r}_1 + m_2\mathbf{r}_2) = (X, Y, Z)$,
generalisierte Koordinaten:	$X, Y, Z, r, \vartheta, \varphi$.

Lagrange-Funktion nach (1.156):

$$L = \frac{1}{2} M(\dot{X}^2 + \dot{Y}^2 + \dot{Z}^2) + \frac{1}{2}\mu(\dot{r}^2 + r^2\dot{\vartheta}^2 + r^2 \sin^2\vartheta\,\dot{\varphi}^2) - V(r).$$

X, Y, Z, φ sind zyklisch. Daraus folgt:

$$\begin{aligned}
P_x &= M\,\dot{X} = \text{const.} = C_x,\\
P_y &= M\,\dot{Y} = \text{const.} = C_y,\\
P_z &= M\,\dot{Z} = \text{const.} = C_z,\\
P_\varphi &= \mu\, r^2 \sin^2\vartheta\,\dot{\varphi} = \text{const.} = C_\varphi.
\end{aligned}$$

Legendre-Transformation bezüglich $\dot{X}, \dot{Y}, \dot{Z}, \dot{\varphi}$:

$$\begin{aligned}
&R(X, Y, Z, r, \vartheta, \varphi, \dot{r}, \dot{\vartheta}, P_x, P_y, P_z, p_\varphi) =\\
&= \frac{1}{2M}\left(C_x^2 + C_y^2 + C_z^2\right) + \frac{C_\varphi^2}{2\mu\, r^2 \sin^2\vartheta} - \frac{1}{2}\mu(\dot{r}^2 + r^2\dot{\vartheta}^2) + V(r) =\\
&= R(r, \vartheta, \dot{r}, \dot{\vartheta} \,|\, C_x, C_y, C_z, C_\varphi).
\end{aligned}$$

Bewegungsgleichungen:

r, ϑ nicht-zyklisch:

$$\frac{d}{dt}\frac{\partial R}{\partial \dot{q}_j} = \frac{\partial R}{\partial q_j}$$

$$q_j = r: \; -\mu\,\ddot{r} = -\frac{C_\varphi^2}{\mu\, r^3 \sin^2\vartheta} - \mu\, r\,\dot{\vartheta}^2 + \frac{\partial V}{\partial r},$$

$$q_j = \vartheta: \; -\mu\, r^2\ddot{\vartheta} = -\frac{C_\varphi^2 \cos\vartheta}{\mu\, r^2 \sin^3\vartheta}$$

X, Y, Z, φ zyklisch:

$$\begin{aligned}
\dot{X} &= \frac{\partial R}{\partial P_x} = \frac{\partial R}{\partial C_x} = \frac{C_x}{M},\\
\dot{Y} &= \frac{\partial R}{\partial P_y} = \frac{\partial R}{\partial C_y} = \frac{C_y}{M},\\
\dot{Z} &= \frac{\partial R}{\partial P_z} = \frac{\partial R}{\partial C_z} = \frac{C_z}{M},\\
\dot{\varphi} &= \frac{\partial R}{\partial p_\varphi} = \frac{\partial R}{\partial C_\varphi} = \frac{C_\varphi}{\mu\, r^2 \sin^2\vartheta},\\
\dot{P}_x &= -\frac{\partial R}{\partial X} = 0; \quad \dot{P}_y = -\frac{\partial R}{\partial Y} = 0; \quad \dot{P}_z = -\frac{\partial R}{\partial Z} = 0,\\
\dot{p}_\varphi &= -\frac{\partial R}{\partial \varphi} = 0.
\end{aligned}$$

Lösung zu Aufgabe 2.6.3

1) Wir haben in Aufgabe 1.5.2 die Lagrange-Funktion berechnet:

$$L = \frac{1}{2}m(\dot{\rho}^2 + \rho^2\dot{\varphi}^2 + \dot{z}^2) - V_0 \ln\frac{\rho}{\rho_0}.$$

Die generalisierten Impulse lauten dann:

$$p_\rho = \frac{\partial L}{\partial\dot{\rho}} = m\,\dot{\rho}; \quad p_\varphi = \frac{\partial L}{\partial\dot{\varphi}} = m\,\rho^2\dot{\varphi}; \quad p_z = \frac{\partial L}{\partial\dot{z}} = m\,\dot{z}$$

$$\Longrightarrow \quad H = p_\rho\dot{\rho} + p_\varphi\dot{\varphi} + p_z\dot{z} - L = \frac{1}{2}m(\dot{\rho}^2 + \rho^2\dot{\varphi}^2 + \dot{z}^2) + V_0\ln\frac{\rho}{\rho_0}.$$

Dies ergibt die Hamilton-Funktion:

$$H = \frac{1}{2m}\left(p_\rho^2 + \frac{p_\varphi^2}{\rho^2} + p_z^2\right) + V_0\ln\frac{\rho}{\rho_0}.$$

2) Hamiltonsche Bewegungsgleichungen:

$$\dot{p}_\rho = -\frac{\partial H}{\partial\rho} = \frac{p_\varphi^2}{m\,\rho^3} - \frac{V_0}{\rho},$$

$$\dot{p}_\varphi = -\frac{\partial H}{\partial\varphi} = 0; \quad \dot{p}_z = -\frac{\partial H}{\partial z},$$

$$\dot{\rho} = \frac{\partial H}{\partial p_\rho} = \frac{p_\rho}{m}; \quad \dot{\varphi} = \frac{\partial H}{\partial p_\varphi} = \frac{p_\varphi}{m\,\rho^2}; \quad \dot{z} = \frac{\partial H}{\partial p_z} = \frac{p_z}{m},$$

$$\frac{\partial H}{\partial t} = 0.$$

3) Erhaltungssätze

φ, z sind zyklisch. Daraus folgt:

$$p_\varphi = m\,\rho^2\dot{\varphi} = \text{const.}: \quad \text{Drehimpulssatz,}$$
$$p_z = m\,\dot{z} = \text{const.}: \quad \text{Impulssatz.}$$

$\frac{\partial H}{\partial t} = 0$ und $\frac{\partial}{\partial t}\mathbf{r}(\mathbf{q}, t) = 0$. Daraus folgt:

$$H = E = \text{const.}: \quad \text{Energiesatz.}$$

Lösung zu Aufgabe 2.6.4

1) Für beliebige Phasenfunktionen $f(\mathbf{q}, \mathbf{p}, t)$ gilt nach (2.114):

$$\{f, p_j\} = \frac{\partial f}{\partial q_j}.$$

Dies bedeutet:

$$\{L_x, p_x\} = \frac{\partial}{\partial x}(y\,p_z - z\,p_y) = 0,$$
$$\{L_x, p_y\} = \frac{\partial}{\partial y}(y\,p_z - z\,p_y) = p_z,$$
$$\{L_x, p_z\} = \frac{\partial}{\partial z}(y\,p_z - z\,p_y) = -p_y.$$

Analog findet man die anderen Klammern:

$$\{L_i, p_j\} = \epsilon_{ijl} p_l,$$

wobei $(i, j, l) = (x, y, z)$ und zyklisch, ϵ_{ijl} : total antisymmetrischer Einheitstensor.

2)

$$\begin{aligned}
\{L_x, L_x\} &= \{L_y, L_y\} = \{L_z, L_z\} = 0,\\
\{L_x, L_y\} &= \{y\,p_z - z\,p_y,\, z\,p_x - x\,p_z\} =\\
&= \{y\,p_z,\, z\,p_x\} - \underbrace{\{z\,p_y,\, z\,p_x\}}_{=0} - \underbrace{\{y\,p_z,\, x\,p_z\}}_{=0} + \{z\,p_y,\, x\,p_z\} =\\
&= y\{p_z,\, z\}p_x + x\{z,\, p_z\}p_y = -y\,p_x + x\,p_y =\\
&= L_z.
\end{aligned}$$

Ganz analog ergeben sich die anderen Klammern:

$$\{L_i, L_j\} = \epsilon_{ijl}\, L_l,$$

wobei $(i, j, l) = (x, y, z)$ und zyklisch.

Lösung zu Aufgabe 2.6.5

1)

$$\begin{aligned}
\frac{\partial}{\partial t}\{f, g\} &= \frac{\partial}{\partial t}\sum_{j=1}^{S}\left(\frac{\partial f}{\partial q_j}\frac{\partial g}{\partial p_j} - \frac{\partial f}{\partial p_j}\frac{\partial g}{\partial q_j}\right) =\\
&= \sum_{j=1}^{S}\left(\frac{\partial^2 f}{\partial t\,\partial q_j}\frac{\partial g}{\partial p_j} + \frac{\partial f}{\partial q_j}\frac{\partial^2 g}{\partial t\,\partial p_j} - \frac{\partial^2 f}{\partial t\,\partial p_j}\frac{\partial g}{\partial q_j} - \frac{\partial f}{\partial p_j}\frac{\partial^2 g}{\partial t\,\partial q_j}\right) =\\
&= \sum_{j=1}^{S}\left[\left(\frac{\partial}{\partial q_j}\frac{\partial f}{\partial t}\right)\frac{\partial g}{\partial p_j} - \left(\frac{\partial}{\partial p_j}\frac{\partial f}{\partial t}\right)\frac{\partial g}{\partial q_j} + \frac{\partial f}{\partial q_j}\left(\frac{\partial}{\partial p_j}\frac{\partial g}{\partial t}\right) - \frac{\partial f}{\partial p_j}\left(\frac{\partial}{\partial q_j}\frac{\partial g}{\partial t}\right)\right] =\\
&= \left\{\frac{\partial f}{\partial t}, g\right\} + \left\{f, \frac{\partial g}{\partial t}\right\}.
\end{aligned}$$

2) Bewegungsgleichung:

$$\begin{aligned}\frac{d}{dt}\{f,g\} &= \{\{f,g\},H\} + \frac{\partial}{\partial t}\{f,g\} = -\{\{g,H,\},f\} - \{\{H,f\},g\}+\\ &+\left\{\frac{\partial f}{\partial t},g\right\} + \left\{f,\frac{\partial q}{\partial t}\right\} = \qquad \text{(Jacobi-Identität)}\\ &= \left\{f,\{g,H\}+\frac{\partial g}{\partial t}\right\} + \left\{\{f,H\}+\frac{\partial f}{\partial t},g\right\} =\\ &= \left\{f,\frac{dg}{dt}\right\} + \left\{\frac{df}{dt},g\right\}.\end{aligned}$$

3)

$$\begin{aligned}\{f,g\,h\} &= \sum_{j=1}^{S}\left(\frac{\partial f}{\partial q_j}\frac{\partial}{\partial p_j}(g\,h) - \frac{\partial f}{\partial p_j}\frac{\partial}{\partial q_j}(g\,h)\right) =\\ &= \sum_{j=1}^{S}\left(h\frac{\partial f}{\partial q_j}\frac{\partial g}{\partial p_j} + g\frac{\partial f}{\partial q_j}\frac{\partial h}{\partial p_j} - g\frac{\partial f}{\partial p_j}\frac{\partial h}{\partial q_j} - h\frac{\partial f}{\partial p_j}\frac{\partial g}{\partial q_j}\right) =\\ &= h\sum_{j=1}^{S}\left(\frac{\partial f}{\partial q_j}\frac{\partial g}{\partial p_j} - \frac{\partial f}{\partial p_j}\frac{\partial g}{\partial q_j}\right) + g\sum_{j=1}^{S}\left(\frac{\partial f}{\partial q_j}\frac{\partial h}{\partial p_j} - \frac{\partial f}{\partial p_j}\frac{\partial h}{\partial q_j}\right) =\\ &= h\,\{f,g\} + g\,\{f,h\}.\end{aligned}$$

Lösung zu Aufgabe 2.6.6

1)

$$dF_4 = (\bar{H}-H)dt + \sum_{j=1}^{S}(p_j dq_j - dp_j q_j - p_j dq_j + d\bar{p}_j\bar{q}_j).$$

Daran liest man ab:

$$\frac{\partial F_4}{\partial t} = \bar{H} - H; \quad \frac{\partial F_4}{\partial p_j} = -q_j; \quad \frac{\partial F_4}{\partial \bar{p}_j} = \bar{q}_j.$$

Man löst nun

$$q_j = -\frac{\partial F_4}{\partial p_j} = q_j(\mathbf{p},\bar{\mathbf{p}},t)$$

nach $\bar{p}_j$ auf und erhält damit den ersten Teil der Transformation:

$$\bar{p}_j = \bar{p}_j(\mathbf{q},\mathbf{p},t).$$

In die zweite Beziehung

$$\bar{q}_j = \frac{\partial F_4}{\partial \bar{p}_j} = \bar{q}_j(\mathbf{p},\bar{\mathbf{p}},t)$$

setzen wir das so gewonnene $\bar{\mathbf{p}}$ ein:

$$\bar{q}_j = \bar{q}_j(\mathbf{q}, \mathbf{p}, t).$$

Für die *neue* Hamilton-Funktion finden wir:

$$\bar{H}(\bar{\mathbf{q}}, \bar{\mathbf{p}}, t) = H(\mathbf{q}(\bar{\mathbf{q}}, \bar{\mathbf{p}}, t), \mathbf{p}(\bar{\mathbf{q}}, \bar{\mathbf{p}}, t), t) + \frac{\partial}{\partial t} F_4(\mathbf{p}(\bar{\mathbf{q}}, \bar{\mathbf{p}}, t), \bar{\mathbf{p}}, t).$$

2) Im modifizierten Hamiltonschen Prinzip

$$\begin{aligned} 0 \stackrel{!}{=} \delta S = \delta \int_{t_1}^{t_2} dt \left(\sum_j p_j \dot{q}_j - H \right) = \\ = \delta \int_{t_1}^{t_2} dt \left[\sum_j \left(\dot{p}_j q_j + p_j \dot{q}_j - \dot{\bar{p}}_j \bar{q}_j \right) - \bar{H} \right] + \\ + \delta \left\{ F_4 \left(\bar{\mathbf{p}}(t_2), \mathbf{p}(t_2), t_2 \right) - F_4 \left(\bar{\mathbf{p}}(t_1), \mathbf{p}(t_1), t_1 \right) \right\}, \end{aligned}$$

ist zu beachten, daß $\bar{\mathbf{p}}(t_{1,2})$ und $\mathbf{p}(t_{1,2})$ nicht fest sind. Es gilt vielmehr:

$$\delta \left\{ F_4 \left(\bar{\mathbf{p}}(t_2), \mathbf{p}(t_2), t_2 \right) - F_4 \left(\bar{\mathbf{p}}(t_1), \mathbf{p}(t_1), t_1 \right) \right\} = \sum_{j=1}^{S} \left(\frac{\partial F_4}{\partial p_j} \delta p_j + \frac{\partial F_4}{\partial \bar{p}_j} \delta \bar{p}_j \right) \Bigg|_{t_1}^{t_2}.$$

Damit bleibt:

$$\begin{aligned} 0 \stackrel{!}{=} \sum_{j=1}^{S} \left(\frac{\partial F_4}{\partial p_j} \delta p_j + \frac{\partial F_4}{\partial \bar{p}_j} \delta \bar{p}_j \right) \Bigg|_{t_1}^{t_2} + \\ + \int_{t_1}^{t_2} dt \sum_{j=1}^{S} \Bigg(\delta \dot{p}_j q_j + \dot{p}_j \delta q_j + \delta p_j \dot{q}_j + p_j \delta \dot{q}_j - \\ - \delta \dot{\bar{p}}_j \bar{q}_j - \dot{\bar{p}}_j \delta \bar{q}_j - \frac{\partial \bar{H}}{\partial \bar{q}_j} \delta \bar{q}_j - \frac{\partial \bar{H}}{\partial \bar{p}_j} \delta \bar{p}_j \Bigg). \end{aligned}$$

Wir führen einige partielle Integrationen durch:

$$\begin{aligned} \int_{t_1}^{t_2} dt \, q_j \delta \dot{p}_j &= q_j \delta p_j \big|_{t_1}^{t_2} - \int_{t_1}^{t_2} dt \, \dot{q}_j \delta p_j, \\ \int_{t_1}^{t_2} dt \, p_j \delta \dot{q}_j &= \underbrace{p_j \delta q_j \big|_{t_1}^{t_2}}_{=0} - \int_{t_1}^{t_2} dt \, \dot{p}_j \delta q_j, \\ \int_{t_1}^{t_2} dt \, \bar{q}_j \delta \dot{\bar{p}}_j &= \bar{q}_j \delta \bar{p}_j \big|_{t_1}^{t_2} - \int_{t_1}^{t_2} dt \, \dot{\bar{q}}_j \delta \bar{p}_j. \end{aligned}$$

Dies ergibt:

$$0 \stackrel{!}{=} \sum_{j=1}^{S} \Bigg[\underbrace{\left(\frac{\partial F_4}{\partial p_j} + q_j \right)}_{=0} \delta p_j \Big|_{t_1}^{t_2} + \underbrace{\left(\frac{\partial F_4}{\partial \bar{p}_j} - \bar{q}_j \right)}_{=0} \delta \bar{p}_j \Big|_{t_1}^{t_2} \Bigg] +$$

$$+ \int_{t_1}^{t_2} dt \sum_{j=1}^{S} \Bigg[(-\dot{q}_j + \dot{q}_j)\delta p_j + (\dot{p}_j - \dot{p}_j)\delta q_j +$$

$$+ \left(\dot{\bar{q}}_j - \frac{\partial \bar{H}}{\partial \bar{p}_j} \right) \delta \bar{p}_j - \left(\dot{\bar{p}}_j + \frac{\partial \bar{H}}{\partial \bar{q}_j} \right) \delta \bar{q}_j \Bigg].$$

Da $\delta \bar{p}_j$, $\delta \bar{q}_j$ unabhängig sind, folgt schließlich:

$$\dot{\bar{q}}_j = \frac{\partial \bar{H}}{\partial \bar{p}_j}; \quad \dot{\bar{p}}_j = -\frac{\partial \bar{H}}{\partial \bar{q}_j}.$$

Lösung zu Aufgabe 2.6.7

Nach (2.203) müßte dann

$$\{L_i, L_j\} = 0$$

gelten. In Aufgabe (2.6.4, Teil 2) haben wir aber gezeigt:

$$\{L_i, L_j\} = \epsilon_{ijl} L_l.$$

Dies bedeutet speziell:

$$\{L_x, L_y\} = L_z.$$

L_x und L_y können also nicht gleichzeitig als kanonische Impulse auftreten.

Lösung zu Aufgabe 2.6.8

Trivialerweise sind $\{\bar{q}, \bar{q}\} = \{\bar{p}, \bar{p}\} = 0$. Wir haben also noch

$$\{\bar{q}, \bar{p}\}_{q,p} = 1$$

nachzuweisen.

$$\frac{\partial \bar{q}}{\partial q} = \frac{q}{\sin p} \left(-\frac{\sin p}{q^2} \right) = -\frac{1}{q},$$

$$\frac{\partial \bar{q}}{\partial p} = \frac{q}{\sin p} \left(\frac{\cos p}{q} \right) = \cot p,$$

$$\frac{\partial \bar{p}}{\partial q} = \cot p,$$

$$\frac{\partial \bar{p}}{\partial p} = -\frac{q}{\sin^2 p}.$$

Damit folgt:

$$\{\bar{q},\bar{p}\} = \frac{\partial \bar{q}}{\partial q}\frac{\partial \bar{p}}{\partial p} - \frac{\partial \bar{q}}{\partial p}\frac{\partial \bar{p}}{\partial q} = \frac{1}{\sin^2 p} - \cot^2 p = \frac{1-\cos^2 p}{\sin^2 p} = 1.$$

Lösung zu Aufgabe 2.6.9

1) Wir zeigen

$$\{\bar{q},\bar{p}\} = 1.$$

Dazu benötigen wir:

$$\begin{aligned}
\frac{\partial \bar{q}}{\partial q}\frac{\partial \bar{p}}{\partial p} &= \frac{\frac{1}{2}q^{-1/2}\cos p}{1+q^{1/2}\cos p}\left[2\left(1+q^{1/2}\cos p\right)q^{1/2}\cos p - 2q^{1/2}\sin p\, q^{1/2}\sin p\right] = \\
&= \frac{\frac{1}{2}q^{-1/2}\cos p}{1+q^{1/2}\cos p}\left[2q^{1/2}\cos p + 2q(\cos^2 p - \sin^2 p)\right] = \\
&= \cos^2 p - \sin^2 p \frac{q^{1/2}\cos p}{1+q^{1/2}\cos p}, \\
\frac{\partial \bar{q}}{\partial p}\frac{\partial \bar{p}}{\partial q} &= \frac{-q^{1/2}\sin p}{1+q^{1/2}\cos p}\left[\left(1+q^{1/2}\cos p\right)q^{-1/2}\sin p + q^{-1/2}\cos p\, q^{1/2}\sin p\right] = \\
&= -\sin^2 p - \sin^2 p \frac{q^{1/2}\cos p}{1+q^{1/2}\cos p}.
\end{aligned}$$

Daraus folgt:

$$\frac{\partial \bar{q}}{\partial q}\frac{\partial \bar{p}}{\partial p} - \frac{\partial \bar{q}}{\partial p}\frac{\partial \bar{p}}{\partial q} = \cos^2 p + \sin^2 p = 1.$$

Die Transformation ist also kanonisch!

2) Wenn $F_3(p,\bar{q})$ die *Erzeugende* ist, dann muß

$$q = -\frac{\partial F_3}{\partial p}; \quad \bar{p} = -\frac{\partial F_3}{\partial \bar{q}}$$

gelten. Das überprüfen wir:

$$\begin{aligned}
&\frac{\partial F_3}{\partial p} = -\left(e^{\bar{q}}-1\right)^2 \frac{1}{\cos^2 p} \overset{!}{=} -q \\
\iff\ & e^{\bar{q}} = 1 + q^{1/2}\cos p \iff \bar{q} = \ln\left(1+q^{1/2}\cos p\right) \quad \text{q.e.d.} \\
&\frac{\partial F_3}{\partial \bar{q}} = -2\left(e^{\bar{q}}-1\right)e^{\bar{q}}\tan p = -2\left(1+q^{1/2}\cos p - 1\right)\left(1+q^{1/2}\cos p\right)\tan p = \\
&\quad = -2q^{1/2}\sin p\left(1+q^{1/2}\cos p\right) \overset{!}{=} -\bar{p} \\
\iff\ & \bar{p} = 2q^{1/2}\sin p\left(1+q^{1/2}\cos p\right) \quad \text{q.e.d.}
\end{aligned}$$

Lösung zu Aufgabe 2.6.10

1)

$$p = \frac{\partial F_1}{\partial q} = \sqrt{m\,k}\,\frac{\bar{q}}{q^2},$$

$$\bar{p} = -\frac{\partial F_1}{\partial \bar{q}} = \frac{\sqrt{m\,k}}{q} \implies q = \frac{\sqrt{m\,k}}{\bar{p}},$$

$$p = \sqrt{m\,k}\;\bar{q}\,\frac{\bar{p}^2}{m\,k} = \frac{1}{\sqrt{m\,k}}\bar{q}\,\bar{p}^2.$$

2) Wegen $\partial F_1/\partial t = 0$ gilt:

$$\bar{H}(\bar{q},\bar{p}) = H(q(\bar{q},\bar{p}),p(\bar{q},\bar{p})) = \frac{1}{2m}\,\frac{1}{m\,k}\bar{q}^2\bar{p}^4\,\frac{(m\,k)^2}{\bar{p}^4} + \frac{1}{2}k\frac{\bar{p}^2}{m\,k}$$

$$\implies \bar{H}(\bar{q},\bar{p}) = \frac{\bar{p}^2}{2m} + \frac{1}{2}m\,\omega^2\bar{q}^2, \qquad \omega^2 = \frac{k}{m}.$$

3) $\bar{H}$ ist nach 2) die Hamilton-Funktion des harmonischen Oszillators. Die Lösung ist deshalb bekannt.

Lösung zu Aufgabe 2.6.11

$$\frac{\partial \bar{q}}{\partial q}\,\frac{\partial \bar{p}}{\partial p} = \alpha q^{\alpha-1}\cos(\beta p)\,\beta q^{\alpha}\cos(\beta p) = \alpha\beta q^{2\alpha-1}\cos^2(\beta p),$$

$$\frac{\partial \bar{q}}{\partial p}\,\frac{\partial \bar{p}}{\partial q} = -\beta q^{\alpha}\sin(\beta p)\,\alpha q^{\alpha-1}\sin(\beta p) = -\alpha\beta q^{2\alpha-1}\sin^2(\beta p),$$

Damit folgt:

$$\{\bar{q},\bar{p}\} = \alpha\beta q^{2\alpha-1} \stackrel{!}{=} 1.$$

Die Transformation ist nur für $\alpha = 1/2$ und $\beta = 2$ kanonisch.

Kapitel 3.7

Lösung zu Aufgabe 3.7.1

$$H = \frac{1}{2m}\left(p_x^2 + p_y^2 + p_z^2\right) \implies \frac{\partial H}{\partial t} = 0; \qquad H = E.$$

Damit lautet die HJD:

$$\frac{1}{2m}\left[\left(\frac{\partial W}{\partial x}\right)^2 + \left(\frac{\partial W}{\partial y}\right)^2 + \left(\frac{\partial W}{\partial z}\right)^2\right] = E.$$

Da x, y, z zyklisch sind, ist die HJD trivial separierbar:

$$W = \alpha_x\,x + \alpha_y\,y + \alpha_z\,z; \qquad (\boldsymbol{\alpha} = \mathbf{p} = \bar{\mathbf{p}}).$$

Bei W handelt es sich also um die identische Transformation.

Lösung zu Aufgabe 3.7.2

$$H = \frac{p^2}{2m} - bx \implies \frac{\partial H}{\partial t} = 0; \qquad H = E.$$

Damit ergibt sich die HJD:

$$\frac{1}{2m}\left(\frac{\partial W}{\partial x}\right)^2 - bx = E \implies \frac{dW}{dx} = \pm\sqrt{2m(E+bx)}.$$

Bis auf die triviale additive Konstante folgt somit:

$$W(x) = \pm\frac{1}{3mb}\left[2m(E+bx)\right]^{3/2}.$$

Wir setzen $E = \alpha$ und erhalten dann aus (3.66):

$$t + \beta = \frac{\partial W}{\partial \alpha} = \pm\frac{1}{b}\left[2m(\alpha+bx)\right]^{1/2}$$
$$\implies x(t) = \frac{b}{2m}(t+\beta)^2 - \frac{\alpha}{b}.$$

Mit den Anfangsbedingungen lautet die Lösung:

$$x(t) = \frac{b}{2m}\left(t + \frac{m\,v_0}{b}\right)^2 - \frac{1}{2}\frac{m}{b}v_0^2 + x_0.$$

Lösung zu Aufgabe 3.7.3

$$H = \frac{1}{2m}\left(p_x^2 + p_y^2\right) + \frac{1}{2}m\left(\omega_x^2 x^2 + \omega_y^2 y^2\right) \implies \frac{\partial H}{\partial t} = 0; \qquad H = E.$$

Die HJD lautet:

$$\frac{1}{2m}\left[\left(\frac{\partial W}{\partial x}\right)^2 + \left(\frac{\partial W}{\partial y}\right)^2\right] + \frac{1}{2}m\left(\omega_x^2 x^2 + \omega_y^2 y^2\right) = E.$$

Separationsansatz:

$$W = W(x, y; \boldsymbol{\alpha}) = W_x(x; \boldsymbol{\alpha}) + W_y(y; \boldsymbol{\alpha}).$$

Dies wird in die HJD eingesetzt:

$$\frac{1}{2m}\left(\frac{dW_x}{dx}\right)^2 + \frac{1}{2}m\omega_x^2 x^2 = E - \frac{1}{2m}\left(\frac{dW_y}{dy}\right)^2 - \frac{1}{2}m\omega_y^2 y^2.$$

Beide Seiten müssen für sich genommen bereits konstant sein. Wir setzen $E = \alpha_1$:

$$\frac{1}{2m}\left(\frac{dW_x}{dx}\right)^2 + \frac{1}{2}m\omega_x^2 x^2 = \alpha_2 = \text{const.}$$
$$\frac{1}{2m}\left(\frac{dW_y}{dy}\right)^2 + \frac{1}{2}m\omega_y^2 y^2 = \alpha_1 - \alpha_2 = \text{const.}$$

$$\implies \frac{dW_x}{dx} = m\omega_x\sqrt{\frac{2\alpha_2}{m\omega_x^2} - x^2},$$
$$\frac{dW_y}{dy} = m\omega_y\sqrt{\frac{2(\alpha_1-\alpha_2)}{m\omega_y^2} - y^2}.$$

Für die charakteristische Funktion erhalten wir schließlich:

$$W(x,y,\boldsymbol{\alpha}) = m\omega_x\left[\frac{x}{2}\sqrt{\frac{2\alpha_2}{m\omega_x^2}-x^2}+\frac{\alpha_2}{m\omega_x^2}\arcsin\left(x\sqrt{\frac{m\omega_x^2}{2\alpha_2}}\right)\right]+$$

$$+\,m\omega_y\left[\frac{y}{2}\sqrt{\frac{2(\alpha_1-\alpha_2)}{m\omega_y^2}-y^2}+\frac{\alpha_1-\alpha_2}{m\omega_y^2}\arcsin\left(y\sqrt{\frac{m\omega_y^2}{2(\alpha_1-\alpha_2)}}\right)\right]$$

Es gilt weiter:

$$\beta_1+t=\frac{\partial W}{\partial\alpha_1}=\frac{1}{\omega_y}\int dy\left[\frac{2(\alpha_1-\alpha_2)}{m\omega_y^2}-y^2\right]^{-1/2}=\frac{1}{\omega_y}\arcsin\left[y\sqrt{\frac{m\omega_y^2}{2(\alpha_1-\alpha_2)}}\right]$$

$$\Longrightarrow\; y(t)=\sqrt{\frac{2(\alpha_1-\alpha_2)}{m\omega_y^2}}\sin\left[\omega_y(\beta_1+t)\right],$$

$$\beta_2=\frac{\partial W}{\partial\alpha_2}=\frac{1}{\omega_x}\int dx\left(\frac{2\alpha_2}{m\omega_x^2}-x^2\right)^{-1/2}-\frac{1}{\omega_y}\int dy\left[\frac{2(\alpha_1-\alpha_2)}{m\omega_y^2}-y^2\right]^{-1/2}=$$

$$=\frac{1}{\omega_x}\arcsin\left(x\sqrt{\frac{m\omega_x^2}{2\alpha_2}}\right)-\beta_1-t$$

$$\Longrightarrow\; x(t)=\sqrt{\frac{2\alpha_2}{m\omega_x^2}}\sin\left[\omega_x(\beta_1+\beta_2+t)\right].$$

$\beta_1,\beta_2,\alpha_1,\alpha_2$ sind durch Anfangsbedingungen festzulegen!

Lösung zu Aufgabe 3.7.4

Aus

$$\bar{H}=H=\frac{1}{2m}\left(p_x^2+p_y^2+p_z^2\right)+\frac{1}{2}m\left(\omega_x^2x^2+\omega_y^2y^2+\omega_z^2z^2\right)=\alpha_1$$

folgt durch Umsortieren:

$$\frac{1}{2m}\left(p_x^2+p_y^2\right)+\frac{1}{2}m\left(\omega_x^2x^2+\omega_y^2y^2\right)=\alpha_1-\frac{1}{2m}p_z^2-\frac{1}{2}m\omega_z^2z^2.$$

Separationsansatz:

$$W=W_x(x,\boldsymbol{\alpha})+W_y(y,\boldsymbol{\alpha})+W_z(z,\boldsymbol{\alpha})$$

$$\Longrightarrow\; p_x=\frac{dW_x}{dx};\quad p_y=\frac{dW_y}{dy};\quad p_z=\frac{dW_z}{dz}.$$

Einsetzen in die obige Gleichung bedeutet, daß die rechte Seite nur von z abhängt, die linke nur von x und y. Also muß gelten:

$$\alpha_1-\frac{1}{2m}\left(\frac{dW_z}{dz}\right)^2-\frac{1}{2}m\omega_z^2z^2=\text{const.}=\alpha_z$$

$$\Longrightarrow\; p_z=\frac{dW_z}{dz}=m\omega_z\sqrt{\frac{2(\alpha_1-\alpha_z)}{m\omega_z^2}-z^2}.$$

Umkehrpunkte:

$$z_\pm = \pm\sqrt{\frac{2(\alpha_1 - \alpha_z)}{m\omega_z^2}}.$$

$$J_z = \oint p_z dz = 2m\omega_z \oint_{z_-}^{z_+} \sqrt{\frac{2(\alpha_1 - \alpha_z)}{m\omega_z^2} - z^2}\, dz =$$

$$= 2m\omega_z \left[\frac{1}{2} z\sqrt{\frac{2(\alpha_1 - \alpha_z)}{m\omega_z^2} - z^2} + \frac{\alpha_1 - \alpha_z}{m\omega_z^2} \arcsin \frac{z}{\sqrt{\frac{2(\alpha_1 - \alpha_z)}{m\omega_z^2}}}\right]\Bigg|_{z_-}^{z_+} =$$

$$= 2m\omega_z \frac{\alpha_1 - \alpha_z}{m\omega_z^2}\pi$$

$$\Longrightarrow \quad J_z = \frac{2\pi}{\omega_z}(\alpha_1 - \alpha_z).$$

Weiterhin gilt:

$$\frac{1}{2m}\left(\frac{dW_x}{dx}\right)^2 + \frac{1}{2}m\omega_x^2 x^2 = \alpha_z - \frac{1}{2m}\left(\frac{dW_y}{dy}\right)^2 - \frac{1}{2}m\omega_y^2 y^2$$

$$\Longrightarrow \quad p_x = \frac{dW_x}{dx} = m\omega_x \sqrt{\frac{2\alpha_x}{m\omega_x^2} - x^2}.$$

Umkehrpunkte:

$$x_\pm = \pm\sqrt{\frac{2\alpha_x}{m\omega_x^2}}.$$

Dies bedeutet:

$$J_x = 2m\omega_x \int_{x_-}^{x_+} \sqrt{\frac{2\alpha_x}{m\omega_x^2} - x^2}\, dx.$$

Dieselbe Rechnung wie oben ergibt:

$$J_x = \frac{2\pi}{\omega_x}\alpha_x.$$

Schließlich bleibt noch:

$$\frac{1}{2m}\left(\frac{dW_y}{dy}\right)^2 + \frac{1}{2}m\omega_y^2 = \alpha_z - \alpha_x.$$

Dieselben Überlegungen wie oben ergeben jetzt:

$$J_y = \frac{2\pi}{\omega_y}(\alpha_z - \alpha_x).$$

Schließlich folgt:

$$\bar{H} = \alpha_1 = \frac{\omega_z}{2\pi} J_z + \alpha_z = \frac{\omega_z}{2\pi} J_z + \frac{\omega_y}{2\pi} J_y + \alpha_x$$

$$\Longrightarrow \quad \bar{H}(\mathbf{J}) = \frac{1}{2\pi}(\omega_x J_x + \omega_y J_y + \omega_z J_z).$$

Frequenzen:

$$\nu_\alpha = \frac{\partial \bar{H}}{\partial J_\alpha} = \frac{1}{2\pi}\omega_\alpha; \quad \alpha = x, y, z.$$

Lösung zu Aufgabe 3.7.5

Entartungsbedingungen:

$$\nu_x - \nu_y = 0; \quad \nu_y - \nu_z = 0.$$

Dies ergibt gemäß (3.159) die Erzeugende:

$$F_2 = (\omega_x - \omega_y)\bar{J}_1 + (\omega_y - \omega_z)\bar{J}_2 + \omega_z \bar{J}_3$$

$$\Longrightarrow \bar{\omega}_1 = \frac{\partial F_2}{\partial \bar{J}_1} = \omega_x - \omega_y; \quad \bar{\omega}_2 = \frac{\partial F_2}{\partial \bar{J}_2} = \omega_y - \omega_z; \quad \bar{\omega}_3 = \frac{\partial F_2}{\partial \bar{J}_3} = \omega_z.$$

Dies bedeutet:

$$\bar{\nu}_1 = \bar{\nu}_2 = 0; \qquad \bar{\nu}_3 = \nu_z.$$

Aus F_2 folgt auch:

$$J_x = \frac{\partial F_2}{\partial \omega_x} = \bar{J}_1; \quad J_y = \frac{\partial F_2}{\partial \omega_y} = -\bar{J}_1 + \bar{J}_2; \quad J_z = \frac{\partial F_2}{\partial \omega_z} = -\bar{J}_2 + \bar{J}_3$$

$$\Longrightarrow J_x + J_y + J_z = \bar{J}_3 = \bar{J}.$$

Dies bedeutet:

$$\bar{H} = \frac{\omega}{2\pi}\bar{J}.$$

STICHWÖRTERVERZEICHNIS

Hinweis auf weitere Bücher des Verlages:

GRUNDKURS: THEORETISCHE PHYSIK

von Prof. Dr. W. Nolting

Band 1: Klassische Mechanik

2., durchgesehene Auflage 1991. XII, 356 S. 183 Abb. 74 Aufgaben mit vollständigen Lösungen. Kartoniert DM 38,00. ISBN 3-922410-18-9.

Band 3: Elektrodynamik

3., durchgesehene Auflage 1993. X, 493 S. 224 Abb. 73 Aufgaben mit vollständigen Lösungen. Kartoniert DM 52,00. ISBN 3-922410-20-0.

Band 4: Spezielle Relativitätstheorie, Thermodynamik

1991. 388 S. 97 Abb. 83 Aufgaben mit vollständigen Lösungen. Kart. DM 45,00. ISBN 3-922410-23-5.

Band 5: Quantenmechanik, Teil 1: Grundlagen

1992. XII, 460 S. 115 Abb. 130 Aufgaben mit vollständigen Lösungen. Kartoniert DM 52,00. ISBN 3-922410-25-1.

Band 5: Quantenmechanik, Teil 2: Methoden und Anwendungen

1993. X, 489 S. 53 Abb. 110 Aufgaben mit vollständigen Lösungen. Kartoniert DM 55,00. ISBN 3-922410-27-8.

Band 7: Viel-Teilchen-Theorie

2., überarbeitete und erweiterte Auflage 1992. XIII, 600 S. 162 Abb. 109 Aufgaben mit vollständigen Lösungen. Kartoniert DM 72,00. ISBN 3-922410-24-3.

Verlag Zimmermann-Neufang • Antoniusstraße 9 • 5447 Ulmen